新形态智能制造专业创新型人才培养系列教材

U0804301

数控车削加工技术一体化教程

王　剑　李晓勇　黄　焰　主编

湖南大学出版社·长沙

图书在版编目（CIP）数据

数控车削加工技术一体化教程 / 王剑，李晓勇，黄焰主编 . --长沙 ：湖南大学出版社，2025. 7. --ISBN 978-7-5667-4240-7

Ⅰ. TG519. 1

中国国家版本馆 CIP 数据核字第 2025WK5502 号

数控车削加工技术一体化教程

SHUKONG CHEXIAO JIAGONG JISHU YITIHUA JIAOCHENG

主　　编： 王　剑　李晓勇　黄　焰

责任编辑： 黄　旺

印　　装： 廊坊市国彩印刷有限公司

开　　本： 889 mm×1194 mm　1/16　　**印　　张：** 13. 75　　**字　　数：** 386 千字

版　　次： 2025 年 7 月第 1 版　　**印　　次：** 2025 年 7 月第 1 次印刷

书　　号： ISBN 978-7-5667-4240-7

定　　价： 59. 00 元

出 版 人： 李文邦

出版发行： 湖南大学出版社

社　　址： 湖南 · 长沙 · 岳麓山　　**邮　　编：** 410082

电　　话： 0731-88822559（营销部），88821343（编辑室），88821006（出版部）

传　　真： 0731-88822264（总编室）

网　　址： http：//press. hnu. edu. cn

电子邮箱： jblbook@ 163. com

前 言

本书是根据教育部职业教育课程教学改革要求，是按照“1+X”数控车铣加工职业技能等级标准，以任务驱动编写而成的理实一体化的教材。本书最大的亮点是以火箭模型零件作为教学载体，按照真实工作情境的工作过程组织教学，并加以活页式引导理论测试任务与巩固提高任务，培养学生知识、技能的迁移能力。

本书以华中 808D 系统数控车床为例，将 10 个火箭模型零件的加工案例融入轴类、套类及中级技能考证试题、技能竞赛模拟件的工艺编程与加工操作中，内容由浅入深，循序渐进，遵循学生职业发展规律。

最后将加工的火箭模型零件组装成火箭，增加学生学习的成就感和自豪感。

本书采用活页式教材形式，内容编排上贯彻以项目为引领、以任务为驱动、以技能训练为中心的方针，突出实践动手能力的培养，每个任务内容包含任务描述与分析、知识指南、加工示例、任务实施、任务评价、学后测评、任务拓展 7 个教学内容，形成一个封闭的教学环节。每次学习根据任务描述与分析，通过知识指南对知识点的学习以及典型零件的示范，完成任务零件机械加工工序卡填写、程序的编制及加工，并根据评分标准进行任务评价，符合认知规律，也便于自学。

本书由多所职业院校中从事机械及相关专业教学的一线教师编写而成。在编写过程中得到了业内同行的大力支持，在此表示衷心感谢，限于编者的水平，加之编写仓促，书中如有疏漏之处，敬请专家、同仁和广大读者批评指正。

编委会

主　　审　李铁光

主　　编　王　剑　李晓勇　黄　焰

副 主 编　（排名不分先后）

荣　伟　黄　丽　吴学栋

王国军　刘文杰　李　哲

编　　者　刘　思　汤　贝　黄秉东

陈　培　李　怀　白　松

林玉新　黄展龙　钟荣珍

谢明志

目　录

模块一 数控车削加工基础

数控车床是数字程序控制车床的简称，它是一种通过数字程序控制机床按规定的运动轨迹对被加工零件进行自动加工的机电一体化加工装备。作为数控车床操作人员，必须掌握数控车床程序编制规则、数控车床的基本操作要领和安全操作规程，才能操作数控车床加工完成合格的零件，掌握数控车床的日常维护保养知识，才能保证数控车床具有预期的使用寿命和工作精度。

知识目标

1. 掌握数控车床的安全操作规范。
2. 掌握车床的维护保养知识。
3. 理解数控车床坐标系原理。
4. 掌握数控车床程序编制规则。
5. 掌握数控车床基本操作。

能力目标

1. 能够严格遵守数控车床的安全操作规程。
2. 能够进行数控车床的日常维护和定期保养工作，确保车床的正常运行。
3. 能够按照要求正确使用操作面板，熟练控制数控车床的各项功能。
4. 能够独立完成对刀操作，确保加工精度和效率。

素养目标

1. 树立安全文明生产意识，积极践行车间 6S 管理。
2. 养成日常维护保养设备的习惯，确保设备性能稳定、运行高效。
3. 养成主动收集、查阅和整理工作所需信息的习惯，提升信息处理能力。
4. 严格遵守职业活动相关的规章制度，提升职业素养。
5. 培养认真负责、严谨细致的工匠品质。

小贴士

安全文明生产不仅是确保人员与设备安全、有效预防工伤事故与设备故障的基础防线，更是实现高效生产、稳定运行的重要基石。因此，每一位操作人员，务必严格遵循既定的安全文明生产制度，认真执行各项操作规程，确保操作过程的平稳、有序。

任务一　数控车床的认识

数控车床的认识

知识指南

数控车床（图 1–1–1）又称 CNC（computer numerical control）车床，是一种通过计算机控制的自动化机床，用于加工各种形状复杂的零件，它主要用于轴类零件或盘类零件的内外圆柱面、任意锥角的内外圆锥面、复杂回转内外曲面和圆柱、圆锥螺纹等切削加工，并能进行切槽、钻孔、扩孔、铰孔及镗孔等操作。

通过把零件的加工工艺路线、工艺参数、刀具的运动轨迹、位移量、切削参数以及辅助功能，按照数控车床规定的指令代码及程序格式编写成加工程序，将程序输入到数控车床的数控装置中，从而指挥车床加工零件。

图 1–1–1　数控车床

一、数控车床的组成

数控车床主要由机身、主轴驱动装置、刀架、卡盘装置、机床控制系统五大部分组成，如图 1–1–2 所示。

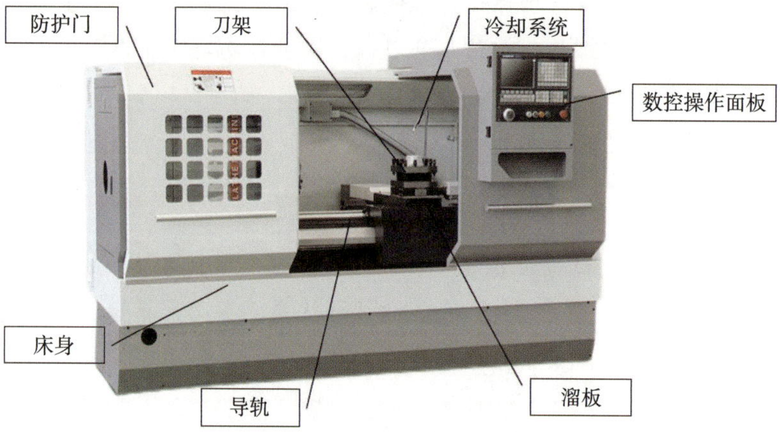

图 1–1–2　数控车床基本组成（部分）

1. 机身

（1）床身：数控车床的基础部件，承载着整个机床的重量，具有足够的刚性和稳定性，确保在加工过程中不易发生变形。床身通常采用优质铸铁或钢材制造，具有优异的吸震性能，以减少振动对加工精度的影响。

（2）床板：安装于床身上，用于支撑导轨、滑板等部件，确保各部件之间的相对位置精度。床板表面经过精密加工，具有良好的平面度和直线度。

（3）立柱：垂直于床身安装，用于支撑主轴箱和刀架等部件。立柱结构稳定，刚性高，能够抵抗加工过程中的切削力。

2. 主轴驱动装置

（1）主轴电机：为主轴提供动力，驱动工件旋转。主轴电机通常采用伺服电机或变频电机，具有优异的调速性能和稳定性。

（2）变速箱：连接主轴电机和主轴，通过齿轮传动实现主轴转速的调节。变速箱的设计使得主轴能够获得多种转速，以适应不同材料的加工需求。

（3）主轴：安装工件并带动其旋转，主轴的精度和刚性直接影响加工质量。主轴通常采用优质钢材制造，经过精密加工和热处理，确保其具有高刚性和长寿命。

3. 刀架

（1）刀架体：支撑和固定车刀及进给装置，具有足够的刚性和稳定性。刀架体通常采用铸铁或钢材制造，结构紧凑，易于安装和调整。

（2）进给机构：实现车刀的直线进给和横向进给，通常由丝杠、螺母和导轨等部件组成。进给机构的设计使得车刀能够按照预定的轨迹进行精确切削。

（3）自动换刀装置：对于多工位或自动化加工的车床，配备有自动换刀装置，能够在加工过程中自动更换刀具，提高加工效率。

4. 卡盘装置

（1）卡盘体：安装于主轴上，用于夹持工件。卡盘体通常采用高强度材料制造，能够承受较大的切削力。

（2）活动卡爪：径向移动以夹紧和定位工件。活动卡爪的数量和形状可根据工件尺寸和形状进行定制。

（3）卡爪驱动机构：通过液压、气压或机械方式驱动活动卡爪的移动，实现工件的夹紧和松开。

5. 机床控制系统

（1）数控单元：作为机床的核心控制部件，负责接收和处理编程指令，控制机床各部件的运动。数控单元通常采用高性能的计算机硬件和软件，具有强大的计算能力和稳定性。

（2）伺服驱动系统：包括主轴伺服系统和进给伺服系统，接收数控单元的指令，驱动主轴和进给机构按照预定的轨迹运动。伺服系统通常采用高性能的伺服电机和驱动器，具有优异的响应性能和精度。

（3）PLC 装置：用于控制机床的辅助设备和动作，如冷却液泵、润滑泵等。PLC 装置通过编程实现自动化控制，提高机床的可靠性和效率。

此外，数控车床还配备有位置检测系统、冷却装置、润滑装置等辅助部件，共同确保机床的稳定运行和高效加工。在实际应用中，数控车床的组成结构可能因不同厂家和型号而有所差异，但大体上其基本原理和功能是相似的。数控机床的各部分逻辑关系如图 1–1–3 所示。

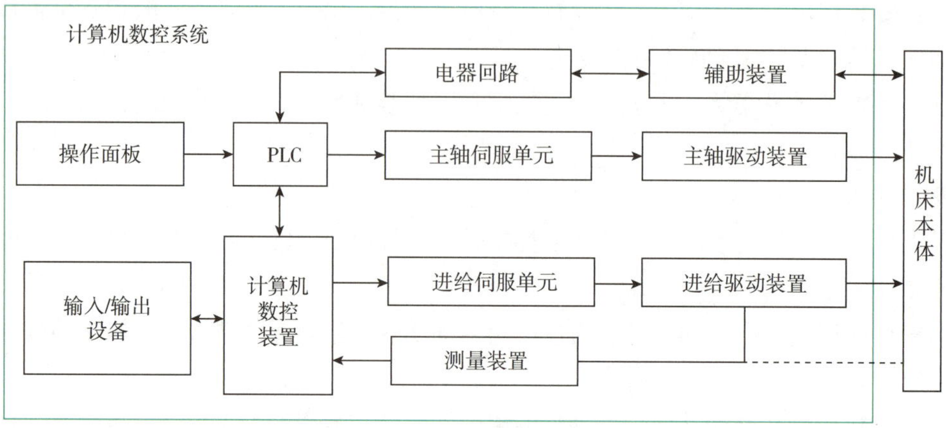

图 1-1-3　数控机床的各部分逻辑关系

三、数控车床的工作过程

数控车床的工作过程是一个精确且有序的过程，每一步都至关重要，以确保加工质量和机床的安全运行，如图 1-1-4。

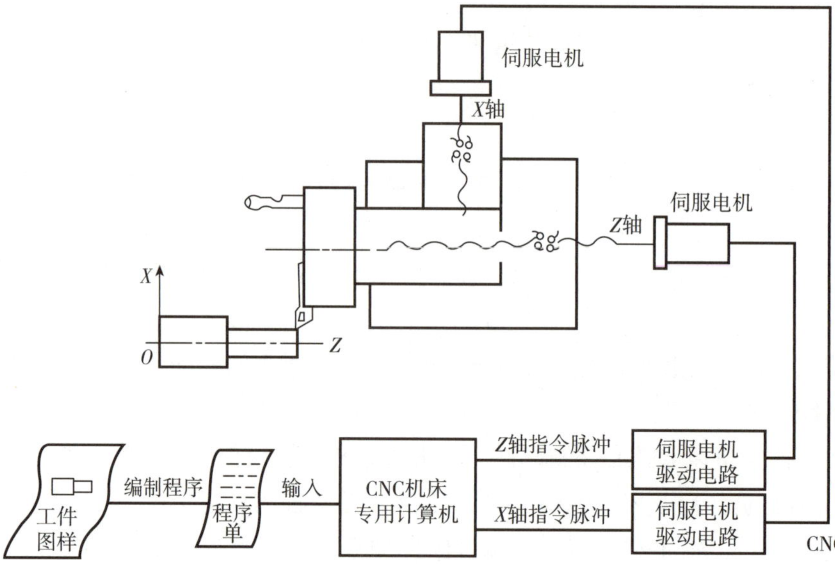

图 1-1-4　数控车床的基本工作过程示意图

1. 编制加工程序

（1）分析工件：首先，工艺人员需要对工件进行详细分析，确定其形状、尺寸、材料以及加工要求。

（2）确定加工步骤：基于工件分析，确定所需的加工步骤，包括切削深度、进给速度、切削速度等参数。

（3）编写程序：使用数控编程软件或手动方式，根据确定的加工步骤编写加工程序。程序应包含工件的几何信息、刀具路径、切削条件等。

2. 开机与初始化

（1）开机：打开数控车床的电源开关，启动数控系统。

（2）初始化：系统启动后，进行初始化操作，包括自检、校准传感器、设置系统参数等。

3. 回参考点

执行回参考点操作：确保机床各坐标轴回到预定的参考点位置，为后续的加工操作提供准确的坐标基准。

4. 程序输入与编辑

（1）程序输入：将编写好的加工程序通过数控系统的输入接口输入到机床中。

（2）程序编辑：在数控系统中对程序进行编辑和修改，以满足实际的加工需求。

5. 机床锁定与程序检查

（1）机床锁定：在机床锁定状态下，运行程序，检查程序是否存在错误或冲突。

（2）程序检查：通过模拟加工或单步执行程序，检查程序的正确性和可行性。

6. 工件安装与对刀

（1）工件安装：将工件按照工艺要求安装到机床上，确保工件稳固可靠。

（2）对刀操作：使用对刀工具或自动对刀装置，对刀具进行精确的定位和校准，确保刀具与工件的相对位置准确。

7. 启动坐标进给与连续加工

（1）启动坐标进给：在确认一切准备就绪后，启动坐标进给系统，使机床按照程序指令进行运动。

（2）连续加工：机床按照预定的程序进行连续加工，切削工件至所需形状和尺寸。

8. 加工监控与故障排除

（1）加工监控：在加工过程中，密切关注加工状态，包括切削力、温度、振动等参数的变化。

（2）故障排除：一旦发生故障或异常情况，如刀具损坏、工件移位等，及时停机检查并排除故障。

9. 加工完成与后续操作

（1）加工完成：当工件加工完成后，机床自动停止运行或按照预设程序进行后续操作。

（2）后续操作：关闭机床电源，清理加工现场，对加工完成的工件进行质量检查，并根据需要进行后续处理或包装。

在整个工作流程中，操作者需要保持高度的专注和责任心，确保每一步操作都准确无误。同时，还需要定期对机床进行维护和保养，以延长其使用寿命和保持加工精度。

四、数控车削刀具基础

相对于普通车床，数控车床加工零件所用刀具一般采用机夹可转位车刀（图 1-1-5），机夹可转位车刀是将可转位硬质合金刀片用机械的方法夹持在刀杆上形成的车刀，一般由刀片、刀垫、夹紧元件和刀体组成。

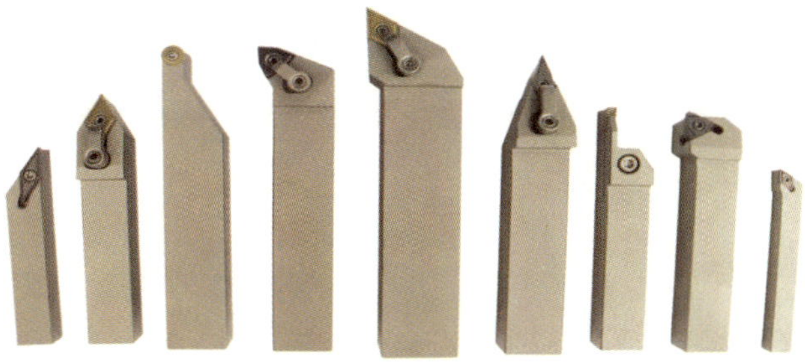

图 1-1-5　机夹可转位车刀

1. 按车刀用途分类

车刀按用途分有外圆车刀、端面车刀、内孔车刀、切断刀、切槽刀等多种形式。

2. 按刀具移动轨迹与形成轮廓的关系分类

数控车削时，根据刀具移动轨迹与形成轮廓的关系，常把车刀分为三类，即尖形车刀（图 1–1–6）、圆弧形车刀（图 1–1–7）和成型车刀。

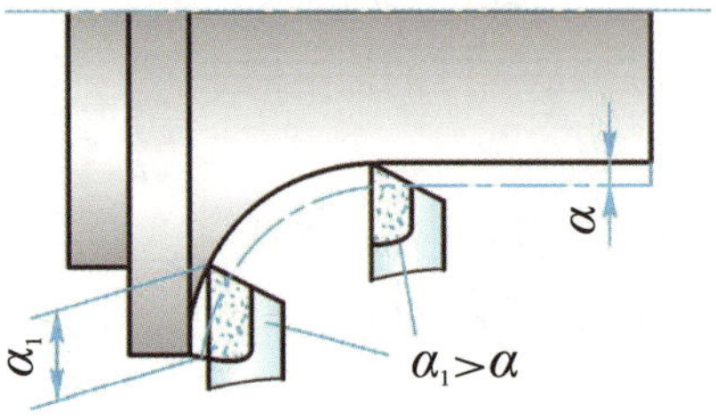

图 1–1–6　尖形车刀加工零件的曲面

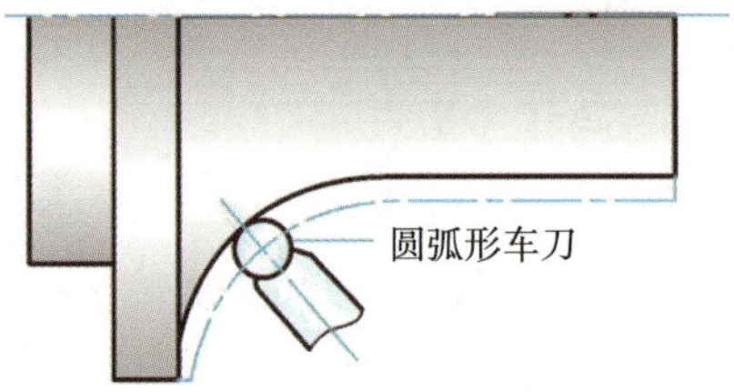

图 1–1–7　圆弧形车刀加工零件的曲面

五、数控车床的特点和应用

数控车床作为现代化加工设备，具有一系列显著的特点和广泛的应用领域。

1. 数控车床的特点

（1）高精度：数控车床采用计算机控制系统，能够实现从毫米级到亚微米级的高精度加工，满足高精度制造的需求。

（2）高效率：通过程序操作，数控车床无需人工干预，大大缩短了加工时间，显著提高了生产效率。

（3）多功能性：数控车床具备多种加工能力，如车削、铣削、钻孔、攻螺纹等，适应性强，能够满足复杂零件的加工需求。

（4）可编程性：采用数字化控制系统，能够编程实现各种复杂形状的零件加工，灵活性高。

（5）操作简便：数控车床操作简单，技术要求相对较低，操作者只需具备一定的电脑基础即可掌握。

（6）高可靠性：数控车床部件精度高，结构紧凑，寿命长，维护简单，保证了其高可靠性。

2. 数控车床的应用

（1）生产零部件：数控车床通过精准控制刀具的移动，能够生产出各种形状精度高的零部件，广泛应用于制造业。

（2）制造模具：利用改变刀具进给量、转速等参数，数控车床能够切削出复杂立体形状的金属板块，用于制造模具和工装等。

（3）复合材料加工：在航空、汽车等领域，数控车床能够结合机械加工和喷涂成型技术，加工出高质量的复合材料零件。

（4）加工高难度零件：对于传统手工或普通加工难以完成的零件，数控化加工能够大幅提升切削精度和效率，保证产品质量。

任务实施

一、识别数控车床组成部分及其功能

卧式经济型数控车床组成部分及其功能见表 1–1–1。

表 1–1–1　卧式经济型数控车床组成部分及其功能

序号	名称	功能
1	数控系统操作面板	主要用来进行数控编程、控制运动部件、调节加工参数等
2	卡盘	主要用来夹持工件，一般分为三爪自定心卡盘与四爪单动卡盘
3	导轨	主要起导向与支撑作用，具有较高的精度、刚度及承载能力
4	刀塔	用于安装各类车削用刀具
5	安全门	主要用于安全防护
6	尾座	用于安装顶尖、钻头等工具
7	床身	支撑机床各部件，下面装有主电动机、切削液箱等

二、识读数控车床标记

数控车床型号 CK6136S 的含义如图 1–1–8 所示。

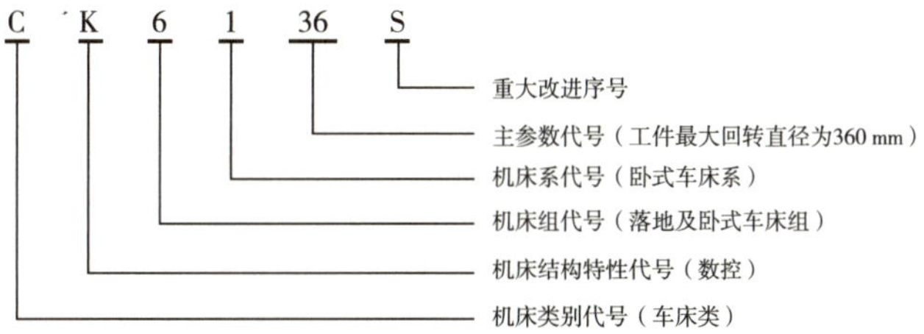

图 1–1–8　数控车床型号 CK6136S 的含义

三、评价表

表 1–1–2　数控车床的认识 任务评价表

评价内容	评价方法	配分	评价标准	自评	师评	得分
利用相关手册查阅机床型号	实训报告	10	不会查阅不得分			
机床型号的含义	实训报告	10	描述不正确不得分			
数控车床的组成部分	实训报告	20	少写一处或写错一处扣 4 分			
数控车床各组成部分的功能	实训报告	20	少写一处或写错一处扣 4 分			
数控车床的工作原理	实训报告	20	少写一处或写错一处扣 5 分			
数控车床的类型	实训报告	10	不能分辨数控车床类型不得分			
数控车床的特点	实训报告	10	少写一处或写错一处扣 2 分			
总计		100				

学后测评

一、单项选择题

1. 数控车床的主要组成部分不包括（　　）。

A. 机身　　B. 主轴驱动装置

C. 刀具库　　D. 控制系统

2. 数控车床中的主轴主要用于（　　）。

A. 支撑工件　　B. 驱动工件旋转

C. 切削工件　　D. 支撑刀具

3. 数控车床的刀架主要用于（　　）。

A. 支撑主轴　　B. 支撑和固定刀具

C. 切削工件　　D. 支撑工件

4. 数控车床的控制系统通常由（　　）组成。

A. 电气元件　　B. 液压元件

C. 气动元件　　D. 以上都是

5. 数控车床加工时，程序通常由（　　）来编写。

A. 操作工　　B. 编程员

C. 工程师　　D. 维护人员

二、填空题

1. CNC 是________的缩写，MC 是________的缩写。

2. 数控车床的________是实现自动化控制的核心部件。

3. 数控车床在加工过程中，________负责驱动工件旋转。

4. 数控车床的________是安装工件并带动其旋转的部件。

5. 在数控车床中，________用于支撑和固定刀具，并实现刀具的进给运动。

6. 数控车床加工前，需要先通过________将加工程序输入到机床中。

三、判断题

1. 数控车床的机身只起到支撑和固定各部件的作用。（　　）

2. 数控车床的主轴驱动装置仅包含电机和主轴，不包括其他部件。（　　）

3. 数控车床的刀架只能安装一把刀具进行加工。（　　）

4. 数控车床的控制系统完全依赖于电气元件，与其他类型的元件无关。（　　）

5. 数控车床的加工程序通常由操作工人根据经验编写。（　　）

任务二 数控车床使用与维护

安全操作规程

数控车床安全操作规范是确保机床正常运行、保障人员安全的关键所在。遵循规范能够减少事故风险，提升生产效率。同时，对数控车床的定期维护和保养同样至关重要，它不仅能延长设备使用寿命，还能确保加工精度，提高产品质量。

知识指南

一、安全操作基本注意事项

1. 着装与防护（图 1-2-1）

穿防砸鞋

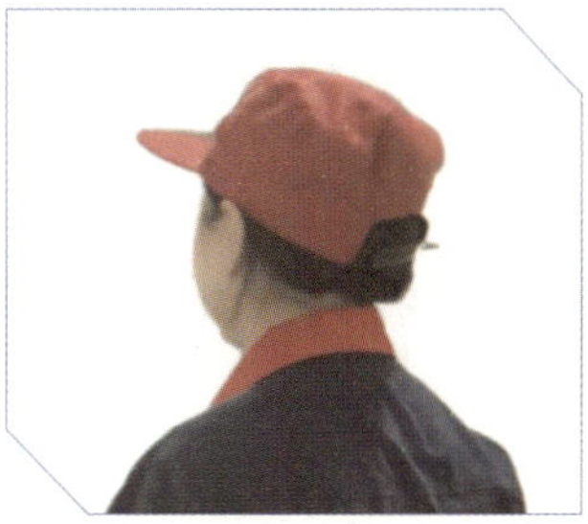
长发戴帽束发

图 1-2-1 着装与防护（部分）

（1）操作人员应穿好工作服，工作服应整洁、无破损，且符合安全标准。工作服口袋中不得装有工具或其他可能掉入机床的物品，并做到“三紧”：衣领紧、袖口裤腿紧、下摆紧。

（2）穿戴全包裹式鞋，鞋底防滑、耐磨，确保在机床周围行走时稳定。

（3）佩戴防护眼镜，以防止飞溅物或切削液进入眼睛。

（4）长发操作人员必须将头发束起并佩戴工作帽，确保头发不会卷入机床。

（5）严禁佩戴手套和围巾，以免在操作时被机床的旋转部件卷入。

2. 警示与标识

车间和机床上的警告标牌是安全操作的重要提示（图 1-2-2），不得随意移动或破坏。操作人员应熟悉标牌的内容，并严格遵守。

图 1-2-2 警告标牌

3. 工作环境与设备布局

（1）机床周围应保持整洁，不得有障碍物，以确保操作空间畅通。

（2）地面应清洁无杂物，无油污，以防止滑倒。踏台、托盘等辅助设备应保持干燥、清洁，表面无铁屑等杂物。

4. 团队协作

当需要两人或多人共同完成某项操作时，应明确分工，协调一致，避免相互干扰或误操作。

5. 清洁与维护

严禁使用压缩空气清洗机床、电气柜及 NC 单元控制器，以免损坏设备或造成安全隐患。

二、操作前的准备工作

1. 机床检查与预热

（1）操作人员应仔细检查机床各部件是否完好，特别是运动部件的润滑和磨损情况。

（2）机床长时间未使用时，应进行预热，并检查润滑系统是否正常工作。必要时，可手动向各部件供油润滑。

2. 刀具选择与安装

（1）使用的刀具应与机床允许的规格相符，避免使用过大或过小的刀具。

（2）有严重破损的刀具应及时更换，避免在加工过程中发生断裂或损坏工件。

（3）刀具安装好后，应进行试切削，以确认安装是否牢固、准确。

3. 工件夹紧与定位

检查卡盘夹紧工件的状态，确保工件在加工过程中不会松动或移位。

三、工作过程中的安全注意事项

1. 防护门操作

（1）机床开动前，必须关好机床防护门，以防止飞溅物或切削液溅出伤人。

（2）在加工过程中，除非特殊情况，不得随意打开防护门。如需观察加工情况，应使用观察窗或安全门。

2. 手部与工具使用

（1）严禁用手接触刀尖和铁屑，以免划伤或烫伤。铁屑必须使用专用工具（如铁钩子或毛刷）进行清理。

（2）禁止用手或其他任何方式接触正在旋转的卡盘、工件或其他运动部件，以防被卷入或夹伤。

3. 测量与清洁

（1）禁止在主轴旋转过程中测量工件，以免发生意外。

（2）禁止在机床正常运行时打开电气柜的门，以免触电或损坏设备。

4. 观察与应急处理

（1）操作人员应认真观察切削状况，发现异常应及时停机检查。

（2）如遇紧急情况，如机床故障、工件松动等，应立即按下“急停”按钮，确保人身与机床的安全。

5. 手动操作与程序验证

（1）在进行手动操作时，应注意机床各轴的位置和移动速度，避免发生碰撞或超程，注意机床原点回位操作顺序为先 $+X$ 轴，后 $+Z$ 轴。

（2）编完程序后，必须进行图形模拟验证，确保程序无误后再进行试运行。试运行过程中，刀具应保持与工件一定的安全距离。

四、工作完成后的注意事项

1. 清理与保养

（1）清除机床上的切屑、油污等杂物，保持机床清洁。

（2）使用专用工具擦拭机床表面及内部零部件，确保无残留物。

（3）对机床导轨等运动部件进行润滑保养，以延长使用寿命。

2. 关机与断电

（1）依次关闭数控系统电源和机床总电源，确保设备完全断电。

（2）检查机床周围是否有遗漏的工具或其他物品，确保工作场地整洁安全。

五、数控车床日常维护及保养

数控车床的日常维护及保养是确保机床高效、稳定运行的关键步骤，涉及多个方面的细致工作。

1. 数控车床的日常保养内容和要求（表 1–2–1）

表 1–2–1

序号	保养部位	保养内容和要求	图示
1	外观清洁整理	日常清洁：每天工作结束后，使用专用清洁工具对车床表面、罩壳、导轨面、丝杠等进行全面清洁。特别注意去除油污和铁屑，避免其对机床运行造成影响。 防护罩清洁：检查并清洁工作台、数控机床内部以及三轴伸缩护罩上的切削残留物和油污，确保机床的清洁度。 定期整理：每周或每两周进行一次机床周围的全面整理，包括清除杂物、整理工具、检查线缆等，确保工作区域整洁有序	
2	主轴与进给伺服电机保养	主轴皮带调整：检查主轴驱动皮带的松紧度，适时进行调整，确保主轴运行的平稳性和精度。 伺服电机维护：定期对进给伺服电机进行维护保养，包括清洁、紧固接线、检查轴承等，确保电机的正常运行	
3	润滑系统维护	润滑点检查：定期检查各润滑点的油脂情况，确保导轨、丝杠、轴承等关键部位润滑良好。 油脂更换：根据机床使用情况和润滑油脂的寿命，适时更换新的油脂，避免油脂老化导致润滑效果下降。 润滑系统清洁：定期清洁自动润滑系统，包括更换过滤器、清洗油箱等，确保润滑油的清洁度	
4	滑板、尾座部分	滑板保养：移动中滑板与底座贴平，移动大滑板至尾座处。 尾座保养：每班操作人员下班前移动尾座清理底面、导轨	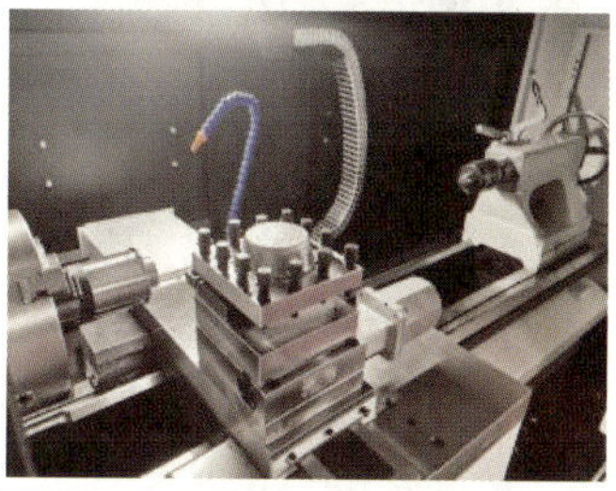
5	刀具保养	刀具清洁与更换：定期清洁刀具和刀库，检查刀具的磨损情况，及时更换磨损严重的刀具，确保加工质量和效率	

续表

序号	保养部位	保养内容和要求	图示
6	机床精度保持	超程限位检查：定期检查各坐标轴的超程限位开关，确保其功能正常，防止机床因超程而损坏。 通电空运行：在机床闲置时，定期通电进行空运行，驱散数控柜内的潮气，保持电子部件的性能稳定	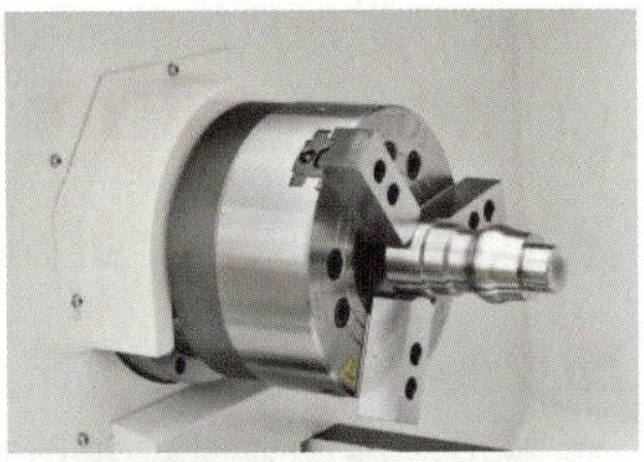
7	电气部分保养	电气清洁：定期清洁电动机、电气箱等部件，去除尘屑和污垢，确保电气部件的正常运行。 接线检查：检查插头、插座、电缆等接线部件，确保接触良好，无松动或破损现象。 继电器维护：定期检查继电器触点，清理灰尘和氧化物，保持触点的良好接触	
8	冷却与气动系统维护	冷却系统检查：定期检查冷却液的液面高度和清洁度，及时添加或更换冷却液，确保冷却效果良好。 气动系统维护：检查气动三联件的油液面高度，定期排放水分和杂质，保持气动系统的清洁和稳定运行。 主轴清洁：定期清洁主轴内锥孔，确保空气吹气功能正常，防止铁屑和杂物进入主轴内部	
9	其他部分	1. 检查液压系统无滴油、发热现象； 2. 检查切削液系统工作正常情况； 3. 清理机床周围，达到清洁效果； 4. 认真填写好交接班记录及其他记录	

2. 定期检查与记录

（1）硬件控制检查：每年由专业维修电工对机床的硬件控制部分进行一次全面检查，确保各部件的正常运行。

（2）维护记录：详细记录每次的维护活动，包括维护时间、维护内容、更换的部件等，以便跟踪机床的维护历史和问题。

3. 培训与操作规范

（1）操作人员培训：定期对操作人员进行培训和再培训，确保他们熟悉机床的操作规程和维护保养要求。

（2）操作规范执行：制定并严格执行机床的操作规程，防止因误操作或不当使用导致的机床损坏和安全事故。

通过以上的详细维护和保养措施，可以确保数控车床在日常使用中保持良好的工作状态，提高生产效率，并延长机床的使用寿命。同时，定期的维护和保养也有助于及时发现潜在的问题，防止小问题引发的大故障，降低维修成本。

任务实施

一、布置任务

子任务 1：根据表 1–2–2 数控车床安全操作评分表，如实对照自我着装、操作前及工作过程中安全注意事项和设备使用后的 6s 管理等完成情况，进行考核评价。

表 1–2–2 数控车床安全操作评分表

<table>
<tr><td>班级：</td><td>姓名：</td><td colspan="2">组别：</td></tr>
<tr><td colspan="2">机床编号：</td><td colspan="2">日期：</td></tr>
<tr><td>操作阶段</td><td>操作要求</td><td>分值</td><td>得分</td></tr>
<tr><td rowspan="3">准备阶段
（20 分）</td><td>穿戴安全防护用品：穿戴工作服、工作帽、安全鞋、防护眼镜等</td><td>缺少任何一项扣 2 分</td><td></td></tr>
<tr><td>检查车床设备：对车床进行开机前的全面检查，包括机床的完整性，润滑系统、冷却系统、电气系统等是否正常</td><td>未进行检查或检查不全面扣 5 分</td><td></td></tr>
<tr><td>了解工件及加工要求：熟悉工件图纸、工艺文件，明确加工要求</td><td>对工件及加工要求不熟悉扣 3 分</td><td></td></tr>
<tr><td rowspan="6">操作阶段
（60 分）</td><td>遵守操作规程：严格按照数控车床的操作规程进行操作，包括开机、关机、换刀、调整参数等</td><td>违反操作规程每次扣 5 分</td><td></td></tr>
<tr><td>合理使用刀具：选择适当的刀具进行加工，避免使用不当导致刀具损坏或工件加工质量不达标</td><td>刀具使用不当扣 3 分</td><td></td></tr>
<tr><td>保持机床清洁：操作过程中保持机床清洁，及时清理铁屑、油污等杂物</td><td>机床清洁度不佳扣 2 分</td><td></td></tr>
<tr><td>注意安全距离：操作时保持与机床旋转部件的安全距离，避免发生意外伤害</td><td>未保持安全距离扣 5 分</td><td></td></tr>
<tr><td>及时调整参数：根据加工情况及时调整切削参数，确保加工质量和效率</td><td>未及时调整参数扣 4 分</td><td></td></tr>
<tr><td>及时处理异常：发现机床异常或故障时，应立即停机并报告</td><td>未及时处理异常扣 5 分</td><td></td></tr>
<tr><td rowspan="4">结束阶段
（20 分）</td><td>清理现场：操作结束后清理现场，包括机床、工件、刀具、工具</td><td>未清理或清理不彻底扣 5 分</td><td></td></tr>
<tr><td>填写记录：如实填写操作记录，包括加工时间、加工数量、刀具使用情况等</td><td>未填写或填写不真实扣 3 分</td><td></td></tr>
<tr><td>关机检查：关机前检查机床各部件是否归位，电源是否关闭</td><td>未进行检查或检查不全面扣 2 分</td><td></td></tr>
<tr><td>交接工作：向下一班操作人员交接工作，包括机床状态、工件进度等</td><td>未进行交接或交接不清扣 5 分</td><td></td></tr>
<tr><td rowspan="2">附加项
（加减分）</td><td>提出改进建议：在操作过程中提出有效的改进建议</td><td>经确认可行后加 5 分</td><td></td></tr>
<tr><td>发生安全事故：在操作过程中发生安全事故</td><td>视情节轻重扣 10–20 分</td><td></td></tr>
<tr><td colspan="3">综合总分</td><td></td></tr>
<tr><td colspan="4">备注：总分 100 分，90 分及以上为优秀，80—89 分为良好，70—79 分为中等，60—69 分为及格，60 分以下为不及格。请操作学生认真遵守上述细则，确保操作安全和质量</td></tr>
</table>

子任务 2：根据表 1–2–3 设备日常点检及维护保养作业书的要求进行点检，实施日常维护与保养，并如实填写处理结果。

表 1–2–3　设备日常点检及维护保养作业书

机床号：		点检人：		点检日期：	
机床状态	点检模块	点检方法	点检状态	标准	不符合标准时采取的维护保养措施
开机前	储油罐的油位	目视		油位处于最高与最低位之间	
	1. 机床顶上物品摆放情况； 2. 机床面板完好无缺情况	目视		1. 机床顶上不能放置物品； 2. 机床面板应完好无缺	
	检查工件卡爪状态	目视		1. 卡盘上装有工件，用卡盘扳手和加力套筒检查并夹紧工件； 2. 没有工件，卡爪处于收拢状态	
使用时	1. 检查机床照明灯照明情况； 2. 检查主轴运转情况； 3. 急停按钮灵敏情况	目视		1. 机床照明灯照明正常； 2. 主轴运转正常； 3. 急停按钮灵敏可靠	
使用后	1. 清扫及擦拭机床表面，所有的运动部件表面要抹上机油防锈； 2. 清理尾座锥孔； 3. 清除切屑，保持机床干净整洁； 4. 清理机床周围，达到干净整洁要求； 5. 移动中滑板与底座贴平，移动大滑板至尾座处	目视		1. 机床干净整洁，所有运动表面抹上机油防锈； 2. 尾座锥孔内干净； 3. 机床周围干净整洁； 5. 中滑板与底座贴平，大滑板置于尾座处	

按表 1–2–4 所列模块内容及要求进行评价。

表 1–2–4　任务评价表

机床编号：		学生姓名：		总得分：
序号	模块内容及要求	配分	评分标准	单项最终得分
1	开机前点检模块包括油位处于最高与最低位之间；机床顶上不能放置物品；机床面板应完好无缺；卡盘上装有工件，用卡盘扳手和加力套筒检查并夹紧工件；没有工件，卡爪处于收拢状态	40	没按实际情况点检扣 4 分 / 处，点检发现问题的没按维护保养标准采取措施扣 4 分 / 处，扣完为止，不倒扣	
2	使用时点检模块包括机床照明灯亮；主轴运转正常；急停按钮灵敏可靠	30	没按实际情况点检扣 4 分 / 处，点检发现问题的没按维护保养标准采取措施扣 4 分 / 处，扣完为止，不倒扣	
3	使用后点检模块包括机床干净整洁，所有运动表面抹上机油防锈；尾座锥孔内干净；机床周围干净整洁；中滑板与底座贴平，大滑板置于尾座处	30	没按实际情况点检扣 4 分 / 处，点检发现问题的没按维护保养标准采取措施扣 4 分 / 处，扣完为止，不倒扣	

子任务 3：对照表 1–2–5 对生产车间进行 6S 检查。

续表

表 1-2-5 生产车间 6S 检查表

检查位置		检查时间		检查人	
名称	序号	检查标准	名称	序号	检查标准
整理	1	生产现场内没有废弃的物品	素养	1	所有员工的言谈举止都能文明有礼，对人热情大方
	2	一个月以上不用的物品完全放到指定位置		2	所有员工精神状态良好
	3	经常使用的物品摆放基本符合摆放要求		3	所有员工都具有团队精神，能互帮互助，积极参加 6S 活动
整顿	1	划分的区域完全符合要求、标识明确	安全	1	设备防护装置齐全，有安全附件
	2	物品分类清楚、标识明确		2	电器绝缘良好，无临时线
	3	设备工器具等标识明确且符合摆放要求		3	特殊工种人员均有持证上岗
清扫	1	工作现场没有油污、杂物等	安全	4	作业现场无违章作业，无不安全因素
	2	现场无跑冒滴漏等现象		5	本月无事故（轻重伤）发生
	3	工作区域清扫干净，无灰尘		6	员工工作中都能按规定佩戴防护用品
	4	卫生责任区清扫干净，无灰尘，绿化带内无杂物		7	消防安全通道没有物品占道堵塞现象
清洁	1	所有员工每天上下班做 6S 工作		8	消防器材的放置完全符合要求
	2	所有员工都能随时进行自检、互检和定期或不定期检查		9	临时危险作业及时进行安全培训教育
	3	整理，整顿，清扫保持很好			

存在的问题：

学后测评

一、单项选择题

1. 安全文化的核心是树立（　　）的价值观念，真正地做到“安全第一，预防为主”。

A. 以产品质量为主　　B. 以经济效益为主

C. 以人为本　　D. 以管理为主

2. 数控机床如果长期不用时，最重要的日常维护工作是（　　）。

A. 通电　　B. 断电

C. 清洁　　D. 干燥

3. 下列各项中，属于违反安全操作规程的操作是（　　）。

A. 执行国家劳动保护政策　　B. 遵守安全操作规程

C. 严格遵守生产纪律　　D. 使用不熟悉的机床和工具

4. 数控机床应当（　　）检查切削液、润滑油充足情况。

A. 每日　　B. 每周

C. 每月　　D. 一年

5. 数控机床开机应空运转约（　　），使机床达到热平衡状态。

A. 15 min　　B. 30 min

C. 45 min　　D. 60 min

6. 下列各项中，不符合着装整洁文明生产要求的是（　　）。

A. 按规定穿戴好防护用品　　B. 执行规章制度

C. 遵守安全技术操作规程　　D. 工作中对服装不作要求

7. 下列各项中，不符合着装整洁文明生产要求的是（　　）。

A. 优化工作环境　　B. 遵守安全技术操作规程

C. 按规定穿戴好防护用品　　D. 在工作中吸烟

8. 下列各项中，不符合文明生产基本要求的是（　　）。

A. 严肃工作纪律　　B. 遵守劳动纪律

C. 优化工作环境　　D. 修改工艺程序

9. 数控机床安全文明生产要求操作人员在交接班时，按照规定保养机床，认真做好（　　）工作，对机床参数修改、程序执行情况做好文字记录。

A. 机床保养　　B. 卫生

C. 交接班　　D. 润滑

10. 关机前要移动中滑板与底座贴平，移动大滑板至（　　）处。

A. 尾座　　B. 顶尖

C. 中滑板　　D. 底座

二、判断题（对的画“√”，错的画“×”）

1. 从业者要遵守国家法纪，但不必遵守安全操作规程。（　　）

2. 机床导轨油缺少而报警后，操作人员将导轨油注入油箱，就能解除报警。（　　）

3. 在数控机床加工时，要经常打开数控柜的门以便降温。（　　）

4. 数控系统出现故障后，如果了解故障的全过程并确认通电对系统无危险，就可通电进行观察，检查故障。（　　）

5. 每天需要检查数控铣床保养的内容是电器柜过滤网。（　　）

任务三 数控车床编程基础与程序识读

程序格式

知识指南

数控程序输入与编辑

一、数控车床的坐标系统认知

数控车床坐标系统分为机床坐标系和工件坐标系（编程坐标系）。

1. 机床坐标系

机床原点为坐标原点建立起来的 X、Z 轴直角坐标系，称为机床坐标系（图 1–3–1），也叫标准坐标系。机床坐标系是机床固有的坐标系，它是制造和调整机床的基础，也是设置工件坐标系的基础，用以确定机床的运动方向和移动距离，机床坐标系在出厂前已经调整好，一般情况下，不允许用户随意变动。

机床原点为机床上的一个固定的点。车床的机床原点为主轴旋转中心与卡盘后的端面之交点。

坐标系

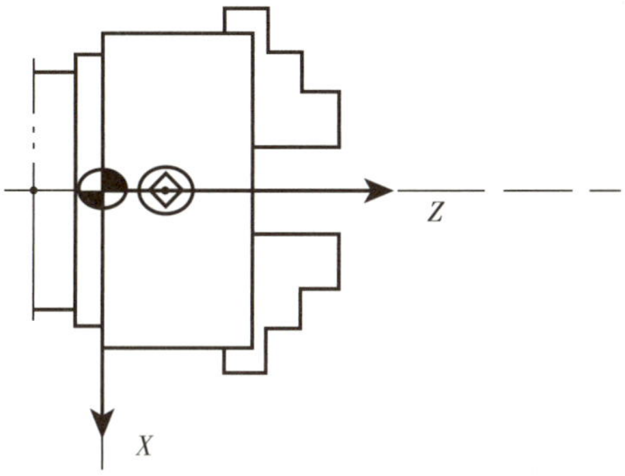

图 1–3–1 机床坐标系及方向

1.1 机床坐标系中的规定

数控车床的加工动作主要分为刀具的运动和工件的运动两部分。因此，在确定机床坐标系的方向时规定：永远假定刀具相对于静止的工件而运动。

对于机床坐标系的方向，统一规定增大工件与刀具间距离的方向为正方向。

数控机床的坐标系采用右手笛卡尔坐标系（图 1–3–2），右手大拇指的方向为 X 轴的正方向，食指指向为 Y 轴的正方向，中指指向为 Z 轴的正方向。图中还标示了旋转运动 A、B、C 轴旋转的正方向。

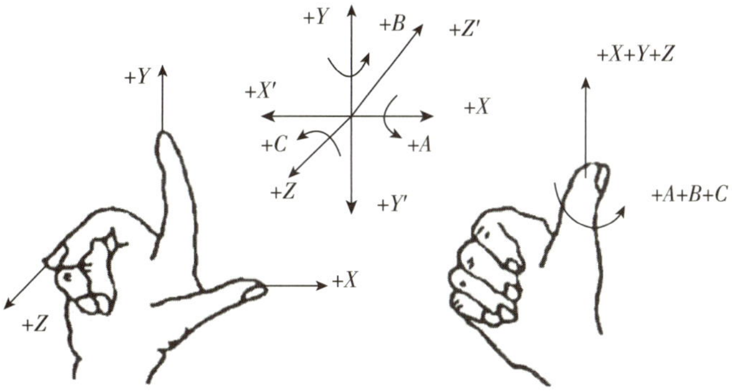

图 1–3–2 右手笛卡尔坐标系

1.2 机床坐标系的方向

（1）Z 坐标方向。Z 坐标的运动由主要传递切削动力的主轴所决定。对任何具有旋转主轴的机床，其主轴及与主轴轴线平行的坐标轴都称为 Z 坐标轴（简称 Z 轴）。根据坐标系正方向的确定原则，刀具远离工件的方向为该轴的正方向。

（2）X 坐标方向。X 坐标一般为水平方向并垂直于 Z 轴。对工件旋转的机床（如车床），X 坐标方向规定在工件的径向上且平行于车床的横导轨。同时也规定其刀具远离工件的方向为 X 轴的正方向。

2. 工件坐标系

（1）工件坐标系定义

机床坐标系的建立保证了刀具在机床上的正确运动。但是，加工程序的编制通常是针对某一工件并根据零件图样进行的。为了便于尺寸基准相一致，这种针对某一工件并根据零件图样编程建立的坐标系称为工件坐标系（也称编程坐标系）（图 1–3–3）。

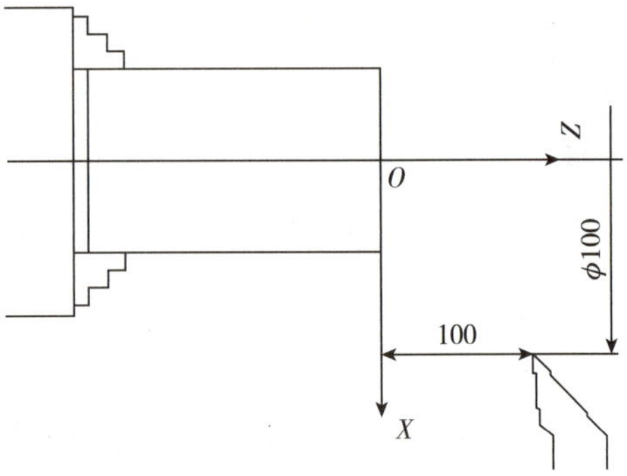

图 1–3–3　工件坐标系

（2）工件坐标系原点

工件坐标系原点也称编程原点，是指工件装夹完成后，选择工件上的某一点作为编程或工件加工的基准点。

工件坐标系是人为设定的，从理论上讲，工件原点选在任何位置都是可以的，但为了编程方便以及各尺寸较为直观，应尽量把工件原点的位置设置更合理。

原点 X 向一般选在工件的回转中心，而 Z 向一般选在加工工件的右端面（O 点）或左端面。

3. 参考点和机床原点

（1）参考点：机床参考点是机床上一个固定的机械点（有的机床是通过行程开关和挡块确定，有的机床是直接由光栅零点确定等）。

（2）机床零点：机床零点是机床中一个固定的点，数控装置以其为参照进行位置控制。机床零点由参考点及系统参数中“参考点在机床坐标系中的坐标值”确定。

如图 1–3–4 所示为卧式前置刀架车床 。由于其为有旋转主轴的机床，先确定 Z 轴方向：主轴轴线方向为 Z 轴方向，刀具离开工件的方向为 Z 轴正方向；然后确定 X 轴方向：机床加工平面内，垂直于 Z 轴的方向为 X 轴方向，刀具离开工件的方向为 X 轴正方向。

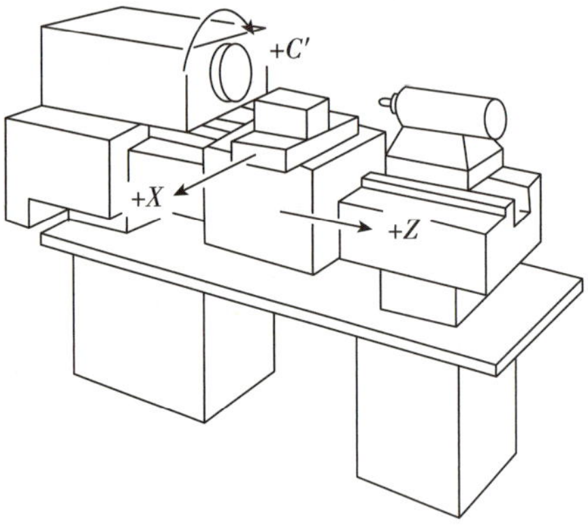

图 1–3–4　卧式前置刀架车床

二、数控车床编程基础知识

1. 程序编制的一般方法和步骤

编程员根据零件图确定该零件的加工工艺，将零件加工的工艺过程、工艺参数、加工路线以及加工中需要的辅助动作（如换刀、冷却、夹紧等），按照加工顺序和所用 CNC 机床规定的指令代码及程序格式，编制成加工程序单，再将程序单中的全部内容输入到数控装置中，从而使 CNC 机床按程序单中内容进行加工。

程序编制及加工的一般方法和步骤，如图 1-3-5 所示。

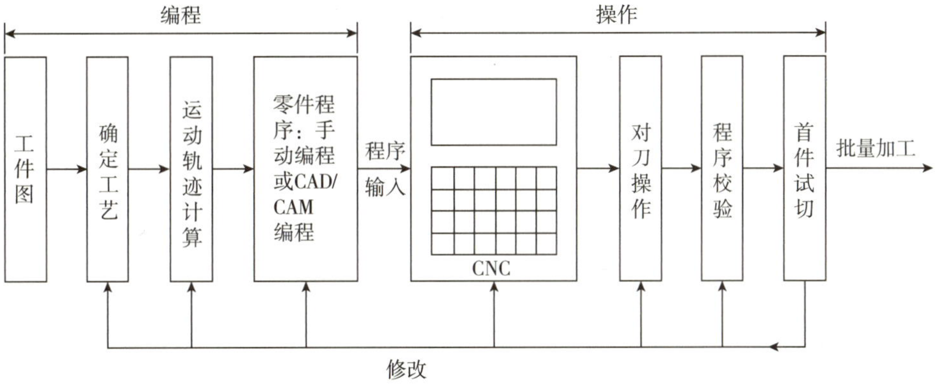

图 1-3-5 程序编制及加工步骤

2. 程序格式

向控制装置提供信息时规定的样式，称为程序格式，数控机床一般所使用的格式称为字地址格式。

程序是“程序段”单位的集合，用一个“程序段”指定一个机床动作（顺序）。按照实际移动刀具的顺序记叙这些指令（程序段）。程序段是“字”单位的集合，用一个“字”指定对一个操作的命令。字是字符（英文字母、数字、符号）的集合，字符按照某种顺序排列。

一般所使用的指令信息，由字母（A、B、C、…、Z）、数字（0、1、2、…、9）、符号（+、-、/等）构成，这些字母、数字、符号统称为字符。以这样的形式被表现出的称为代码，一般使用 ISO 代码，编写格式采用记事本格式书写。

字的开头字母称为地址，它规定了后面数值信息所具有的含义。一个指令字是由地址符（指令字符）和带符号（如定义尺寸的字）或不带符号（如准备功能字 G 代码）的数字数据组成的。

程序段中不同的指令字符及其后续数值确定了每个指令字的含义。在数控程序段中包含的主要指令字符如表 1-3-1 所示。

表 1-3-1 指令字符一览表

机能	地址	意义
零件程序号	字母 %	程序编号：01 ~ 4294967295
程序段号	N	程序段编号：N0 ~ 4294967295
准备机能	G	指令动作方式（直线、圆弧等）G00-200
尺寸字	X，Y，Z	直线轴的移动命令 ±21474
	A，B，C	旋转轴的移动命令 ±21474
	U，V，W	车床增量编程指令 ±21474
	R	圆弧的半径，固定循环的参数
	I，J，K	圆心相对于起点的坐标，固定循环的参数

续表

机能	地址	意义
进给速度	F	进给速度的指定：F0 ~ 50000
主轴机能	S	主轴旋转速度的指定：S0 ~ 100000
刀具机能	T	刀具编号的指定：T0 ~ 99
辅助机能	M	机床侧开 / 关控制的指定：M0 ~ 99
	A	工作台分度等
补偿号	H，D	刀具补偿号的指定：00 ~ 99
暂停	P，X	暂停时间的指定：毫秒，秒
程序号的指定	P	子程序号的指定：P1 ~ 4294967295
重复次数	L	子程序的重复次数，固定循环的重复次数
参数	P，Q，R	固定循环的参数

3. 程序段与程序段号

程序段的组成：一个程序段是 1 个以上的字组成的，一组单步的顺序指令或者一行若干功能指令称为程序段。

程序段号：用于区分每个程序段的号码，由地址 N 和后面的 5 位数字（1 到 99999）组成程序段号。程序段号放在程序段的开头。程序段号可以按任意顺序指定，并且任何段号都可以跳过，但有特殊意义的代码指令指定的段号除外。可以对全部程序段指定程序段号。也可以仅对程序要求的程序段指定程序段号。但是，为方便起见，一般情况下，是按加工步骤的顺序指定程序段号。

一个程序段定义一个将由数控装置执行的指令行。程序段的格式定义了每个程序段中功能字的句法。

程序段号和程序段结构示例如下：

<u>N100</u> G01 X24.7 Y59.31 M03 S1000 T0101 ；下划线为程序段号

一个程序段用识别程序段的顺序号开始（也可以没有程序段号），而以程序段结束代码结束。

4. 程序的一般结构

程序的一般结构如图 1-3-6 所示。

程序开始：第一行第一格不能为数字和除“%”以外的符号。

程序结束：通常在程序的结尾指定程序结束代码，用下列代码之一来表示程序结束代码。

M02：主程序结束。

M30、M99：子程序结束。

5. 程序与程序名

程序：一个零件程序是由遵循一定结构、句法和格式规则的若干个程序段组成的，而每个程序段是由若干个指令字组成的。程序名是与各工件对应，或是以子程序为单位，对程序进行分类的编号，是用于区分每个程序的号码，使用地址“%”和接在后面的数值进行指定。

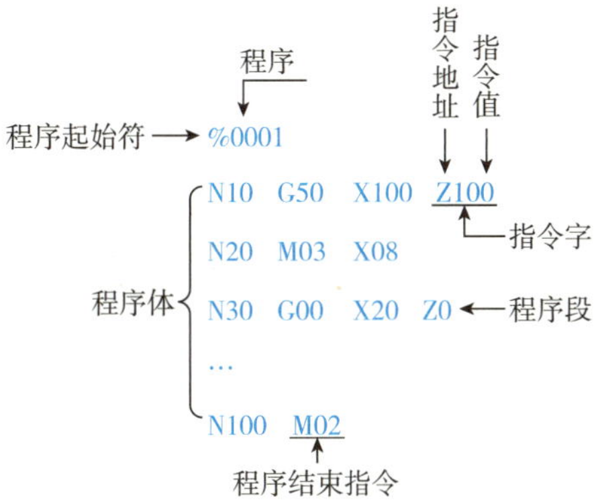

图 1-3-6 程序的一般结构

在系统上新建的程序名最多可为 7 个数值或字母；系统可以读取程序名大于 7 个字符的外部创建的程序名。

程序段一般由程序段号、准备功能指令字、辅助功能指令字、尺寸指令字、工艺指令字、辅助功能指令字、主轴功能指令字、刀具功能指令字中的一个或数个指令字组成，如图 1-3-7 所示。

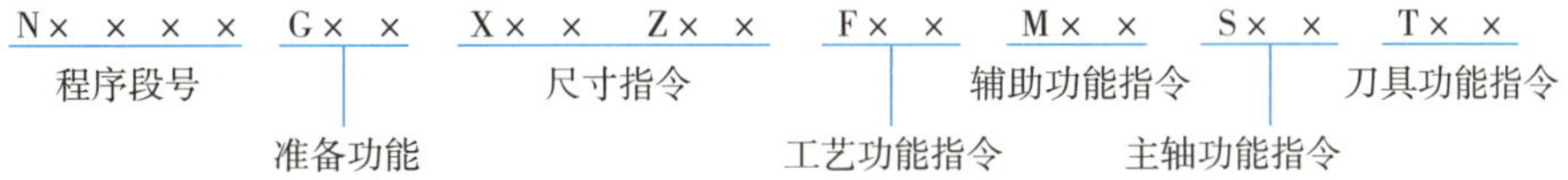

图 1-3-7 程序段基本结构

6. 主要功能代码

数控机床系统程序代码根据作用不同一般有准备功能代码、辅助功能代码、其他功能代码等。

6.1 准备功能（G 代码）

G 代码按其有效状态可分为两种：非模态 G 代码和模态 G 代码两种。

非模态 G 代码：只有指定该 G 代码时才有效，未指定时无效。

模态 G 代码：该类 G 代码执行一次后由 CNC 系统存储，在同组其他代码替换前一直有效。

G 代码按其功能类分为若干个组，其中 00 组为非模态 G 代码，其他组均为模态 G 代码。

注意：

① 同一程序段中可以指定多个不同组的 G 代码。

② 若在同一程序段中指定了多个同组代码，只有最后指定的代码有效。

③ 如果固定循环中指定了 01 组的 G 代码，就像指定了 G80 指令一样，可取消固定循环。但指令固定循环的 G 代码，不影响 01 组的代码。

G 代码一览表如表 1-3-2 所示。

表 1-3-2 G 代码一览表

G 代码	组号	功能
G00	01	快速定位
【G01】		线性插补
G02		顺时针圆弧插补 / 顺时针圆柱螺旋插补
G03		逆时针圆弧插补 / 逆时针圆柱螺旋插补
G04	00	暂停

续表

G 代码	组号	功能
G07	00	虚轴指定
G08		关闭前瞻功能
G09		准停校验
G10	07	可编程数据输入
【G11】		可编程数据输入取消
G17	02	*XY* 平面选择
【G18】		*ZX* 平面选择
G19		*YZ* 平面选择
G20	08	英制输入
【G21】		公制输入
G28	00	返回参考点
G29		从参考点返回
G30		返回第 2、3 、4 、5 参考点
G32	01	螺纹切削
【G36】	17	直径编程
G37		半径编程
【G40】	09	刀具半径补偿取消
G41		左刀补
G42		右刀补
G52	00	局部坐标系设定
G53		直接机床坐标系编程
G54.x	11	扩展工件坐标系选择
【G54】		工件坐标系 1 选择
G55		工件坐标系 2 选择
G56		工件坐标系 3 选择
G57		工件坐标系 4 选择
G58		工件坐标系 5 选择
G59		工件坐标系 6 选择
G60	00	单方向定位
【G61】	12	精确停止方式
G64		切削方式
G65	00	宏非模态调用

续表

G 代码	组号	功能
G71	06	内（外）径粗车复合循环
G72		端面粗车复合循环
G73		闭合车削复合循环
G76		螺纹切削复合循环
G80		内（外）径切削循环
G81		端面切削循环
G82		螺纹切削循环
G74		端面深孔钻加工循环
G75		外径切槽循环
G83		轴向钻循环
G87		径向钻循环
G84		轴向刚性攻丝循环
G88		径向刚性攻丝循环
【G90】	13	绝对编程方式
G91		增量编程方式
G92	00	工件坐标系设定
G93	14	反比时间进给
【G94】		每分钟进给
G95		每转进给
【G97】	19	圆周恒线速度控制关
G96		圆周恒线速度控制开
G101	00	轴释放
G102		轴获取
G103		指令通道加载程序
G103.1		指令通道加载程序运行
G104		通道同步
G108 『STOC』		主轴切换为 *C* 轴
G109 『CTOS』		*C* 轴切换为主轴
G110		报警
G115		回转轴角度分辨率重定义

6.2 辅助功能（M 指令）

辅助功能代码由地址字 M 及其后的数字组成，主要用于控制零件程序的走向以及机床各种辅助开关动作等辅助功能。其中 M00、M01、M02、M30、M92、M93、M98、M99 等用于控制零件程序的走向，是 CNC 内定的辅助功能，不由机床制造商设计决定，与 PLC 程序无关；其他 M 代码用于机床各辅助功能的开关动作，其功能不由 CNC 内定，而是由 PLC 程序指定，所以不同机床厂可能有差异。

在与移动指令相同的程序段中指定 M 功能时，M 指令的执行顺序可能有前置、后置、同步 3 种状况。

前置功能：在程序段编制的轴运动之前执行 M 功能。

后置功能：在程序段编制的轴运动之后执行 M 功能。

同步功能：与程序段编制的轴运动同时执行 M 功能。

本系统在参数配置中，M 代码表可以设置生效方式有前置、后置或同步三种，具体适用哪种状态取决于机床规格说明。

M 指令功能及常规状态表如表 1-3-3 所示。

表 1-3-3　M 指令功能及常规状态表

代码	功能	前置 / 后置 / 同步属性			功能保持到注销或取消	功能仅在所出现的程序段执行
		同步	前置	后置		
M00	程序暂停			#		○
M01	选择停			#		○
M02	程序结束			#		○
M03	主轴顺时针方向运行		○		○	
M04	主轴逆时针方向运行		○		○	
M05	主轴停止			#	○	
M06	换刀		○			○
M07	2 号冷却液开		○		○	
M08	1 号冷却液开		○		○	
M09	冷却液关			○	○	
M10 ~ M18	不指定					
M19	主轴定向		○			○
M20	主轴定向取消			○		○
M21	松刀（斗笠刀库）	○				○
M22	紧刀（斗笠刀库）	○				○
M23	刀库进（斗笠刀库）	○				○
M24	刀库退（斗笠刀库）	○				○
M25	选刀（斗笠刀库）	○				○
M26 ~ M29	不指定					
M30	程序结束并返回首行			#		○
M31 ~ M63	不指定					
M64	工件计数	○				○
M65 ~ M91	不指定					
M92	程序暂停（手动干预）			#		○
M93 M93	程序暂停 （不能手动干预）			#		○
M94 ~ M97	不指定					
M98	调用子程序			○		○
M99	子程序返回主程序			○		○
M100 ~ M999	不指定					

6.3 其他指令代码

6.3.1 刀具功能（T 指令）

车床加工零件过程中，常需使用不同的刀具，另为了简化程序，编程时假定各刀具刀尖位置相同，但由于各刀具形状及安装的不同，各刀尖的实际位置不可能一致。车床 T 指令功能就是用于实现换刀控制，以及各刀具实际位置不一致的偏置补偿处理。

本系统在实现位置偏置补偿时，还可实现相同偏置号下的刀尖圆弧半径补偿。

T 指令功能格式：

例：　T　01　01　（T0101）

　　刀具指令　刀位号　刀补号

前 2 位数为刀具号（当前选用的刀具编号）——刀位号，后 2 位为刀具补偿号（半径补偿量的寄存器编号）——刀补号。

刀位号：就是要使用的刀的位置号，一般为 01–99 个供使用。

刀补号：与数控面板刀补画面对应，数量不等。

6.3.2 进给功能（F 指令）

F 是车削速度的表达方式，也叫走刀速度或进给速度，一般分为：

（1）每分钟进给（G98）。每分钟进给的意思是每分钟刀具延径向或轴向地走刀速度，如 F100 意思是一分钟时间刀具从开始到结束所运行的距离是 100 mm。

（2）每转进给（G99）。每转进给的意思是卡盘或者主轴每转一转径向或者轴向的走刀速度，如 F0.2 意思是主轴或卡盘每转一转刀具运行的距离是 0.2 mm。

6.3.3 主轴功能（S 指令）

S 属于主轴转速功能字（指令），指主轴的转速，用于控制主轴转速。在编程中，分两种情况：

（1）最高转速限制。若格式为 G40 S ~，那么 S 后面的数字表示主轴转速，单位是 r/min。比如，G40 S2500 表示最高转速限制为 2500 r/min。

（2）恒线速控制。若编程格式 G78 S ~，那么 S 后面的数字表示的是恒定的线速度，单位是 m/min。比如，G78 S200 表示切削点线速度控制在 200 m/min。

7. 数控程序的识读

数控程序识读的方法步骤：

（1）确定数控程序的各部结构（程序名，程序体，程序结束符，程序注释等）。

（2）通读程序体，初步了解程序体的“段落”。

（3）确定程序段落基本规定。

（4）识读每一段落，确定每一个程序段中每一个指令的动作顺序，清楚每一段落的加工目标。

（5）识读程序段中功能指令对应的指令值。

（6）描画出指令运动轨迹，标注各轨迹的切削参数。

表 1-3-4 是一个程序识读示例。

表 1-3-4　程序识读示例

程序	程序识读	说明
%1101；	程序起始符	
N10 TO101；	调用 1 号刀位刀具，并建立工件坐标系	调用端面刀
N20 G00 X100 Z50；	将刀快速移动至 X100，Z50	程序起点
N30 M03 S700；	主轴以 700 r/min 的速度正转	设定工艺参数主轴转速
N40 G00X45 ZO；	快速定位至 X45，ZO	加工毛坯的端面
N50 G01 X-1 ZO F20；	以 20 mm/min 速度进给，直线加工至 X-1，ZO	
N60Z1；	车刀离开端面	
N70 G00X100Z100；	退刀（进刀粗车切削深度为 1.6 mm）	
N80 T0202；	调用 2 号刀位工具，并建立工件坐标系（与前工件坐标系重合）	回换刀点
N90 G00X40 Z2；	快速定位 X40，ZO	背吃刀量为 1 mm
N100 G01 X40 Z-50 F80；	以 80 mm/min 速度进给，直线加工至 X40，Z-50	粗加工
N110 X45 Z-50；	直线退刀至 X45Z-50	离开工件表面
N120 G00 Z2；	快速定位移动到 X45，Z2	
N130 X39.5；	快速定位移动到 X39.5，Z2	背吃刀量为 1 mm
N140 G01 X39.5 Z-50 F40；	以 40 mm/min 速度进给，直线加工至 X39.5，Z-50	精加工
N150 X45 Z-50；	直线退刀至 X45，Z-50	离开工件表面
N160 GOO X100 Z50；	将刀快速移动至 X100，Z50	返回程序起点位置
N170 MO5；	主轴停止	
N180 M30；	程序结束并返回主程序起点	程序结束

8. 程序管理与编辑

在程序主菜单下，可以对零件程序进行编辑、存储等操作。

8.1 程序选择

（1）在“选择程序”菜单下，将出现如图 1-3-7 所示的界面。选择文件的操作方法：

（2）菜单列按键选择存储器类型（系统盘、U 盘、用户盘），如图片 中“系统盘”键查看所选存储器的子目录；

（3）用“▲”和“▼”选择程序文件，并同步预览该程序文件；

（4）按“Enter”键，即可将该程序文件选中并调入加工缓冲区。

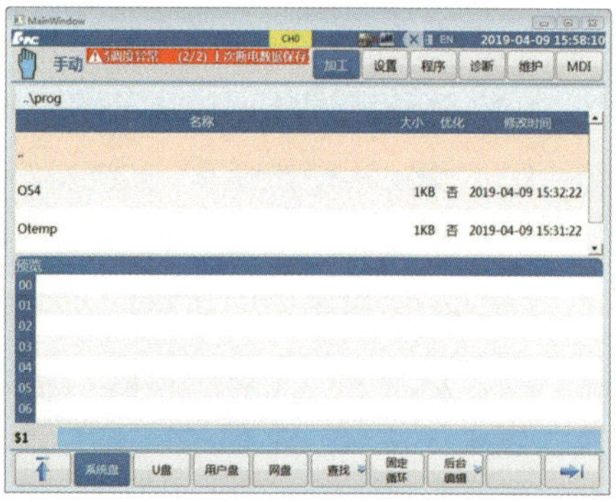

图 1-3-7

8.2 复制粘贴文件

使用复制粘贴功能，可以将某个文件拷贝到指定路径，操作步骤如下：

（1）在“程序”菜单下，选择需要复制的文件；

（2）用户可以按“设置标记”，进行文件的多选操作；
（3）按上一页的“复制”对应功能键；
（4）选择目的文件夹（注意：必须是不同的目录）；
（5）按“粘贴”对应功能键，完成拷贝文件的工作。

8.3 查找文件

根据输入的文件名，查找相应的文件，操作步骤如下：
（1）按“查找”键；
（2）输入搜索的文件名，再按“Enter”键，系统高亮显示文件。

8.4 程序编辑

（1）系统加工缓冲区已存在程序：
① 用户按“编辑程序”对应功能键，即可编辑当前载入的文件；
② 用户按“后台编辑”对应功能键，系统自动新建一个文件；
③用户按“Enter”键后，即可编写新建的加工程序。
（2）系统加工缓冲区不存在程序：
系统在处理某个程序或任务时，无法在加工缓冲区中找到预期的程序内容。

9. 数控车床的程序校验操作

操作步骤：
（1）调入要校验的加工程序；
（2）按机床控制面板上的“自动”或“单段”按键进入程序运行方式；
（3）在加工菜单下，按“校验程序”对应功能键，此时系统操作界面的工作方式显示改为“校验”；
（4）按机床控制面板上的“循环启动”按键，程序校验开始；
（5）若程序有错，命令行将提示程序的哪一行有错。

注意：
（1）校验运行时，机床不动作；
（2）为确保加工程序正确无误，请选择不同的图形显示方式来观察校验运行的结果；
（3）程序校验的速度受进给修调倍率控制，以方便观察刀位轨迹。

10. 停止运行

在程序运行的过程中，需要暂停运行：
（1）按面板“暂停”功能键，系统提示“已暂停加工，取消当前运行程序（Y/N）?”；
（2）如果用户按“N”键则暂停程序运行，并保留当前运行程序的模态信息（暂停运行后，可按循环启动键从暂停处重新启动运行）；
（3）如果用户按“Y”键则停止程序运行，并卸载当前运行程序的模态信息（停止运行后，只有选择程序后，重新启动运行）。

任务实施

一、任务概述

本任务旨在评估学生对数控车床编程基础知识的掌握程度及程序识读能力。学生需完成基于给定零件图纸的数控车床编程任务，并准确解读和分析现有的数控车床程序。

二、任务内容

子任务 1：补充填写如图 1–3–8 所示点的坐标值（*X* 方向以直径值填写）。

毛坯直径 70 mm、长 120 mm。

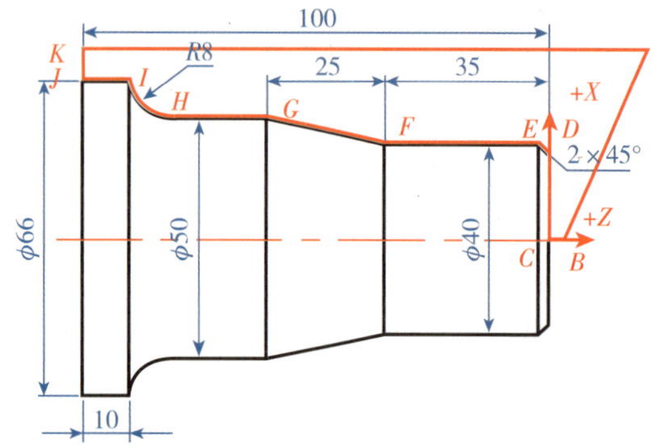

坐标点	*X*轴	*Z*轴
A	78	20
B		2
C		
D		
E		
F		
G		
H		
I		
J		
K		

图 1–3–8　子任务 1

子任务 2：补充填写如图 1–3–9 所示数控加工程序。

毛坯直径 45 mm、长 120 mm，要求车出一段长为 80 mm、直径为 40 mm 的轴。

```
%0002;
N10 T0101M03S800;
N20 G00X____ Z2.0;
N30 G01X____ F0.2;
N40 X____;
N50 G00X100.0Z50.0;
N60 T0100;
N70 M30;
```

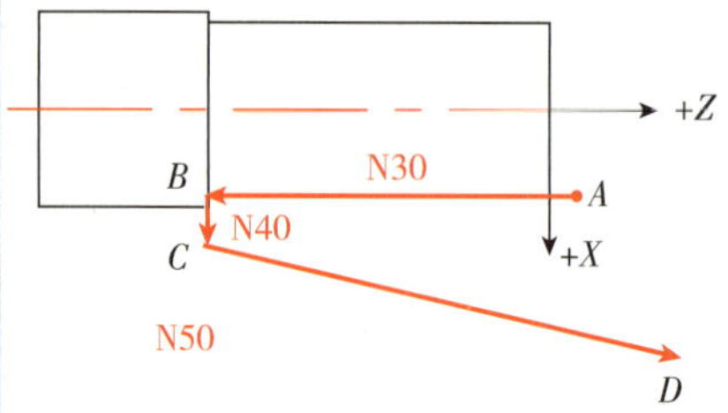

图 1–3–9　子任务 2

子任务 3：根据教师要求正确完成程序的录入和编辑，并识读各程序行的含义。

三、任务评价表

表 1–3–5　数控车床编程基础与程序识读 任务评价表

评价内容	评价方法	配分	评价标准	自评	师评	得分
子任务 1	实训报告	40	错一处扣 2 分			
子任务 2	实训报告	15	错一处扣 5 分			
子任务 3	现场考核	45	考核评分			
总计		100				

学后测评

一、选择题

1. 数控车床编程中，常用的编程方式有（　　）。（多选）
   A. 手动编程　B. 自动编程　C. 图形编程　D. 语音编程
2. 在数控车床编程中，G 代码代表（　　）。
   A. 辅助功能代码　B. 准备功能代码　C. 尺寸功能代码　D. 插补功能代码
3. 下列哪个代码用于设定数控车床的工件坐标系（　　）。
   A. G50　B. G54　C. G90　D. G92
4. 在数控车床编程中，M03 代码表示（　　）。
   A. 主轴正转　B. 主轴反转　C. 主轴停止　D. 主轴变速
5. S 指令在数控车床编程中通常用于设定（　　）。
   A. 进给速度　B. 主轴转速　C. 切削深度　D. 刀具半径

二、填空题

1. 数控车床编程中，F 指令用于设定________。
2. 在数控车床编程中，通常使用________指令来控制刀具的直线插补运动。
3. G00 指令在数控车床编程中通常用于________。
4. 数控车床编程时，为了避免刀具与工件发生碰撞，通常需要在程序中设置________。
5. 在数控车床编程中，刀具补偿功能通常包括________补偿和________补偿。

三、判断题

1. 数控车床编程时，所有的 G 代码和 M 代码都是模态的，即一旦设置就会持续有效直到被其他代码取代。（　　）
2. 在数控车床编程中，绝对坐标编程和增量坐标编程不可以混合使用。（　　）
3. 数控车床编程时，子程序调用可以简化程序结构，提高编程效率。（　　）
4. 数控车床编程中的循环指令可以用于加工具有重复几何特征的工件。（　　）
5. 数控车床编程时，刀具半径补偿的启用和取消必须在直线插补模式下进行。（　　）

四、简答题

请简述数控车床编程的基本步骤。

外圆刀对刀操作

任务四 数控车床基本操作

知识指南

一、操作认知

正确使用数控车床，必须先了解与数控车床操作有关的硬件设备：显示及操作主面板、NC 键盘、机床控制面板、手持单元、系统操作界面。

1. 显示及操作主面板

数控机床显示及操作主面板是数控机床的重要组成部件，是操作人员与数控机床（系统）进行交互的工具，数控车床的类型和数控系统的种类很多，以及各生产厂家设计的操作面板也不尽相同，但操作面板中各种旋钮、按钮和键盘的基本功能与使用方法基本相同。本任务以选用华中（HNC-808D 型）系统为例，介绍该系统的操作面板上各个按键的基本功能与使用方法，如图 1-4-1 所示。

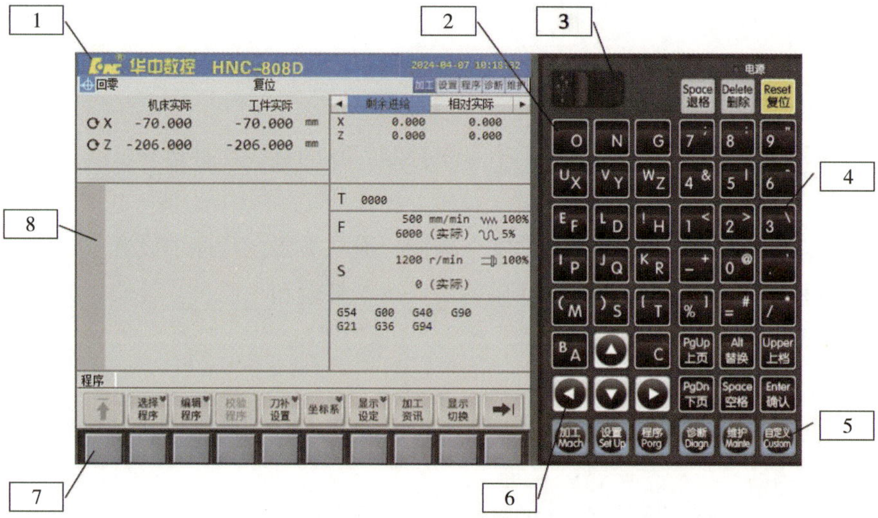

1. LOGO　2.字母键盘区　3. USB接口　4.数字及字符按键区
5.功能按键区　6.光标区　7.软键
8. 10.4寸彩色液晶显示器（分辨率为800×600）

图 1-4-1　显示及操作面板

2. NC 键盘

NC 键盘（图 1-4-2）包括精简型 MDI 键盘、主菜单键和功能键，主要用于零件程序的编制、参数输入、MDI 及系统管理操作等。

MDI 键盘：大部分键具有上挡键功能，同时按下“Shift”键和字母 / 数字键，输入的是上挡键的字母 / 数字。

3. 机床控制面板

机床控制面板用于直接控制机床的动作或加工过程，它集中了所有用于直接控制机床动作或加工过程的按钮，使得操作人员能够方便地进行各种操作。

机床控制面板（图 1-4-3）通常包括电源控制区域，其中有系统开关和急停旋钮等关键控制元件。系统开关用于开启或关闭数控车床的电源，而急停旋钮则用于在紧急情况下迅速切断机床电源，确保操作安全，通过控制面板上的各种按钮、开关和指示器，操作人员可以方便地控制机床的启动、停止、速度调整以及加工过程的各种参数设置。

图 1-4-2　华中 HNC-808D 型 NC 键盘

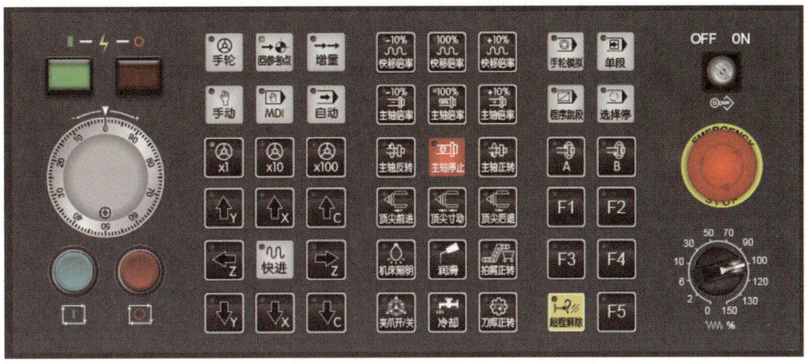

图 1-4-3　华中 HNC-808D 型机床控制面板

4. 手持单元

手持单元是一种便携式的操作设备，由手摇脉冲发生器、坐标轴选择开关组成，用于手摇方式增量进给坐标轴，手持单元为操作人员提供了更加灵活和高效的控制手段，提高了数控车床的加工效率和质量。

常见数控车床手持单元的结构如图 1-4-4 所示。

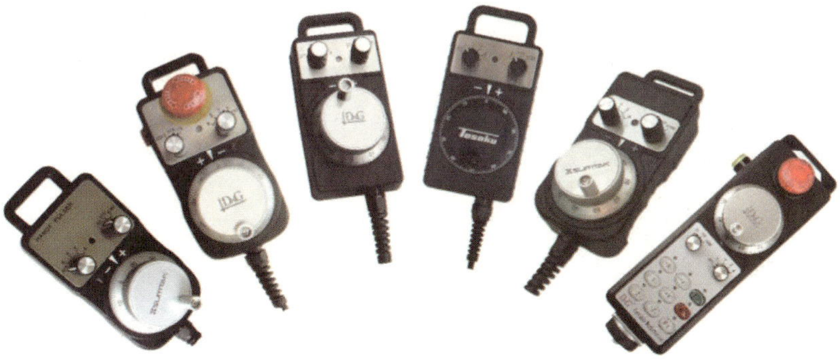

图 1-4-4　常见数控车床手持单元

5. 系统操作界面（图 1-4-5）

（1）标题栏显示如下：

► 加工方式：系统工作方式根据机床控制面板上相应按键的状态可在自动（运行）、单段（运行）、手动（运行）、增量（运行）、回零、急停之间切换；

► 系统报警信息；

► 0 级主菜单名：显示当前激活的主菜单按键；

► U 盘连接情况和网络连接情况；

► 系统标志，时间。

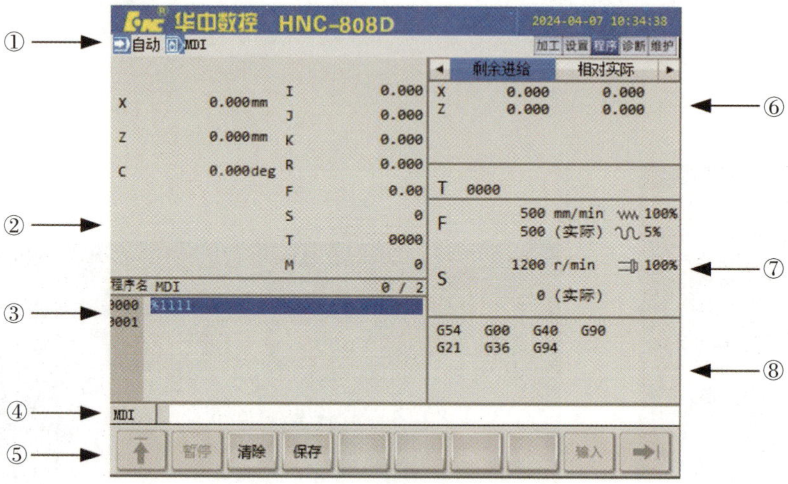

图 1-4-5　系统操作界面

（2）图形显示窗口：这块区域显示的画面，根据所选菜单键的不同而不同。

（3）G 代码显示区：预览或显示加工程序的代码。

（4）输入框：在该栏键入需要输入的信息。

（5）菜单命令条：通过菜单命令条中对应的功能键来完成系统功能的操作。

（6）加工信息：显示已加工以及待加工工件数量，以及当前程序执行进度。

（7）辅助机能：T/F/S 信息区。

（8）G 模态：显示加工过程中的 G 模态。

二、机床手动操作

机床手动操作主要由手持单元和机床控制面板来进行，机床的手动操作主要包括手动移动机床坐标轴、手动控制主轴、机床锁住、其他手动操作、手动数据输入（MDI）运行。

1. 坐标轴移动

手动移动机床坐标轴的操作由手持单元和机床控制面板上的方式选择、轴手动、增量倍率、进给修调、快速修调等按键共同完成。

1.1 手动进给

按一下“手动”按键（指示灯亮）

，系统处于手动运行方式，可点动移动机床坐标轴（下面以点动移动 *X* 轴为例说明）：

（1）按下“*X*”按键以及方向键（指示灯亮），*X* 轴将产生正向或负向连续移动；

（2）松开“*X*”按键以及方向键（指示灯灭），*X* 轴即减速停止。

用同样的操作方法，使用“*Z*”按键可使 Z 轴产生正向或负向连续移动。

在手动运行方式下，同时按压 *X*、*Z* 方向的轴手动按键，能同时手动控制 *X*、*Z* 坐标轴连续移动。

1.2 手动快速移动

在手动进给时，若同时按压“快进”按键

，则产生相应轴的正向或负向快速运动。

1.3 进给修调

在自动方式或 MDI 运行方式下，当 *F* 代码编程的进给速度偏高或偏低时，可旋转进给修调波段开关，修调程序中编制的进给速度。修调范围为 0%~150%。

在手动连续进给方式下，此波段开关可调节手动进给速率。

1.4 快移修调

根据不同的控制面板，快移修调的操作方法不同：

（1）修调波段开关：在自动方式或 MDI 运行方式下，旋转快移修调波段开关，修调程序中编制的快移速度。修调范围为 0%~100%。

（2）修调倍率按钮：在自动方式或 MDI 运行方式下，按下相应的快移修调倍率按钮。

如图 1-4-6 所示的是快移修调按钮。

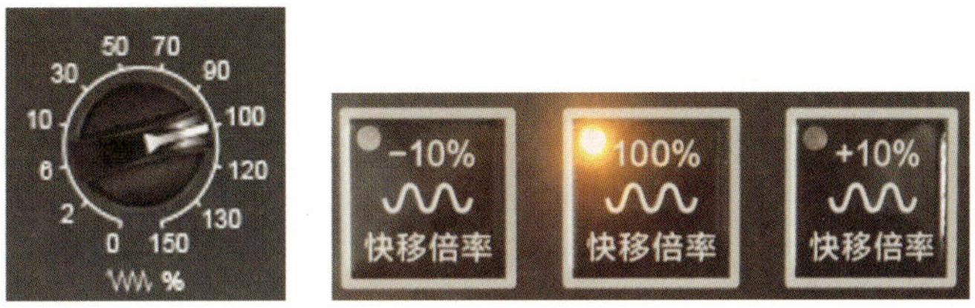

图 1-4-6　快移修调按钮

1.5 增量进给

按一下控制面板上的“增量”按键（指示灯亮）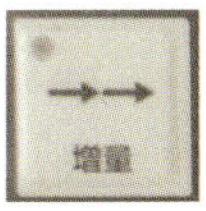

，系统处于增量进给方式，可增量移动机床坐标轴（下面以增量进给 *X* 轴为例说明）：

（1）按一下“*X*”键以及方向键（指示灯亮），*X* 轴将向正向或负向移动一个增量值；

（2）再按一下“*X*”键以及方向键，*X* 轴将向正向或负向继续移动一个增量值；

（3）用同样的操作方法，使用“*Z*”按键可使 *Z* 轴向正向或负向移动一个增量值。

同时按一下 *X*、*Z* 方向的轴手动按键，能同时增量进给 *X*、*Z* 坐标轴。

1.6 增量值选择

根据不同的控制面板增量值的按键不同：

增量进给的增量值由机床控制面板的“×1”“×10”“×100”“× 1000”四个增量倍率按键控制。增量倍率按键和增量值的对应关系如表 1-4-1 所示：

表 1-4-1　增量倍率按键和增量值的对应关系

增量倍率按键	×1	×10	×100	×1000
增量值 /mm	0.001	0.01	0.1	1

1.7 手摇进给

在非急停的状态下按一下控制面板上的“增量”按键（指示灯亮），系统处于手摇进给方式，可通过手摇进给控制机床坐标轴移动。手持单元的坐标轴选择波段开关置于所需移动的轴选挡位，再拨动倍率选择波段开关，置于所需倍率挡位，每次拨动手持单元一格，机床移动相应的倍率增量。

手摇进给方式每次只能增量进给一个坐标轴。

2. 主轴控制

主轴手动控制由机床控制面板上的主轴手动控制按键完成。

2.1 主轴正转

在手动方式下，按一下“主轴正转”按键（指示灯亮），主轴电机以机床参数设定的转速正转，直到按压“主轴停止”或“主轴反转 ”按键。

2.2 主轴反转

在手动方式下，按一下“主轴反转”按键（指示灯亮），主轴电机以机床参数设定的转速反转，直到按压“主轴停止”或“主轴主转 ”按键。

2.3 主轴停止

在手动方式下，按一下“主轴停止”按键（指示灯亮），主轴电机停止运转。

注意：“主轴正转 ”“主轴反转 ”“主轴停止”这几个按键互锁，即按一下其中一个（指示灯亮），其余两个会失效（指示灯灭）。

2.4 主轴点动

在手动方式下，可用“主轴点动”按键，点动转动主轴。按压“主轴点动”按键（指示灯亮），主轴将产生正向连续转动；松开“主轴点动”按键（指示灯灭），主轴即减速停止。

2.5 主轴速度修调

主轴正转及反转的速度可通过主轴修调调节。旋转主轴修调波段开关，倍率的范围为 50% 和 120% 之间。机械齿轮换挡时，主轴速度不能修调。

2.6 主轴定向

如果机床上有换刀机构，通常就需要主轴定向功能，这是因为换刀时，主轴上的刀具必须定位完成，否则会损坏刀具或刀爪。

在手动方式下，当“主轴制动”无效时（指示灯灭），按一下“主轴定向”按键，主轴立即执行主轴定向功能，定向完成后，按键内指示灯亮，主轴准确停止在某一固定位置。

3. 机床锁住、*Z* 轴锁住

3.1 机床锁住

机床锁住即禁止机床所有运动。

在手动运行方式下，按一下“机床锁住”按键（指示灯亮），此时再进行手动操作，显示屏上的坐标轴位置信息变化，但不输出伺服轴的移动指令，所以机床停止不动。

注意：“机床锁住”按键只在手动方式下有效，在自动方式下无效。

3.2 *Z* 轴锁住

该功能用于禁止进刀。在只需要校验 *XY* 平面的机床运动轨迹时，我们可以使用“*Z* 轴锁住”功能。在手动方式下，按一下“*Z* 轴锁住 ”按键（指示灯亮），再切换到自动方式运行加工程序，*Z* 轴坐标位置信息变化，但 *Z* 轴不进行实际运动。

注意：“*Z* 轴锁住”键在自动方式下按压无效。

4. 手动数据输入（MDI）运行

按“参数设置”键查找参数 00371“切换 MDI 方式”。

参数设置 0：MCPMDI；参数设置 1：NCMDI。

若设置“0”，0 级主菜单显示如下图，MDI 功能只能通过 MCP 面板功能键呼叫出来。

若设置“1”，0 级主菜单显示如下图，MDI 功能只能通过 NCP 面板菜单键呼叫出来。

进入 MDI 功能，用户可以从 NC 键盘输入并执行一行或多行 G 代码指令段，如下图所示。

注意：

（1）系统进入 MDI 状态后，标题栏出现“MDI 状态”图标；

（2）用户从 MDI 切换到非程序界面时仍处于 MDI 状态；

（3）自动运行过程中，不能进入 MDI 方式，可在进给保持后进入；

（4）MDI 状态下，用户按“复位”键，系统则停止并清除 MDI 程序。

MDI 输入的最小单位是一个有效指令字。因此，输入一个 MDI 运行指令段可以有下述两种方法：

（1）一次输入，即一次输入多个指令字的信息；

（2）多次输入，即每次输入一个指令字的信息。

例如，要输入“G00 X100 Z1000”MDI 运行指令段，可以：

（1）直接输入“G00 X100 Z1000”；

（2）按“输入”键，则显示窗口内关键字 X、Z 的值将分别变为 100、1000。

在输入命令时，可以看见输入的内容，如果发现输入错误，可用“BS”“▼”和“▲”键进行编辑；按“输入”键后，系统发现输入错误，会提示相应的错误信息，此时可按“清除”键将输入的数据清除。

在输入完一个 MDI 指令段后，按一下操作面板上的“循环启动”键，系统即开始运行所输入的 MDI 指令。如果输入的 MDI 指令信息不完整或存在语法错误，系统会提示相应的错误信息，此时不能运行 MDI 指令。

在运行 MDI 指令段之前，如果要修改输入的某一指令字，可直接在命令行上修改相应的指令字符及数值。例如：在输入“X100”后，希望 X 值变为 109，可在命令行上修改“100”。

在输入 MDI 数据后，按“清除”对应功能键，可清除当前输入的所有尺寸字数据（其他指令字依然有效），显示窗口内 X、Z、I、K、R 等字符后面的数据全部消失。此时可重新输入新的数据。

在系统正在运行 MDI 指令时，按“暂停”对应功能键可停止 MDI 运行。

操作者可以按“保存”键，将已输入的 G 代码指令，保存为加工程序。

三、机床上电、关机和急停操作

1. 机床上电

操作步骤：

（1）检查机床状态是否正常；

（2）检查电源电压是否符合要求，接线是否正确；

（3）按下“急停”按钮；

（4）机床上电；

（5）数控上电；

（6）检查面板上的指示灯是否正常；

（7）接通数控装置电源后，系统自动运行，工作方式为“急停”。

2. 机床复位

系统上电进入系统操作界面时，初始工作方式显示为“急停”。为控制系统运行，右旋并拔起“急停”按钮使系统复位，接通伺服使能。

3. 返回机床参考点

控制机床运动的前提是建立机床坐标系，为此，系统接通电源、复位后首先应进行机床各轴回参考点操作。方法如下：

（1）如果系统显示的当前工作方式不是回零方式，按一下控制面板上面的“回参考点”按键，确保系统处于“回零”方式；

（2）根据 X 轴机床参数“回参考点方向”，按一下“X”以及方向键（“回参考点方向”为“+”），X 轴回到参考点后，“X”按键内的指示灯亮；

（3）用同样的方法使用“Z”按键，使 Z 轴回参考点；

（4）所有轴回参考点后，即建立了机床坐标系。

注意：

（1）在每次电源接通后，必须先完成各轴的返回参考点操作，然后再进入其他运行方式，以确保各轴坐标的正确性；

（2）同时按下轴方向选择按键（X，Y，Z），可使轴（X，Y，Z）同时返回参考点；

（3）在回参考点前，应确保回零轴位于参考点的“回参考点方向”相反侧（如 X 轴的回参考点方向为负，则回参考点前，应保证 X 轴当前位置在参考点的正向侧），否则应手动移动该轴直到满足此条件；

（4）在回参考点过程中，若出现超程，请按住控制面板上的“超程解除”按键，向相反方向手动移动该轴使其退出超程状态；

（5）系统各轴回参考点后，在运行过程中只要伺服驱动装置不出现报警，其他报警都不需要重新回零（包括按下急停按键）；

（6）在回参考点过程中，如果用户在压下参考点开关之前按下“复位”键，则回零操作被取消；

（7）在回参考点过程中，如果用户在压下参考点开关之后按下“复位”键，按此键无效，不能取消回零操作。

4. 急停

机床运行过程中，在危险或紧急情况下，按下“急停”按钮，数控系统即进入急停状态，伺服进给及主轴运转立即停止工作（控制柜内的进给驱动电源被切断）；松开“急停”按钮（右旋此按钮，自动跳起），系统进入复位状态。

解除急停前，应先确认故障原因是否已经排除，而急停解除后，应重新执行回参考点操作，以确保坐标位置的正确性。

注意：在上电和关机之前应按下“急停”按钮以减少设备电冲击。

5. 超程解除

在伺服轴行程的两端各有一个极限开关，作用是防止伺服碰撞而损坏。每当伺服碰到行程极限开关时，就会出现超程。当某轴出现超程（“超程解除”按键内指示灯亮）时，系统视其状况为紧急停止，要退出超程状态时，可进行如下操作：

（1）置工作方式为“手动”或“手摇”方式；

（2）一直按压着“超程解除”按键（控制器会暂时忽略超程的紧急情况）；

（3）在手动（手摇）方式下，使该轴向相反方向退出超程状态；

（4）松开“超程解除”按键；

（5）若显示屏上运行状态栏“运行正常”取代了“出错”表示恢复正常，可以继续操作。

注意：在操作机床退出超程状态时，请务必注意移动方向及移动速率，以免发生撞机。

6. 关机

操作步骤：

（1）按下控制面板上的“急停”按钮，断开伺服电源；

（2）断开数控电源；

（3）断开机床电源。

四、数控车床对刀理论

1. 单刀对刀

数控机床在出厂时已规定了机床坐标系，开机时通过回机床参考点，使数控系统确认机床坐标系。一旦确认机床坐标系后，刀架移动到任何位置，数控系统都可以知道刀架当前的机床坐标值。数控车床对刀坐标系如图 1-4-7 所示，数控车床对刀偏差如图 1-4-8 所示。

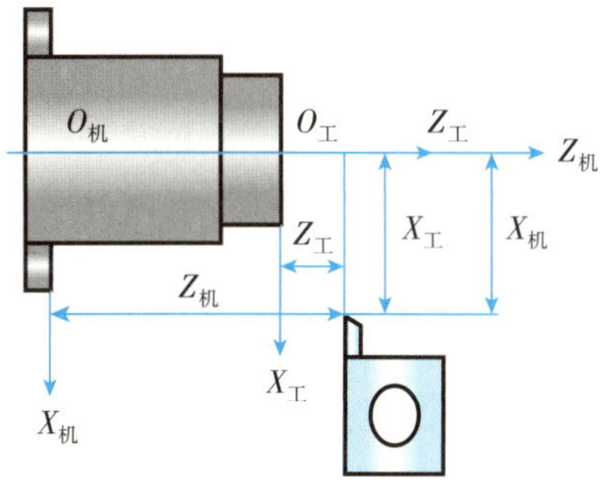

图 1-4-7 数控车床对刀坐标系

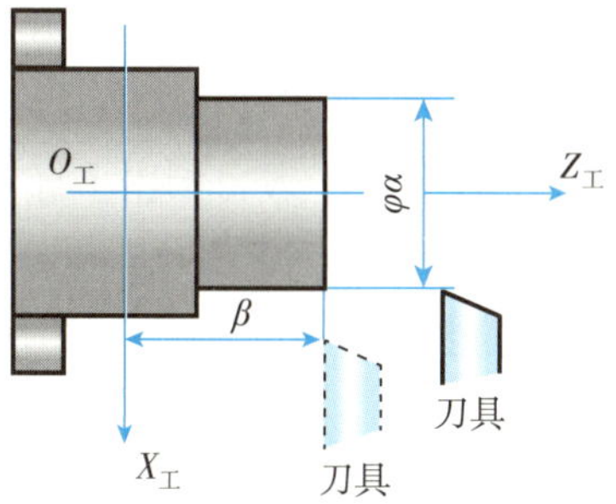

图 1-4-8 数控车床对刀偏差

计算出工件坐标系原点在机床坐标系中的坐标值（$X_{偏}$，$Z_{偏}$）：

$X_{偏}=X_{机}-X_{工}$

$Z_{偏}=Z_{机}-Z_{工}$

只要能找出刀尖当前点在工件坐标系的坐标值（$X_{工}$，$Z_{工}$），就可以解决工件坐标系与机床坐标系的对应关系，即工件坐标系中任意一点 A 的坐标值（$X_{A工}$，$Z_{A工}$）在机床坐标系中坐标值为：

$X_{A机}=X_{偏}+X_{A工}$

$Z_{A机}=Z_{偏}+Z_{A工}$

$X_{偏}=X_{机}-X_{工}=X_{机}-\alpha$

$Z_{偏}=Z_{机}-Z_{工}=Z_{机}-\beta$

$X_{机}$、$Z_{机}$ 的数值数控系统可直接获得，只需将测得的（α，β）值输入到数控系统中，系统就可以直接计算出（$X_{偏}$，$Z_{偏}$）。这样在加工中，数控系统可以将程序中的工件坐标系的坐标值加上（$X_{偏}$，$Z_{偏}$），就成了机床坐标系的坐标值。这就是数控机床试切对刀操作的理论依据。

2. 多刀对刀

（1）每把刀均建立各自的工件坐标系，若这些工件坐标系的原点重合，就能保证每把刀在切削中与毛坯具有相同的相互位置关系。

（2）以一把刀（标准刀）建立工件坐标系，只要知道其他各刀在工件坐标系的偏差位置，并将这种偏差代入计算，就可以保证每把刀在切削中与毛坯具有相同的相互位置关系。

3. G54 ~ G59 指令的理论基础

在 HNC-21T 数控系统中，准备功能指令中的 G54 ~ G59 为零点偏置功能，这组指令也经常用于建立数控机床坐标系与工件坐标系的一一对应关系。它的基本原理就是通过机床操作者的操作或计算，将工件坐标系在机床坐标系中的偏置值（$X_{偏}$，$Z_{偏}$）输入到 G54 ~ G59 指令对应的存储地址中。当数控程序中出现该指令时，数控系统自动将该指令后的工件坐标值通过公式 $X_{A机}=X_{偏}+X_{A工}$，$Z_{A机}=Z_{偏}+Z_{A工}$ 将编程中的工件坐标值转换为机床坐标值，达到精确控制刀具在机床坐标中的移动轨迹的目的。

4. 数控车床对刀操作实践

对刀就是在数控机床的机床坐标系中建立工件坐标系，并使工件坐标系原点与编程原点重合的操作过程。通过试切或非接触方法测量出机床坐标系中的刀尖编程点距加工原点 X 和 Z 方向的距离，并把数值设置到机床参数中，通过程序调用，建立工件坐标系。

根据数控机床所用的位置检测装置不同，试切法分为相对式和绝对式两种。在相对式试切法对刀中，可采用三种方法：

一是用量具（如钢板尺等）直接测量，对准对刀尺寸，这种对刀方法简便但不精确；

二是通过刀位点与定位块的工作面对齐后，移开刀具至对刀尺寸，这种方法的对刀准确度取决于刀位点与定位块工作面对齐的精度；

三是将工件加工面先光一刀，测出工件尺寸，间接算出对刀尺寸，这种方法最为精确。

在绝对式试切法对刀中，需采用基准刀，然后以直接或间接的方法测出其他刀具的刀位点与基准刀之间的偏差，作为其他刀具的设定刀补值。以上试切法，采用“试切—测量—调整（补偿）”的对刀模式，故占用机床时间较多，效率较低，但由于方法简单，所需辅助设备少，因此广泛被用于经济型低档数控机床中。

试切法一般对刀步骤举例如下：

（1）外圆刀对刀（1 号刀）

①按下功能键“PROG”，进入程序画面。再按下“MDI”，进入“MDI”模式，通过操作面板在光标闪动输入“T0101；M03S500；”，按“INSERT”键，将程序插入。再按“循启动”按钮，执行程序，换 1 号刀，同时主轴正转，转速 500 r/min。

②在 JOG 或手摇方式下将刀具移至工件附近（靠近时倍率要小些），切削端面，切削完毕，保持 Z

轴不变，按“+X”退刀，按下“主轴停”按钮，或按下“复位”键，此时主轴停止转动。

③连续按功能键“OFFSET SETTING”，将G54下X及Z值均设定为0，按动屏幕下部“形状”对应软键进入10所示的画面。光标移至G01，键盘输入“Z0”按测量，完成1号刀Z向对刀。

④再次调至JOG或手摇方式，切削外圆。切削一小段足够卡尺测量外径的长度后，保持X轴不变，方向退出Z轴，使主轴停止，测量所切部分的外径。例如车削外径为30 mm，则进入“工具补正/形状”画面后，光标停在G01一行上，键盘上键入“X30”，按“测量”完成1号刀X向对刀。

⑤1号刀对刀完毕，将刀架移开，退至换刀位置附近。

（2）切槽刀对刀（2号刀）

①在MDI方式下，调2号刀，按“主轴正转”按钮使主轴旋转。

②在JOG或手摇方式下，将刀具移至工件附近，越近时倍率要越小，使2号刀的刀尖与已加工好的工件端面接触，听见摩擦声或有微小标听在G02一行上，键入“Z0”，按“测量”，完成2号刀Z向对刀。

③用与步骤②相同的方式，将刀具从径向靠近工件。当2号刀的刀刃与已加工好的工件外圆接触时，停止进给，工具“补正/形状”画面里，将光标停在G02一行上，键入“X30”，按“测量”，完成2号刀X向对刀。

④完成2号刀对刀后，刀架移开，退到换刀位置，使主轴停转。

（3）螺纹刀对刀（3号刀）

①在MDI方式下，调3号刀，按“主轴正转”按钮使主轴旋转。

②在JOG或手摇方式下将刀具移至工件附近，越近时倍率要越小，使3号刀的刀尖与已加工好的工件端面平齐，并接触工件的外圆。

③在“工具补正/形状”画面里，将光标停在G03一行上，键入“X30”，按“测量”，输入数值，完成3号刀X向对刀；键入“Z0”，按“测量”，完成3号刀Z向对刀。

④刀架移开，退到换刀位置，主轴停转。

任务实施

一、任务概述

本任务旨在让学生按照以下要求，根据所给材料、工具、量具、刀具等，独立完成毛坯料的安装、刀具的安装、对刀的操作以及工件、刀具的拆卸操作。

二、任务要求

1. 准备阶段

（1）检查机床各部件是否完好无损，如刀具、夹具、工件等是否安装牢固。

（2）检查机床电源是否正常，以及各功能按键的位置是否正确。

（3）将毛坯、刀具正确安装在机床相应的位置上。

2. 对刀操作

在手动模式下，进行对刀操作，确保刀具的基准与程序起始点对齐。

3. 模拟加工阶段

（1）模拟在自动模式下，启动机床，开始加工。

（2）模拟加工过程中，时刻关注机床的运行状态和切削情况，确保加工质量和安全。

4. 拆卸与清理

拆卸工件和刀具，关闭机床电源和数控系统。

三、任务评价表

表 1-4-2　数控车床基本操作 任务评价表

评价内容	评价方法	配分	评价标准	自评	师评	得分
机床检查	现场考核	5	机床检查不到位每处扣 2 分			
开机	现场考核	5	开机操作错误每处扣 2 分			
工件装夹	现场考核	15	工件装夹错误每处扣 1 分			
刀具装夹	现场考核	20	刀具装夹错误每处扣 3 分			
对刀操作	现场考核	35	对刀步骤错误每处扣 5 分			
模拟加工	现场考核	10	安全文明生产不到位每次扣 3 分			
拆卸与清理	现场考核	10	拆卸不规范、清理不到位每处扣 3 分			
总计		100				

学后测评

一、选择题

1. 数控车床的基本操作流程不包括（　　）。

A. 开机检查　　B. 手动换刀　　C. 关机清理　　D. 随意编程

2. 在数控车床操作中，刀具选择主要依据是（　　）。

A. 操作者喜好　　B. 加工材料　　C. 机床型号　　D. 加工时间

3. 数控车床系统中，用于显示当前加工状态的通常是（　　）。

A. 电源开关　　B. 紧急停止按钮　　C. 显示屏　　D. 刀具库

4. 数控车床程序编辑时，常见的编程错误是（　　）。

A. 坐标值输入正确　　B. 刀具号与刀具不匹配

C. 程序结构清晰　　D. 切削速度适中

5. 数控车床的坐标系统通常以（　　）为原点。

A. 机床左上角　　B. 机床右下角　　C. 工件上某一点　　D. 任意指定点

6. 在数控编程中，确定工件原点通常依赖于（　　）。

A. 操作者经验　　B. 编程软件自动设定

C. 工件装夹位置　　D. 机床参数

7. 回参考点在数控车床操作中的主要作用是（　　）。

A. 更换刀具　　B. 消除坐标误差

C. 关机前的必要步骤　　D. 加快加工速度

8. 如果数控车床回参考点失败，首先应该检查（　　）。

A. 刀具是否磨损　　B. 电源是否接通
C. 传感器是否工作正常　　D. 程序是否有误

9. 对刀在数控车床加工中的重要性主要体现在（　　）。
A. 提高加工速度　　B. 简化编程过程
C. 保证加工精度　　D. 延长机床寿命

10. 对刀过程中，刀具与工件之间的精确匹配主要依赖于（　　）。
A. 操作者手感　　B. 对刀仪精度
C. 机床稳定性　　D. 切削参数设置

11. 在优化数控车床加工流程时，通常不涉及（　　）。
A. 调整切削参数　　B. 更换机床型号
C. 优化程序结构　　D. 合理安排加工顺序

12. 数控车床加工精度受（　　）影响。（多选）
A. 刀具磨损　　B. 切削速度
C. 操作者心情　　D. 坐标系统误差

13. 当数控车床加工出的零件尺寸不符合要求时，首先应检查（　　）。
A. 电源是否接通　　B. 程序是否正确
C. 刀具是否锋利　　D. 机床是否清洁

14. 数控车床在回参考点过程中出现故障，通常与（　　）无关。
A. 传感器故障　　B. 刀具磨损
C. 机床控制系统问题　　D. 电源波动

15. 在数控车床操作中，遇到紧急情况时，应首先采取的措施是（　　）。
A. 继续加工完成当前零件　　B. 按下紧急停止按钮
C. 调整切削参数　　D. 通知维修人员

模块二　轴类零件的加工

轴类零件是指回转体零件，其长度大于直径，一般由同心轴的外圆柱面、圆锥面、螺纹及相应的端面所组成。轴类零件是车削加工经常遇到的典型零件之一，其主要用来支承传动零部件、传递扭矩和承受载荷。本模块以八个火箭模型为典型工作任务载体，要求学生掌握典型轴类零件加工工艺制定及程序编写，并能独立操作数控车床加工出合格的轴类零件。

知识目标

1. 掌握简单、综合轴类零件数控车削加工工艺理论知识。
2. 掌握 G80、G81 单一固定循环指令的编程应用。
3. 掌握 G71、G72、G73 粗、精加工循环指令的编程应用。
4. 掌握 G32、G82 等螺纹加工循环指令的编程应用。
5. 掌握 G41、G42、G40 等刀具半径补偿指令的编程应用。
6. 掌握轴类零件加工的刀具选择知识。
7. 掌握轴类零件加工的尺寸控制方法。

能力目标

1. 能分析零件图样，制定简单、综合轴类零件的加工工艺方案。
2. 能根据零件加工要求，查阅相关资料，正确、合理选用刀具、量具、工具、夹具。
3. 能用 G80、G81 等指令编写简单轴类零件加工程序。
4. 能用 G71、G72、G73、G82、G41、G42、G40 等指令编写综合轴类零件加工程序。
5. 能采用一顶一夹的安装方法正确装夹零件。
6. 能独立操作数控车床完成简单、综合轴类零件的加工并控制零件质量。

素养目标

1. 养成严格执行与职业活动相关的，保证工作安全和防止意外发生的规章制度的素养。
2. 养成认真细致分析、解决问题的素养。
3. 养成诚实守信、认真负责的工匠品质，树立产品质量意识。
4. 能与他人进行有效的交流和沟通，具备较强的团队协作精神。

任务一　简单轴的加工

任务描述与分析

加工如图 2-1-1 所示零件，毛坯尺寸为 $\phi50\times55$ mm，材料为 45 钢。该零件外形简单，只需加工外圆和端面。

根据所给毛坯料尺寸，外圆应分多次车削完成。

车刀的安装与拆卸

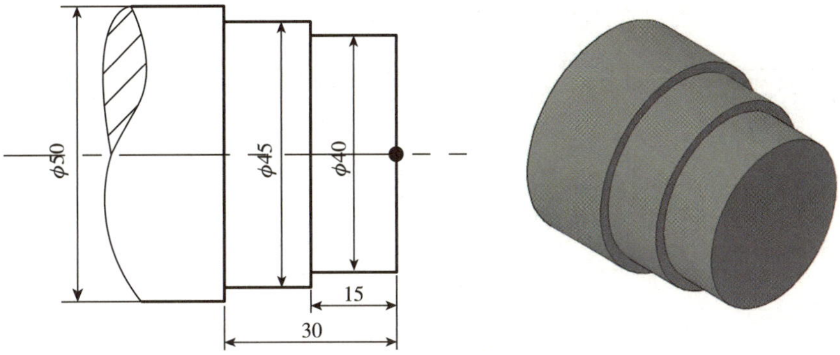

图 2-1-1 示例零件

知识指南

一、加工刀具的选用

1.1 车削外圆刀具的选用（图 2-1-2）

（1）75° 车刀：该车刀强度较好，常用于粗车外圆。

（2）45° 车刀（弯头刀）：该车刀适用于车削不带台阶的光滑轴。

（3）90° 车刀（偏刀）：该车刀适用于加工细长工件的外圆。

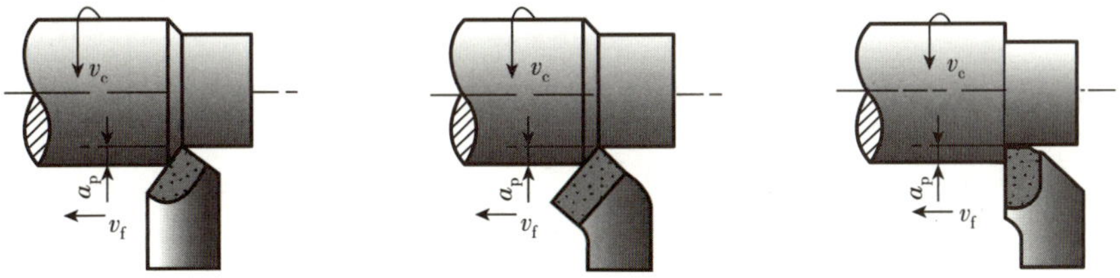

（a）75° 车刀　（b）45° 车刀　（c）90° 车刀

图 2-1-2 外圆刀具的选用

1.2 车削端面刀具的选用（表 2-1-1）

表 2-1-1 常用车削端面外圆车刀的种类及特点

种类	图示	特点	种类	图示	特点
45° 车刀	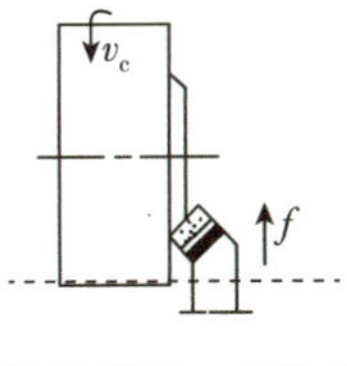	可采用较大背吃刀量，切削顺利，表面光洁，而且大、小端面均可车削	90° 左偏刀	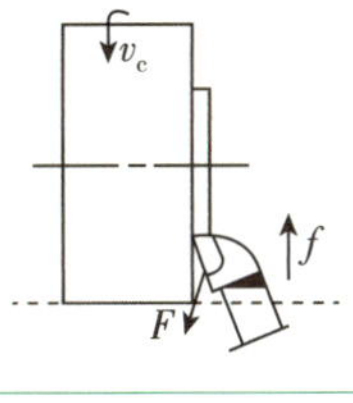	从外向工件中心进给，适用于加工尺寸较小的端面或一般的台阶端面

续表

种类	图示	特点	种类	图示	特点
90° 左偏刀	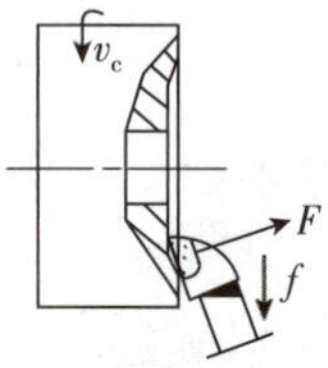	从工件中心向外进给，适用于加工工件中心带孔的端面或一般的台阶端面	90° 右偏刀	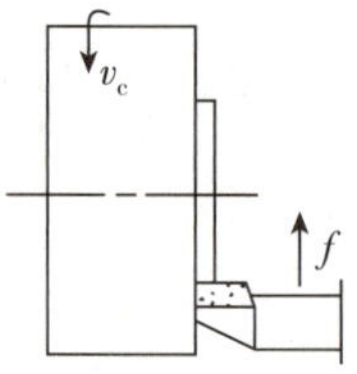	刀头强度高，适宜车削较大端面，尤其是铸锻件的大端面

二、简单轴加工的装刀与对刀

车刀的分类和用途

1. 安装车刀注意事项

（1）车刀装夹在刀架上的伸出部分应尽量短，长度应为刀杆厚度的 1 ~ 1.5 倍。

（2）车刀下面的垫铁要平整，数量要少（1 ~ 2 片），并与刀架对齐。车刀至少要用 2 个螺钉压紧在刀架上，以防振动。

（3）车刀刀尖应与主轴中心线等高（图 2-1-3）。以车削外圆（或横车）为例，当车刀刀尖高于工件轴线时，因其车削平面与基面的位置发生变化，使前角增大，后角减小；反之，前角减小，后角增大。

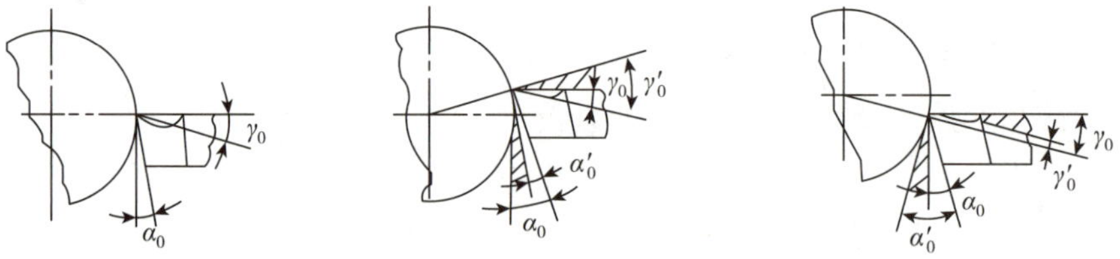

（a）等高　（b）高于工件轴线　（c）低于工件轴线

图 2-1-3　装刀高低对车刀前后角的影响

（4）车刀刀杆中心线应与进给方向垂直（图 2-1-4）。

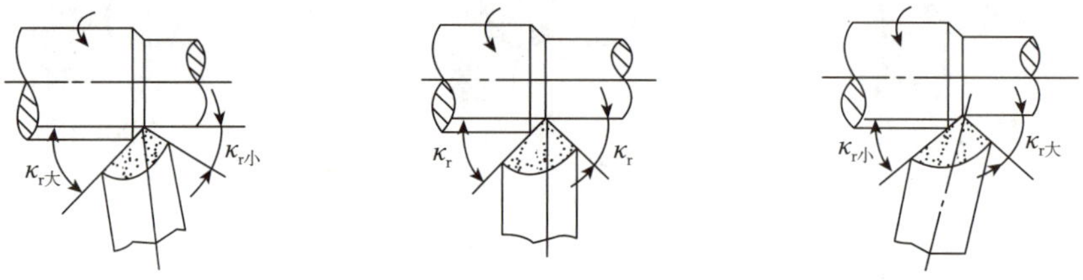

（a）错误　（b）正确　（c）错误

图 2-1-4　车刀装偏对主副偏角的影响

2. 刀位点和对刀

刀位点是指在加工程序编制中用以表示刀具特征的点，如图 2-1-5 所示。

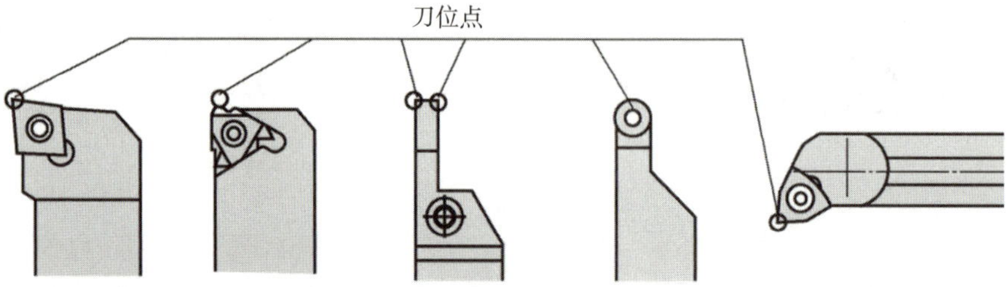

图 2-1-5　常用车刀的刀位点

在执行加工程序前，需调整每把刀的刀位点，使其尽量与某一理想基准点重合，这一过程称为对刀。理想基准点可以设定在基准刀的刀尖上，也可以设定在对刀仪的定位中心（如光学对刀镜内的十字刻线交点）上。

刀位点也是对刀和加工的基准点，对刀的好与差，将直接影响到加工程序的编制及零件的尺寸精度。

3. 确定对刀点和换刀点位置

3.1 确定对刀点位置

对刀点（又称起刀点）是指在数控车床上加工零件时，刀具相对零件做切削运动的起始点。对刀点位置的选择原则如下：

① 尽量与工件的尺寸设计基准或工艺基准相一致；

② 尽量使加工程序的编制工作简单、方便；

③ 便于用常规量具和测量仪在机床上进行找正；

④ 该点的对刀误差应较小或可能引起的加工误差为最小；

⑤ 尽量使加工程序中的引入（或返回）路线短，并便于换（转）刀；

⑥ 应选择在与机床约定机械间隙状态（消除或保持最大间隙方向）相适应的位置上避免在执行其自动补偿时造成“反补偿”；

⑦ 必要时，对刀点可设定在工件的某一要素或其延长线上，或设定在与工件定位基准有一定坐标关系的夹具某位置上。

确定对刀点位置的方法较多，对设置了固定原点的数控车床，可配合手动及数显功能进行确定；对未设置固定原点的数控车床，则可视其确定的精度要求而分别采用位移换算法、模拟定位法或近似定位法等进行确定。

3.2 确定换刀点位置

换刀点是指刀架转位换刀时的位置。换刀点的位置可设定在程序原点、机床固定原点或浮动原点上，其具体的位置应根据工序内容而定。

三、确定切削用量

编程时，为了保证加工精度和表面质量，必须确定每道工序的切削用量，并以指令的形式写入程序中。切削用量包括切削速度、背吃刀量及进给量等。

1. 切削用量的选用原则

切削用量的选用原则是保证零件加工精度和表面粗糙度，充分发挥刀具的切削性能，保证合理的刀具耐用度；充分发挥机床的性能，最大限度提高生产率，降低成本。对不同的加工精度、不同材料的加工方法，需要选用不同的切削用量。

粗加工时，选择切削用量时应先选取尽可能大的背吃刀量，再根据机床和刚度的限制条件选取尽可能大的进给量，最后根据刀具使用寿命要求，确定合适的主轴转速。

精加工时，首先根据粗加工的余量确定背吃刀量，再根据已加工表面的粗糙度要求选取合适的进给量，最后在保证刀具使用寿命的前提下，尽可能选取较高的主轴转速。

2. 背吃刀量 a_p 的确定

背吃刀量是根据机床、工件和刀具等因素来确定的。在各方面条件允许的情况下，应尽可能使背吃刀量等于工件的加工余量，减少走刀次数，提高生产效率。为了保证加工表面质量，可留少许精加工余量，一般为 0.2 ~ 0.5 mm。

3. 主轴转速 n 的确定

车削加工主轴转速 n 应根据允许的切削速度 v_c 和工件直径 d 来选择，按公式$v_c=\frac{\pi dn}{1000}$ m/min 计算。

切削速度 v_c 的单位为 m/min，由刀具的耐用度决定，计算时可参考表 2-1-2 或切削用量手册选取。对有级变速的经济型数控车床，须按车床说明书选择与所计算转速 n 接近的转速。

表 2-1-2　硬质合金外圆车刀切削速度的参考值

工件材料	热处理状态	a_p=0.3 ~ 2/mm f=0.08 ~ 0.3 /mm · r^{-1}	a_p=2 ~ 6/mm f=0.3 ~ 0.6 /mm · r^{-1}	a_p=6 ~ 10/mm f=0.6 ~ 1 /mm · r^{-1}
		v_c/m · min^{-1}		
低碳钢易切钢	热轧	140 ~ 180	100 ~ 120	70 ~ 90
中碳钢	热轧	130 ~ 160	90 ~ 110	60 ~ 80
	调质	100 ~ 130	70 ~ 90	50 ~ 70
合金结构钢	热轧	100 ~ 130	70 ~ 90	50 ~ 70
	调质	80 ~ 110	50 ~ 70	40 ~ 60
工具钢	退火	90 ~ 120	70 ~ 90	50 ~ 70
灰铸铁	< HBS190	90 ~ 120	50 ~ 70	50 ~ 70
	HBS190 225	80 ~ 110	50 ~ 70	40 ~ 60
高锰（W_{Mn}=13%）			10 ~ 20	
铜及铜合金		200 ~ 250	120 ~ 180	90 ~ 120
铝及铝合金		300 ~ 600	200 ~ 400	150 ~ 200
铸铝合金（W_{Si}= 13%）		100 ~ 180	80 ~ 150	60 ~ 100

4. 进给速度 v_f 的确定

进给速度 v_f 是数控机床切削用量中的重要参数，其大小直接影响表面粗糙度值和车削效率。它主要根据零件的加工精度和表面粗糙度要求以及刀具、工件的材料性质选取。最大进给速度受机床刚度和进给系统的性能限制。确定进给速度的原则如下：

（1）当工件的质量要求能够得到保证时，为提高生产效率，可选择较高的进给速度。一般在 100 ~ 200 mm/min 范围内选取。

（2）在切断、加工深孔或用高速钢刀具加工时，宜选择较低的进给速度，一般在 20 ~ 50 mm/min 范围内选取。

（3）当加工精度、表面粗糙度要求较高时，进给速度应选小些，一般在 20 ~ 50 mm/min 范围内选取。

（4）刀具空行程时，特别是远距离“回零”时，可设定该机床数控系统的最高进给速度。

计算进给速度时，可参考表 2-1-3、表 2-1-4 或查阅切削用量手册选取每转进给量 f，然后按公式 $v_f= n_f$（mm/min）计算进给速度。

表 2-1-3 硬质合金车刀粗车外圆及端面的进给量

工件材料	车刀刀杆尺寸 $B \times H$/mm	工件直径 d_w /mm	背吃刀量 a_p/mm				
			≤ 3	>3 ~ 5	>5 ~ 8	>8 ~ 12	>12
			进给量 f / mm · r^{-1}				
碳素结构钢、合金结构钢及耐热钢	16 × 25	20	0.3 ~ 0.4	—	—	—	—
		40	0.4 ~ 0.5	0.3 ~ 0.4	0.3 ~ 0.5	—	—
		60	0.5 ~ 0.7	0.4–0.6	0.5 ~ 0.6	0.4 ~ 0.5	—
		100	0.6 ~ 0.9	0.5 ~ 0.7	0.6 ~ 0.8	0.5 ~ 0.6	—
		400	0.8 ~ 1.2	0.7 ~ 1.0			—
	20 × 30 25 × 25	20	0.3 ~ 0.4	—	—	—	—
		40	0.4 ~ 0.5	0.3 ~ 0.4	—		—
		60	0.5 ~ 0.7	0.5 ~ 0.7	0.4 ~ 0.6	—	—
		100	0.8 ~ 1.0	0.7 ~ 0.9	0.5 ~ 0.7	0.4 ~ 0.7	—
		400	1.2 ~ 1.4	1.0 ~ 1.2	0.8–1.0	0.6 ~ 0.9	0.4 ~ 0.6
铸铁及铜合金	16 × 25	40	0.4 ~ 0.5	—	—	—	—
		60	0.5 ~ 0.8	0.5 ~ 0.8	0.4 ~ 0.6	—	—
		100	0.8 ~ 1.2	0.7 ~ 1.0	0.6 ~ 0.8	0.5 ~ 0.7	—
		400	1.0 ~ 1.4	1.0 ~ 1.2	0.8 ~ 1.0	0.6 ~ 0.8	—
	20 × 30 25 × 25	40	0.4 ~ 0.5	—	—	—	—
		60	0.5 ~ 0.9	0.5 ~ 0.8	0.4 ~ 0.7	—	—
		100	0.9 ~ 1.3	0.8 ~ 1.2	0.7 ~ 1.0	0.5 ~ 0.8	—
		400	1.2 ~ 1.8	1.2 ~ 1.6	1.0 ~ 1.3	0.9 ~ 1.1	0.7 ~ 0.9

注：

①加工断续表面及有冲击的工件时，表内进给量应乘系数 k=0.75 ~ 0.85。

②在无外皮加工时，表内进给量应乘系数 k=1.1。

③加工耐热钢及其合金时，进给量不大于 1 mm/r。

④加工淬硬钢时，进给量应减少。当钢的硬度为 44 ~ 56 HRC 时，乘系数 k=0.8；

⑤当钢的硬度为 57 ~ 62 HRC 时，乘系数 k=0.5。

表 2-1-4 表面粗糙度选择进给量参考值

工件材料	表面粗糙度 R_a/μm	切削速度范围 v_c /m · min^{-1}	刀尖圆弧半径 r_ε/ mm		
			0.5	1.0	2.0
			进给量 f / mm · r^{-1}		
铸铁、青铜、铝合金	>5 ~ 10	不限	0.25 ~ 0.40	0.40 ~ 0.50	0.50 ~ 0.60
	>2.5 ~ 5		0.15 ~ 0.25	0.25 ~ 0.40	0.40 ~ 0.60
	>1.25 ~ 2.5		0.10 ~ 0.15	0.15 ~ 0.20	0.20 ~ 0.35
	>5 ~ 10	< 50	0.30 ~ 0.50	0.45 ~ 0.60	0.55 ~ 0.70
		> 50	0.40 ~ 0.55	0.55 ~ 0.65	0.65 ~ 0.70
碳钢及合金钢	> 2.5 ~ 5	< 50	0.18 ~ 0.25	0.25 ~ 0.30	0.30 ~ 0.40
		> 50	0.25 ~ 0.30	0.30 ~ 0.35	0.30 ~ 0.50

续表

工件材料	表面粗糙度 R_a/μm	切削速度范围 v_c /m·min^{-1}	刀尖圆弧半径 r_ε/mm		
			0.5	1.0	2.0
			进给量 f/mm·r^{-1}		
碳钢及合金钢	>1.25 ~ 2.5	<50	0.10	0.11 ~ 0.15	0.15 ~ 0.22
		50 ~ 100	0.11 ~ 0.16	0.16 ~ 0.25	0.25 ~ 0.35
		>100	0.16 ~ 0.20	0.20 ~ 0.25	0.25 ~ 0.35

注：r_ε=0.5 mm，用于 12 mm×12 mm 以下刀杆；r_ε=1 mm，用于 30 mm×30 mm 以下刀杆；r_ε=2 mm，用于 30 mm×45 mm 及以上刀杆。

四、常用 G 指令（G00、G01）

1. 快速点定位指令 G00

1.1 指令功能

使刀具以点定位控制方式从刀具所在点快速移动到下一个目标位置。一般用于加工前的快速定位或加工后的快速退刀。

1.2 指令格式

```
G00 X(U)_Z(W)_
```

式中，X、Z：刀具目标点绝对坐标值；U、W：刀具目标点相对于起始点的增量坐标，不运动的坐标可以不写。

运用 G00、G01 指令加工

1.3 指令说明

（1）G00 只是使刀具快速移动定位，刀具移动中不得进行切削加工过程。

（2）G00 为模态指令，可由 G01、G02、G03 或 G32 功能注销。

（3）G00 指令移动中的移动速度不能用程序指令设定，而是通过机床系统参数预先设置的；快速移动速度可由机床面板上的快速修调倍率开关进行调节，其关系表达式如下：

G00 实际移动速度 = 机床设定移动速度 × 快速修调倍率

（4）G00 的执行过程：刀具由程序起始点加速到最大速度，然后快速移动，最后减速到终点，实现快速点定位。

（5）执行该指令时，各轴以各自的速度移动，因此各直线轴的合成轨迹不一定是直线，故而不能保证各轴同时到达终点。因此，常常是将 *X* 轴移动到安全位置后再执行。

1.4 实例

如图 2-1-6 所示，要求刀具快速从 *A* 点移动到 *B* 点：

（1）绝对值方式编程为：`G00 X25.0 Z35.0`

（2）增量值方式编程为：`G00 U-25.0 W0`

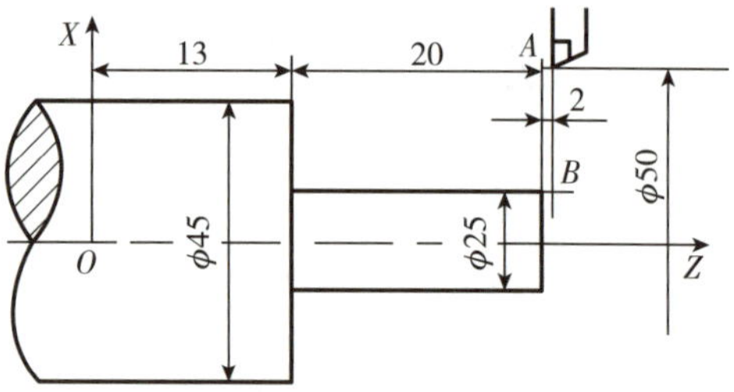

图 2-1-6 G00 实例

2. 直线插补指令 G01

2.1 指令功能

G01 指令是直线运动命令，规定刀具以插补联动方式按指定的进给速度，从当前点向目标点做直线加工。

2.2 指令格式

```
G01 X(U)_ Z(W)_F_
```

式中，X、Z：刀具目标点的绝对坐标值；U、W：刀具目标点相对于起始点的增量坐标；F：进给速度。

2.3 指令说明。

（1）F 指令表示工件被加工时刀具相对于工件的合成进给速度，F 指令的单位取决于 G94（每分钟进给量 mm/min ）或 G95（主轴每转一转刀具的进给量 mm/r）。F 后跟的数值并不是实际进给速度，而与机床进给修调倍率有关，其关系表达式如下：

实际进给速度 =F 指令指定的进给速度 × 进给修调倍率

（2）G01 指令中若无 F 指令，则按前一个 F 指令规定的进给速度进行加工。若程序中始终没有规定 F 指令大小，则机床不进行进给运动。一般我们要求 G01 程序中应有 F 指令。

（3）G01 指令也是模态指令，可由 G00、G02、G03 或 G32、G80、G81、G82 功能注销。

2.4 实例

用 G01 编写如图 2-1-7 所示的从 $A \to B \to C$ 的刀具轨迹。

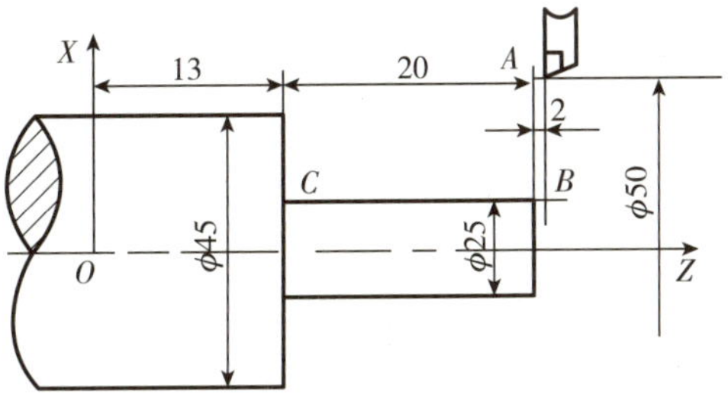

图 2-1-7　G01 直线插补指令实例

（1）绝对值方式编程为：

```
G01    X25.0    Z35.0    F0.3      A→B
G01    X25.0    Z13.0              B→C
```

（2）增量值方式编程为：

```
G01   U-25.0    W0    F0.3     A→B
G01   U0    W-20               B→C
```

任务实施

一、加工工艺准备与分析

表 2-1-5　简单轴的加工工艺分析

项目内容	分析说明
设备选用	CNC-K400 华中系统 808D
刀具选择	主偏角 93° 机夹车刀，设置刀号 T0101
量具选用	游标卡尺（0 ~ 125 mm）
切削用量的选用	背吃刀量：粗车时为 1 mm，精车时为 0.5 mm 进给量：粗车时 f=0.3 mm，精车时 f=0.2 mm 主轴转速：粗车外圆时 n=800 r/min；精车时 n=1000 r/min

续表

项目内容	分析说明
坐标原点的选取	零件右端面和主轴轴线交点
加工工步	1. 毛坯料去氧化层，对刀； 2. 车削 $\phi50$ 外圆至尺寸； 3. 车削 $\phi45\times30$mm 外圆至尺寸； 4. 车削 $\phi40\times15$mm 外圆至尺寸
编程用功能指令	采用 G00、G01 指令

二、加工进给路线

表 2-1-6　加工工序单与进给路线

工步	工步简图	刀路与基点位置
车削 $\phi50$ 外圆	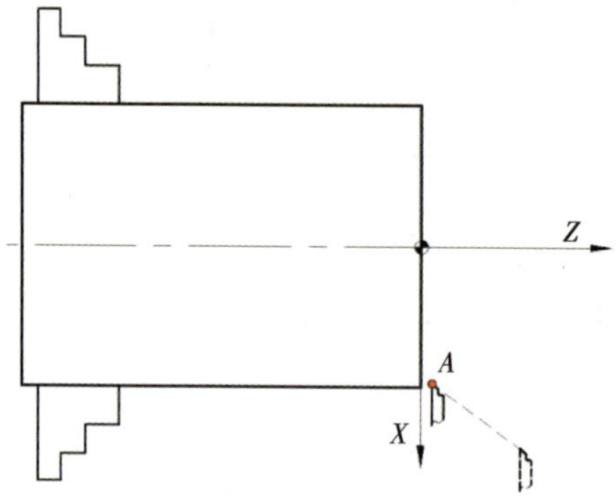	G00 快速点定位至起刀点 *A* 点（50，2）
车削 $\phi50$ 外圆	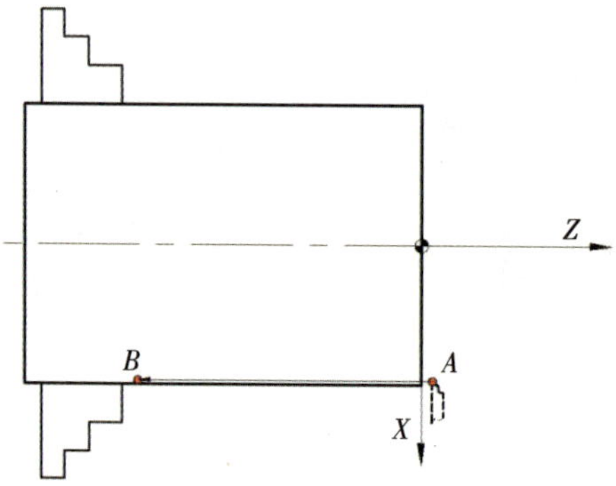	G01 直线插补车削 $\phi50$ 外圆 *A* 点（50，2）→ *B* 点（50，-50）
车削 $\phi45$ 外圆	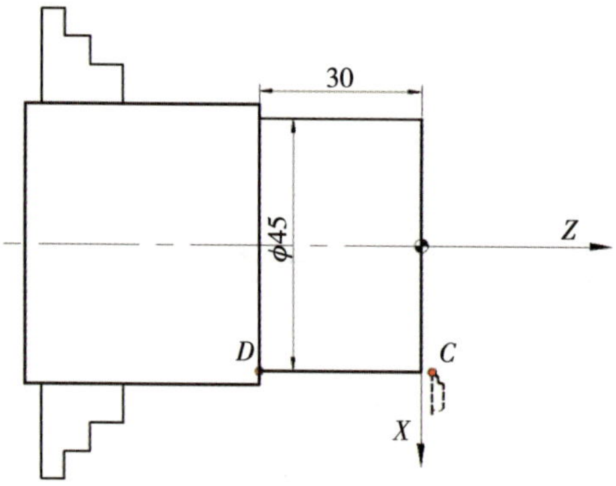	G01 直线插补车削 $\phi45\times30$ mm 外圆 *C* 点（45，2）→ *D* 点（45，-30）

续表

工步	工步简图	刀路与基点位置
车削 ϕ40 外圆	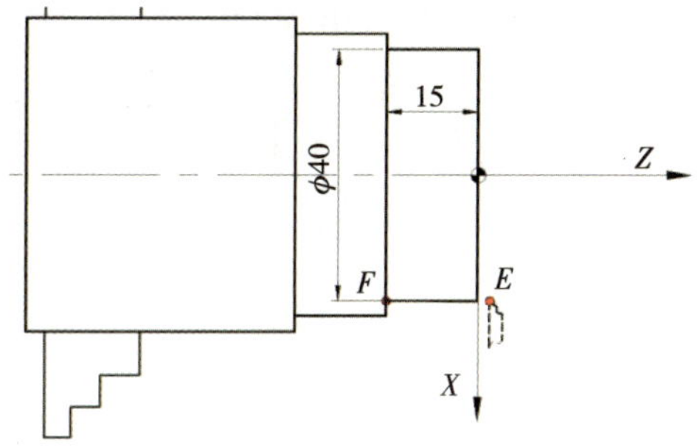	G01 直线插补车削 $\phi40\times15$ mm 外圆 E 点（40，2）→ F 点（40，-15）

三、根据示例，补充完善各目标坐标点数值

表 2-1-7　坐标点数值

序号	所用指令	加工工步说明	目标点绝对坐标值	
			X	Z
1	G00	快速定位至起刀点	50	2
2	G00/01	车削 ϕ50 外圆至尺寸	50	-50
3	G00/01	车削 $\phi45\times30$ mm 外圆第一次	48	-30
4	G00/01	车削 $\phi45\times30$ mm 外圆第二次	46	-30
5	G00/01	车削 $\phi45\times30$ mm 外圆第三次		
6	G00/01	车削 $\phi40\times15$ mm 外圆第一次		
7	G00/01	车削 $\phi40\times15$ mm 外圆第二次		
8	G00/01	车削 $\phi40\times15$ mm 外圆第三次		

四、补充完善加工程序

表 2-1-8　简单轴加工程序及说明

程序	说明
%2101；	程序名
N10 M03 S800 T0101 G95；	主轴以 800 r/min 正转，1 号刀位 1 号刀补，转进给
N20 G00 X50 Z2；	快速定位起刀点
N30 G01 X50 Z-50 F0.1；	车削 ϕ50 外圆
N40 X53；	沿 X 正方向退刀
N50 G00 Z2；	沿 Z 负方向快速退刀至起点
N60 X48	沿 X 负方向快速进刀至起刀点
N70 G01 Z-30 F0.1；	车削 ϕ45 外圆，第一次
N80 X53；	沿 X 正方向退刀
N90 G00 Z2；	沿 Z 负方向快速退刀至起点
N100 X46；	沿 X 负方向快速进刀至起刀点
N110 G01 Z-30 F0.1；	车削 ϕ45 外圆，第二次
N120 X53；	沿 X 正方向退刀

续表

程序	说明
N130 G00 Z2;	沿 Z 负方向快速退刀至起点
N140 X45;	沿 X 负方向快速进刀至起刀点
N160 G01 Z-30 F0.1;	车削 ϕ45 外圆，第三次，完成
N170 X53;	沿 X 正方向退刀
N180 G00 Z2;	沿 Z 负方向快速退刀至起点
N190 X43;	沿 X 负方向快速进刀至起刀点
N200 G01 Z-15 F0.1;	车削 ϕ40 外圆，第一次
N210 X53;	沿 X 正方向退刀
N220 G00 Z2;	沿 Z 负方向快速退刀至起点
N230 X41;	沿 X 负方向快速进刀至起刀点
N240 G01 Z-15 F0.1;	车削 ϕ40 外圆，第二次
N250 X53;	沿 X 正方向退刀
N260 G00 Z2;	沿 Z 负方向快速退刀至起点
N270 X40;	沿 X 负方向快速进刀至起刀点
N280 G01 Z-15 F0.1;	车削 ϕ40 外圆，第三次，完成
N290 X53;	沿 X 正方向退刀
N300 G00 Z50;	沿 Z 负方向快速退刀，加工完成
N310 M30;	程序结束，主轴停止

任务评价

具体评价项目及标准见表 2-1-9。

表 2-1-9　简单轴加工项目评价标准

零件名称				姓名		
检测项目		检测位置	配分	评分标准	检测结果	得分
外圆	1	ϕ50	10	每超 0.5 mm 扣 2 分		
	2	ϕ45	10	每超 0.5 mm 扣 2 分		
	3	ϕ40	10	每超 0.5 mm 扣 2 分		
长度	4	45	10	每超 0.5 mm 扣 2 分		
	5	30	10	每超 0.5 mm 扣 2 分		
	6	15	10	每超 0.5 mm 扣 2 分		
表面质量	7	外圆、端面光洁	10	表面损伤、缺陷每处扣 2 分		
职业素养	1. 安全文明生产 （1）无违规操作情况 （2）无撞刀及其他事故 2. 机床维护与环保 3. 纪律与态度		30	违规操作、撞刀、出现事故、不按要求维护和保养机床扣 5~10 分 / 次；违反纪律、学习不积极、缺乏团队协作精神的扣 2 分 / 次		
最终得分						

任务加油站

数控车床在加工过程中会遇到各种各样的加工和质量上的问题，表对常出现的问题、产生原因、预防及解决方法进行了分析。

问题现象	产生原因	预防和消除
外圆尺寸超差	1. 刀具数据不准确； 2. 切削用量选择不当产生让刀； 3. 程序错误； 4. 工件尺寸计算错误	1. 调整或重新设定刀具数据； 2. 合理选择切削用量； 3. 检查修改加工程序； 4. 正确计算
加工过程中出现扎刀引起工件报废	1. 进给量过大； 2. 切屑堵塞； 3. 刀具角度选择不合理	1. 降低进给速度； 2. 采用断、退屑方式切入； 3. 正确选择刀具
外圆表面光洁度太差	1. 切削速度过低； 2. 刀具中心过高； 3. 切屑控制较差	1. 调高主轴转速； 2. 调整刀具中心高度； 3. 选择合理的进刀方式及切深
工件圆度超差或产生锥度	1. 机床主轴间隙过大； 2. 程序错误； 3. 工件安装不合理	1. 调整机床主轴间隙； 2. 检查修改加工程序； 3. 检查工件安装，增加装夹刚性

学后测评

一、选择题

1. 在数控车削编程中，G00 指令的格式通常不包括（　　）。

A. 目标位置坐标（X，Z）　　B. 进给速度 F

C. 程序段号 N　　D. 指令代码 G00

2. 关于 G01 指令的完整格式，以下描述正确的是（　　）。

A. G01 X__ Z__ F__　　B. G01 X__ Z__

C. G01 F__　　D. G01

3. 在数控车削编程中，如果要指定刀具以每分钟 100 mm 的速度进行直线插补运动，下列格式正确的是（　　）。

A. G01 F100　　B. G00 F100

C. G01 X__ Z__ F100　　D. G00 X__ Z__ F100

4. G01 指令在数控车削编程中主要用于（　　）操作。

A. 快速定位　　B. 圆弧插补　　C. 直线插补　　D. 螺旋插补

二、简答题

1. 在数控车削中，为什么有时需要在 G01 指令前使用 G00 指令？

2. 在 G01 直线插补指令中，F 值代表什么？如何设置它？

3. 请总结 G00 和 G01 指令在数控车削中的重要性，并给出在实际应用中应注意的事项。

任务拓展

试用 G00、G01 指令编制加工程序，并完成如图 2-1-8 所示零件的加工。

毛坯尺寸为 $\phi50\times65$ mm，材料为 45 钢。

G00、G01 指令

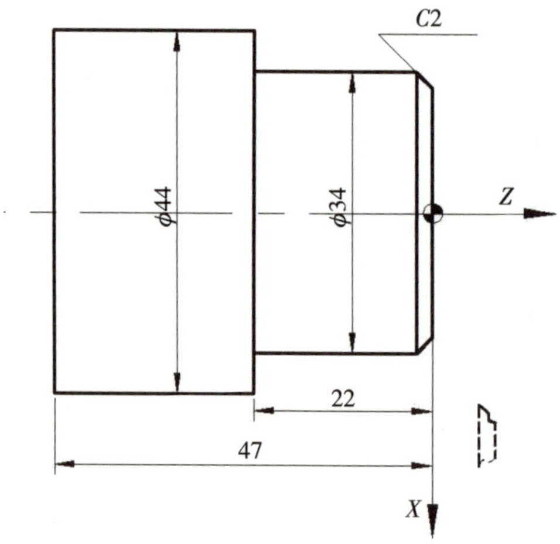

图 2-1-8 任务拓展零件图

任务二 圆弧轴的加工

任务描述与分析

加工如图 2-2-1 所示零件，毛坯尺寸为 $\phi40\times100$ mm，材料为 45 钢。

该零件结构较简单，由圆弧外轮廓和直线外轮廓台阶构成，根据所给毛坯料尺寸，外圆应分多次车削完成。

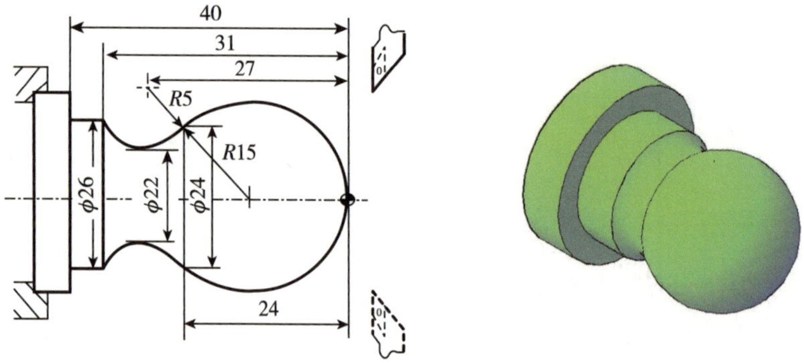

图 2-2-1 示例零件图

知识指南

G02、G03 指令

一、圆弧插补指令 G02/G03

1. 指令功能

圆弧插补指令使刀具相对工件以指定的速度从当前（起始点）向终点进行圆弧插补。

2. 指令格式

格式一：

```
G02  X(U)_ Z(W)_ R_  F_ ;
G03  X(U)_ Z(W)_ R_  F_ ;
```

格式二：

```
G02  X(U)_ Z(W) I_ K_ F_ ;
G03  X(U)_ Z(W) I_ K_ F_ ;
```

指令格式中各程序字的含义见表 2-2-1。

表 2-2-1 圆弧插补指令各程序字的含义

程序字	指定内容	含义
G02	走刀方向	顺时针圆弧插补，如图 2-2-2（a）所示
G03		逆时针圆弧插补，如图 2-2-2（b）所示
X_ Z_	终点位置	圆弧终点的绝对坐标值
U_ W_		圆弧终点相对于圆弧起点的增量坐标值
I_ K_	圆心坐标	圆心在 *X*、*Z* 轴方向上相对于圆弧起点的增量坐标值
R_	圆弧半径	圆弧半径
F_	进给速度	沿圆弧的进给速度

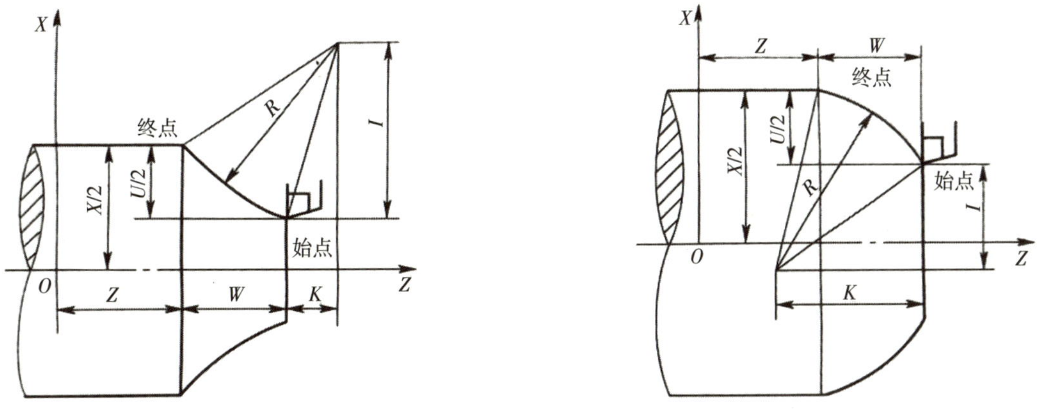

（a）G02　　（b）G03

图 2-2-2 圆弧插补指令

3. 指令说明

3.1 顺时针圆弧与逆时针圆弧的判别

在使用圆弧插补指令时，需要判断刀具是沿顺时针方向还是逆时针方向加工零件。判别方法是：从圆弧所在平面（数控车床为 XZ 平面）的另一个轴（数控车床为 Y 轴）的正方向看该圆弧，顺时针方向为 G02，逆时针方向为 G03。在判别圆弧的顺逆方向时，一定要注意刀架的位置及 Y 轴的方向，如图 2–2–3 所示。

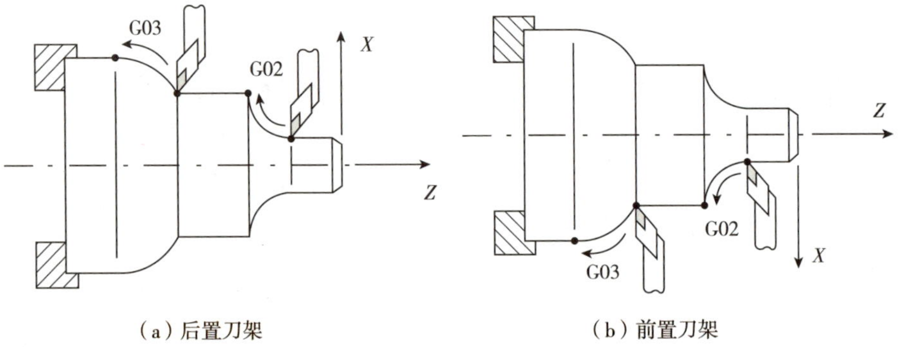

图 2–2–3　顺时针圆弧与逆时针圆弧的判别

3.2 格式一的圆弧半径确定

圆弧半径 R 有正值与负值之分。当圆弧所对的圆心角小于或等于 180° 时，R 取正值；当圆弧所对的圆心角大于 180° 并小于 360° 时，R 取负值，如图 2–2–4 所示。通常情况下，在数控车床上所加工的圆弧的圆心角小于 180° 。

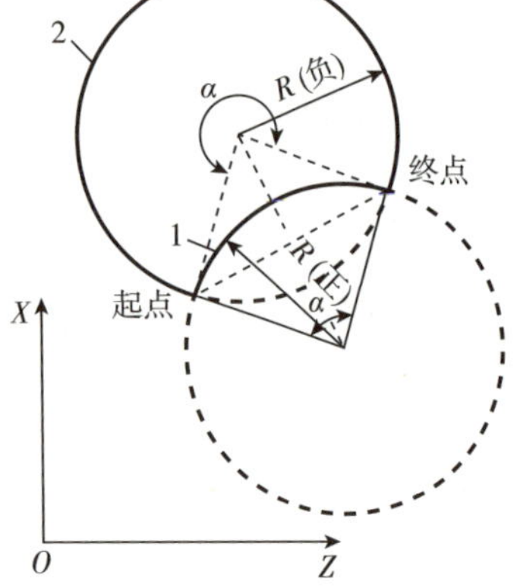

图 2–2–4　圆弧半径 R 正负的确定

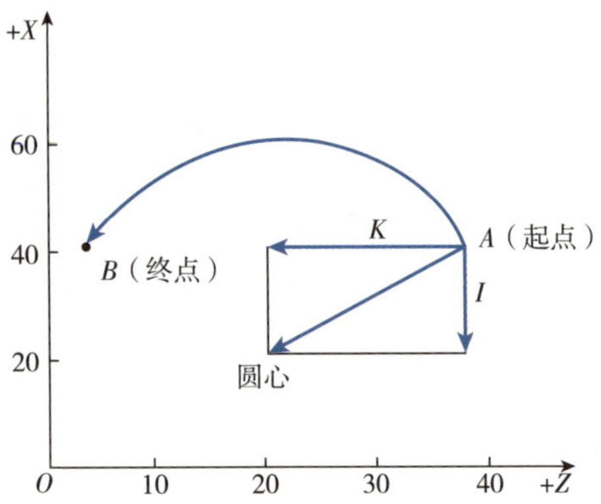

图 2–2–5　圆心坐标与 I、K 值

3.3 格式二的圆心坐标确定

采用格式二时，圆心坐标依靠起点与 I、K 值确定。I、K 值为圆弧起点到圆弧圆心的矢量在 X、Z 轴向上的投影，如图 2–2–5 所示。I、K 为增量值，带有正负号，且 I 值为半径值。I、K 的正负取决于该矢量方向与坐标轴方向的异同，相同的为正，相反的为负。若已知圆心坐标和圆弧起点坐标，则 $I=X_{圆心}-X_{起点}$（半圆心径差），$K=Z_{圆心}-Z_{起点}$。图 2–2–5 中 I 值为 –10，K 值为 –18。

4. 实例

编制如图 2–2–6 所示圆弧精加工程序。

$P_2 \rightarrow P_2$ 圆弧加工程序见表 2–2–2。

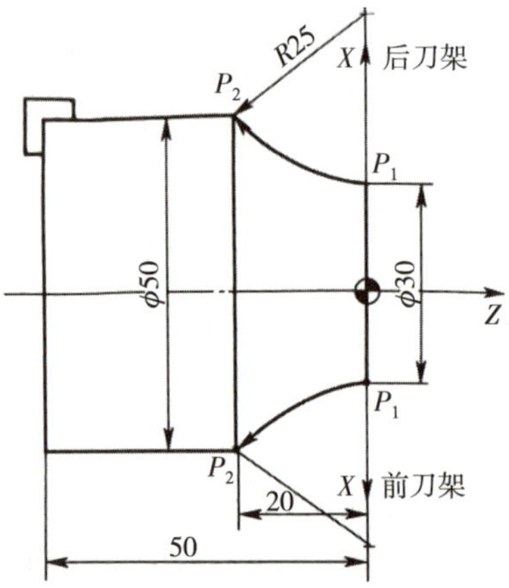

图 2–2–6　圆弧编程实例

表 2-2-2 $P_1 \rightarrow P_2$ 圆弧加工程序

刀架形式	编程方式	指定圆心 *I*、*K*	指定半径 *R*
后刀架	绝对值编程	G02 X50.0 Z- 20.0 125.0 K0 F0.3	G02 X50.0 Z- 20.0 R25.0 F0.3
	增量值编程	G02 U20.0 W- -20.0 125.0 K0 F0.3	G02 U20.0 W- 20.0 R25.0 F0.3
前刀架	绝对值编程	G02 X50.0 Z- 20.0 I25.0 K0 F0.3	G02 X50.0 Z- 20.0 R25.0 F0.3
	增量值编程	G02 U20.0 W-20.0 I25.0 K0 F0.3	G02 U20.0 W-20.0 R25.0 F0.3

二、圆弧车削加工路线

圆弧车削加工是数控加工中比较常见的加工内容，圆弧加工工艺与圆锥加工的工艺类似，要保证加工圆弧的球面形状的准确性，圆弧加工的编程中最好使用刀尖圆弧半径补偿指令 G40、G41、G42。圆弧加工中的走刀路线也是需要考虑的因素，还需充分关注凹圆弧加工中容易出现的刀具干涉问题。

1. 圆弧加工路线

圆弧加工路线常用的方法有：车锥法、移圆法、车圆法、车台阶法等。

1.1 车锥法

根据加工余量，采用圆锥分层切削的办法将加工余量去除后，再进行圆弧精加工，如图 2-2-7（a）所示。采用这种加工路线时，加工效率高，但计算麻烦。

2.2 移圆法

根据加工余量，采用相同的圆弧半径，渐进地向机床的某一轴方向移动，最终将圆弧加工出来，如图 2-2-7（b）所示。采用这种加工路线时，编程简单，但处理不当会导致较多的空行程。

2.3 车圆法

在圆心不变的基础上，根据加工余量，采用大小不等的圆弧半径，最终将圆弧加工出来，如图 2-2-7（c）所示。常用于子程序编程加工，该方法如处理不当也会造成较多的空行程。

2.4 台阶车削法

先根据圆弧面加工出多个台阶，再车削圆弧轮廓，如图 2-2-7（d）所示。这种加工方法在复合固定循环中被广泛应用。

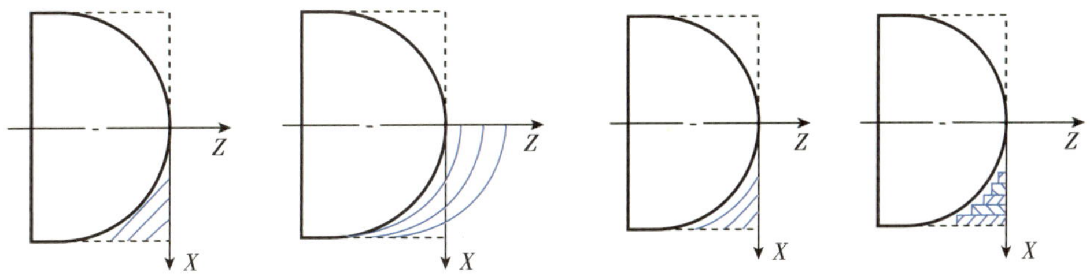

（a）车锥法　（b）移圆法　（c）车圆法　（d）台阶车削法

图 2-2-7 圆弧车削加工路线

2. 外径凹圆弧加工中的刀具过切

进行外圆表面的凹圆弧加工时，选用刀具必须考虑副切削刃的过切问题，如图 2-2-8 所示。

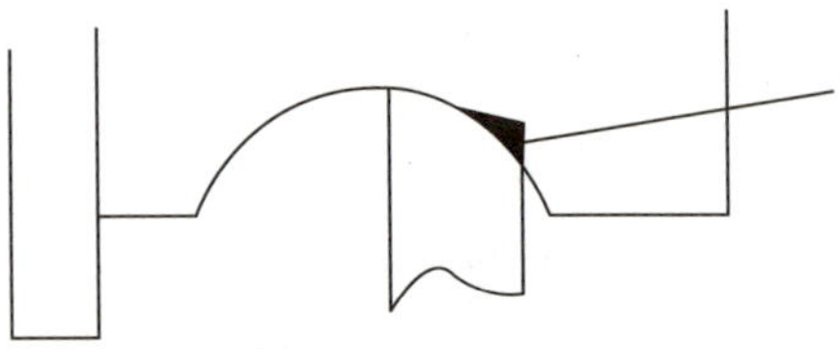

图 2-2-8　凹圆弧切削时的过切现象

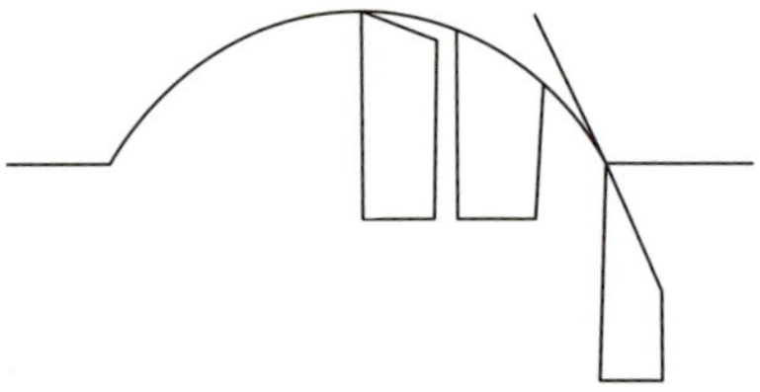

图 2-2-9　凹圆弧切削时对副偏角要求

根据外圆车刀刀具几何角度知识可知，决定副切削刃位置的主要刀具角度是刀具的副偏角，因此选择合理的刀具副偏角成为凹圆弧加工中必须考虑的问题。防止副切削刃过切可以借助几何知识进行简单计算。如图 2-2-9 所示，凹圆弧加工中，对副偏角要求最大的位置在圆弧起始点，做该处的圆弧切线，该切线与轴线的夹角即为不产生过切的副偏角角度。当圆弧圆心角比较大时，要求刀具的副偏角过大，造成刀尖强度下降，此时，也可采用反偏刀进行正反向凹圆弧加工方法（图 2-2-10）。这种方法先在凹圆弧中间用切槽刀加工出槽口，再用正向偏刀与反向偏刀进行走刀加工圆弧。对于高精度的凹圆弧，一般选用圆弧刀，按刀具半径补偿进行高精度的圆弧加工（图 2-2-11）。

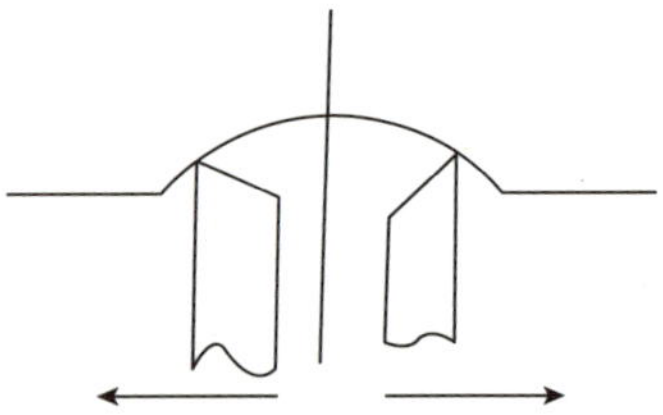

图 2-2-10　正反向走刀进行凹圆弧加工

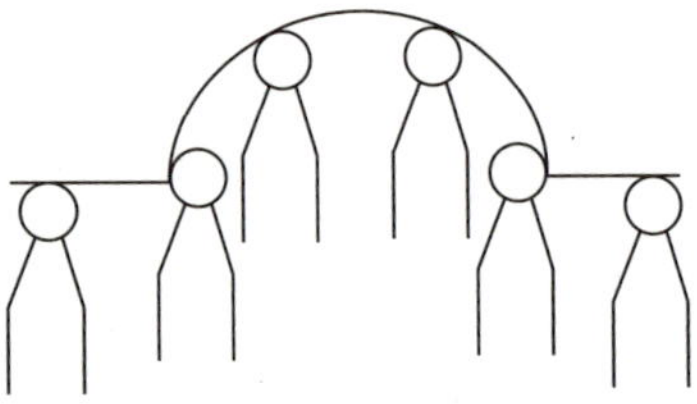

图 2-2-11　圆弧刀进行凹圆弧的高精加工

任务实施

一、加工工艺准备与分析

表 2-2-3　圆弧轴的加工工艺分析

项目内容	分析说明
设备选用	CNC-K400 华中系统 808D
刀具选择	主偏角 93° 机夹车刀，设置刀号 T0101
量具选用	游标卡尺（0 ~ 125 mm），圆弧半径 R 规
切削用量的选用	背吃刀量：粗车时为 1 mm，精车时为 0.5 mm 进给量：粗车时 f=0.3 mm，精车时 f=0.2 mm 主轴转速：粗车外圆时 n=800 r/min，精车时 n=1000 r/min
坐标原点的选取	零件右端面和主轴轴线交点
编程用功能指令	采用 G00、G01、G02、G03 指令

二、加工工步及加工路线

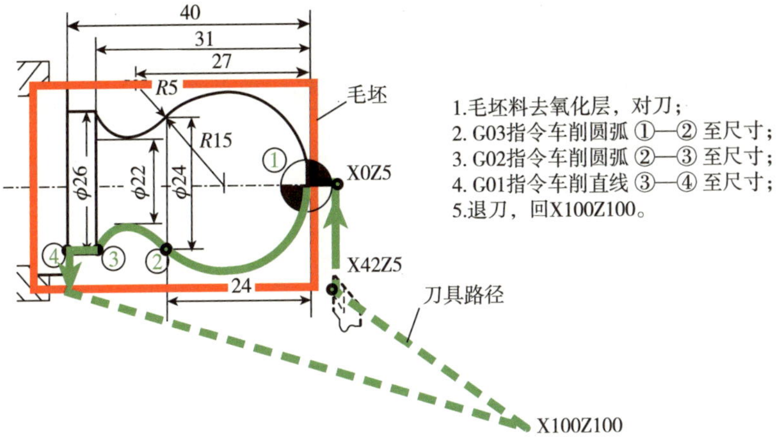

图 2-2-12　圆弧轴加工路线及工步

三、根据示例，补充完善各目标坐标点数值

表 2-2-4　补充完善各坐标点数值

序号	所用指令	加工工步说明	目标点绝对坐标值	
			X	*Z*
1	G00	快速定位至起刀点	0	5
2	G01	直线进给刀点①	0	0
3	G03	①—② 圆弧外圆至尺寸	24	
4	G02	②—③ 圆弧外圆至尺寸		
5	G01	③—④ 路径外圆至尺寸		
6	G01	沿 *X* 正方向直线退出	42	
7	G00	快速退回起点	100	100

四、补充完善加工程序及说明

表 2-2-5　数控车圆弧轴加工程序及说明

程序	程序说明
%2201；	程序名
N10 M03 S800 T0101 G95；	主轴以 800 r/min 正转，1 号刀位 1 号刀补，转进给
N20 G00 X42 Z5；	快速定位起刀点
N30 X0；	快速定位起刀点
N40 G01 Z0 F0.1；	一定速度定位起刀点 ①
N50 G03 U24 W-24 R15；	圆弧车削 ①—② 外圆
N60 G02 X26 Z-31 R5	圆弧车削 ②—③ 外圆
N70 G01 Z-40；	车削直径 26 外圆至尺寸
N80 X42；	沿 *X* 正方向退刀至 X42

续表

程序	程序说明
N90 G0 X100 Z100；	快速回位
N100 M30;	程序结束，主轴停止

任务评价

具体评价项目及标准见表 2-2-6。

表 2-2-6　圆弧轴加工项目评价标准

零件名称				姓名		
检测项目		检测位置	配分	评分标准	检测结果	得分
外圆	1	*R*15 外圆	15	每超 0.5 mm 扣 2 分		
	2	*R*5 外圆	15	每超 0.5 mm 扣 2 分		
	3	ϕ26	10	每超 0.5 mm 扣 2 分		
长度	4	31	10	每超 0.5 mm 扣 2 分		
	5	40	10	每超 0.5 mm 扣 2 分		
表面质量	7	外圆、端面光洁	10	表面损伤、缺陷每处扣 2 分		
职业素养	1. 安全文明生产 （1）无违规操作情况 （2）无撞刀及其他事故 2. 机床维护与环保 3. 纪律与态度		30	违规操作、撞刀、出现事故、不按要求维护和保养机床扣 5–10 分 / 次；违反纪律、学习不积极、缺乏团队协作精神的扣 2 分 / 次		
最终得分						

学后测评

一、单项选择题

1. 在数控车床编程中，用于执行顺时针圆弧插补的指令是（　　）。

A. G00　　B. G01

C. G02　　D. G03

2. 下列哪个参数用于在 G02/G03 指令中指定圆弧的半径（　　）?

A. I，K　　B. R

C. X，Z　　D. F

3. 当需要从点 X50 Z0 加工到点 X30 Z–30，沿顺时针方向加工一个半径为 20 mm 的圆弧时，应使用的指令是（　　）。

A. G02 X30 Z–30 R20

B. G03 X30 Z–30 R20

C. G02 X50 Z0 I–20 K–30

D. G02 X30 Z–30 I–20 J–30

4. 下列哪个指令组合表示从当前位置开始，沿逆时针方向加工一个半径为 15 mm 的半圆弧，终止于 X30 Z-30（　　）?

A. G03 X30 Z-30 R15 I0 K-15

B. G03 X30 Z-30 R15

C. G02 X30 Z-30 R15

D. G03 X30 Z-30 I0 K-15

二、填空题

1. G02 指令用于执行________方向的圆弧插补，而 G03 指令用于执行________方向的圆弧插补。

2. 在使用 G02/G03 指令时，若圆弧半径较大且不易用 *I*、*K* 参数表示时，可使用________参数直接指定圆弧半径。

3. 编写一个程序段，使用 G03 指令从当前位置开始，加工一个逆时针方向、半径为 10 mm、圆心在（X40，Z-20）的圆弧，终止于 X20 Z-40，应编写的指令为________。

三、判断题

1. G02 指令在数控车编程中用于执行逆时针圆弧插补。（　　）

2. 在使用 G02/G03 指令时，必须同时指定圆弧的起点、终点和圆心位置。（　　）

3. G03 指令的 F 参数用于指定圆弧插补的进给速度，与直线插补的 F 参数作用相同。（　　）

任务拓展

试用 G02/03 指令编制加工程序，并完成如图 2-2-13 所示零件的加工。

毛坯尺寸为 $\phi55 \times 65$ mm，材料为 45 钢。

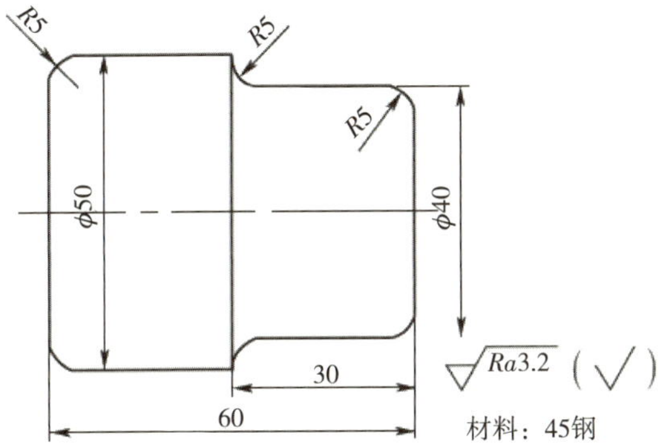

图 2-2-13　任务拓展零件图

任务三　阶梯轴的加工

任务描述与分析

加工如图 2-3-1 所示零件，毛坯尺寸为 $\phi35 \times 75$ mm，材料为 45 钢。

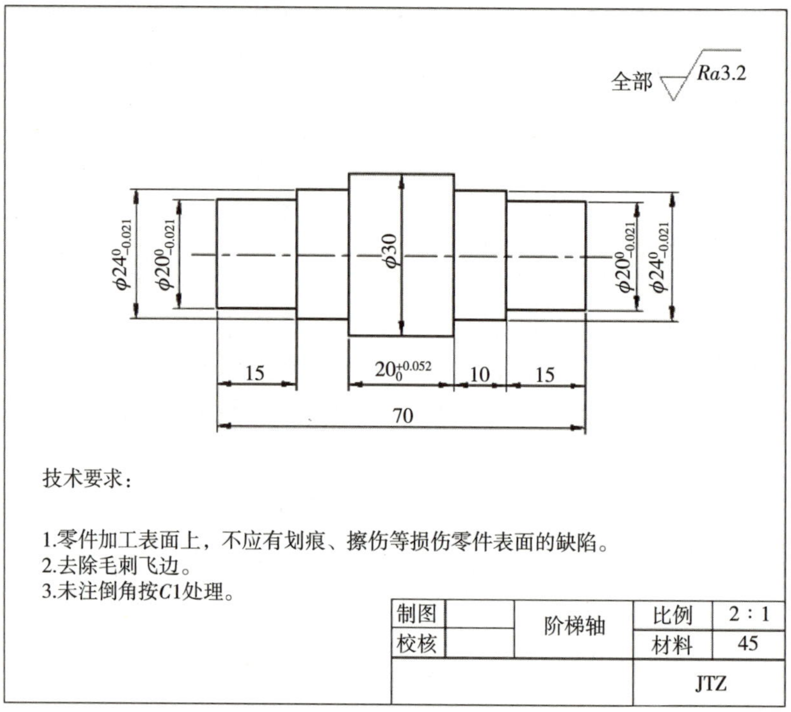

图 2-3-1　阶梯轴零件图

知识指南

一、单一形状固定循环

G80 指令的运用仿真

1. 内外圆切削循环 G80

1.1 指令功能

以当前点与目标点（X、Z 或 U、W 指定点）为矩形轨迹对角点，进行外圆柱面或内圆柱面的轴向循环加工。

1.2 指令格式

```
G80 X（U）__Z（W）__F__
```

式中，X（U）__Z（W）__：切削终点处坐标值；F：循环切削过程中的进给速度。

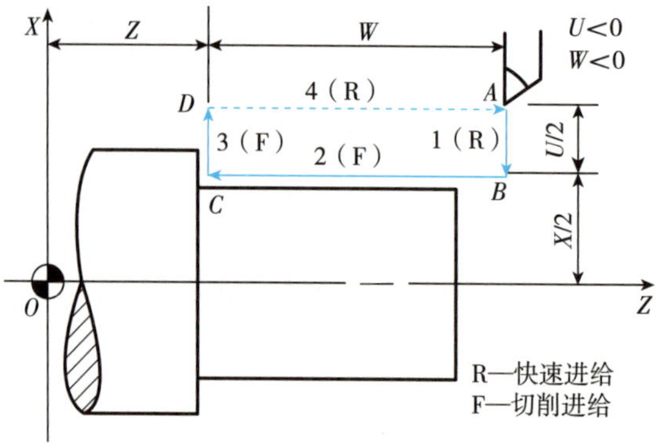

图 2-3-2　外圆切削循环 G80

1.3 指令说明

（1）该循环刀具的运动轨迹如图 2-3-2 所示（图中 R 表示该段轨迹为快速移动，F 表示以指定速度 F 移动）。刀具从循环起点 *A* 出发，第 1 段以 G00 指令快速移动 *X* 轴，到达 *B* 点；第 2 段以 F 指令的进给速度切削到达终点坐标处 *C* 点；第 3 段切削进给退到 *D* 点；第 4 段以 G00 指令快速退回到循环起点 *A*，完成一个切削循环。

（2）由于轨迹起始段 *A*→*B* 轨迹段为 G00 快速移动，编程时需特别注意，这一段距离内，刀具不得进行切削。

（3）在固定循环切削过程中，M、S、T 等功能都不能改变；若需改变，必须在 G00 或 G01 的指令下变更，然后再用指令固定循环。

（4）该指令为模态指令，连续调用时，在下一个指令段只需输入 X 或 U 尺寸值，极大地简化程序的编写。

1.4 实例

加工如图 2-3-3 所示的工件，编写加工程序。

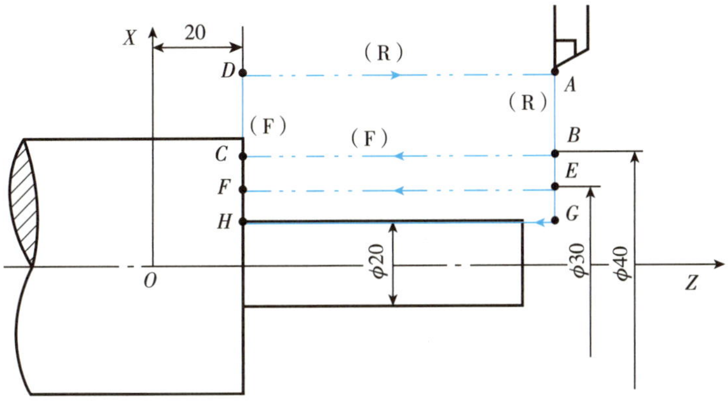

端面循环指令 G81

图 2-3-3　外圆切削循环加工实例

其加工程序如下：

……	
N50 G80 X40.0 Z20.0 F0.3;	*A*→*B*→*C*→*D*→*A*
N60 X30.0;	*A*→*E*→*F*→*D*→*A*
N70 X20.0;	*A*→*G*→*H*→*D*→*A*
……	

2. 端面切削循环 G81

G81 与 G80 指令的使用方法类似，G80 主要用于轴类零件的内 / 外圆切削，G81 主要用于大小径之差较大而轴向台阶长度较短的盘类工件端面切削。

2.1 指令功能

以当前点与目标点（X、Z 或 U、W 指定点）为矩形轨迹对角点，进行外圆柱面或内圆柱面的径向循环加工。

2.2 指令格式

```
G81  X(U)__ Z(W)__ F__
```

式中，X、Z、U、W、F 的含义与 G80 相同。这里的端面是指与 X 轴坐标平行的端面。

2.3 指令说明

（1）该循环刀具的运动轨迹如图 2-3-4 所示，刀具从 A 点出发，第 1 段快速移动 Z 轴，到达 B 点，第 2 段以 F 指令的进给速度切削到达 C 点，第 3 段切削进给退到 D 点，第 4 段快速退回到循环起点 A，完成一个切削循环。G80 与 G81 的区别如图 2-3-5 所示。

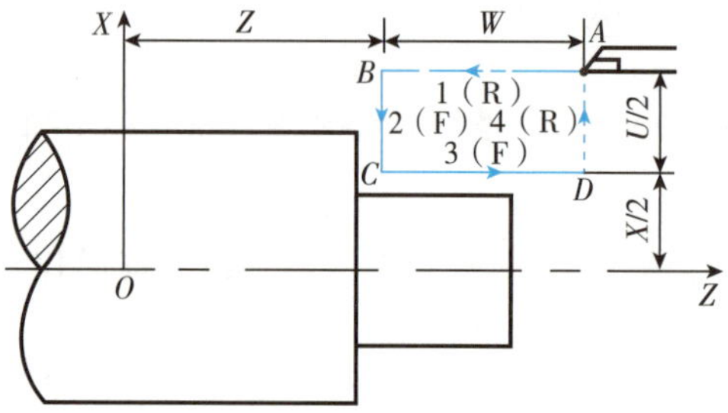

图 2-3-4　端面切削循环 G81

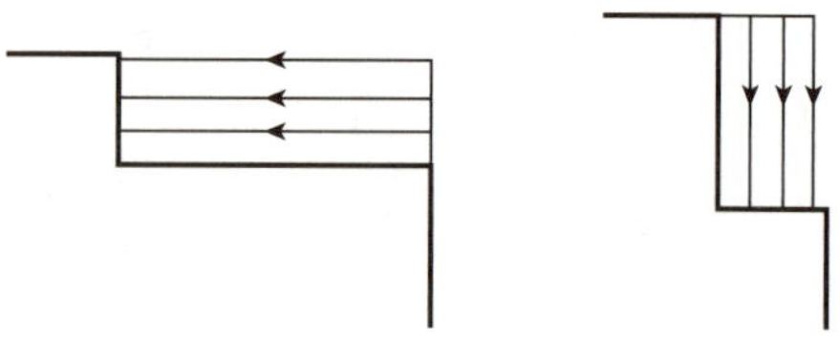

（a）内/外圆切削循环G80　　（b）端面切削循环G81

图 2-3-5　G80、G81 循环加工对比

（2）由于轨迹起始段 $A \rightarrow B$ 轨迹段为 G00 快速移动，编程时需特别注意，这一段距离内，刀具不得进行切削。

（3）在固定循环切削过程中，M、S、T 等功能都不能改变；若需改变，必须在 G00 或 G01 的指令下变更，然后再用指令固定循环。

（4）该指令为模态指令，连续调用时，在下一个指令段只需输入 Z 或 W 尺寸值，极大地简化程序的编写。

2.4 实例

加工如图 2-3-6 所示零件，编写加工程序。

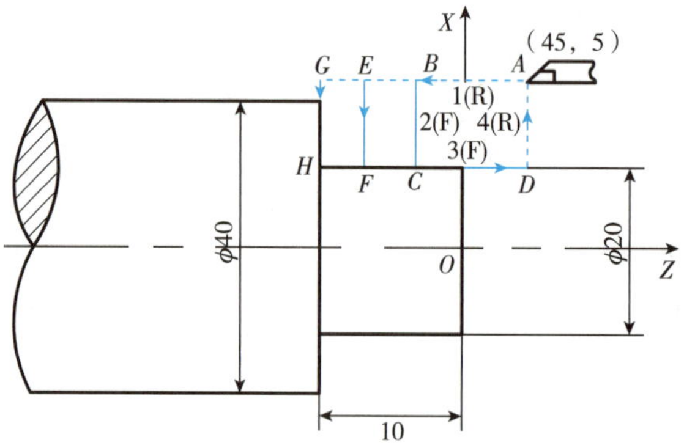

图 2-3-6　G81 端平面切削循环示例图样

内外圆切削循环 G80

其加工程序如表 2-3-1 所示。

表 2-3-1　实例加工程序及说明

程序	说明
N10 M03 T0101 S500；	主轴正转，选择 1 号刀及 1 号刀补
N20 G00 X45 Z5；	快速移动到循环起点 A
N30 G81 X20 Z-3.5 F0.3；	第一次循环加工，$A \rightarrow B \rightarrow C \rightarrow D \rightarrow A$
N40 Z-7；	第二次循环加工，$A \rightarrow E \rightarrow F \rightarrow D \rightarrow A$

续表

程序	说明
N50 Z-10;	第三次循环加工，$A \to G \to H \to D \to A$
N60 M05;	主轴停
N70 M30;	主程序结束并复位

任务实施

1. 阶梯轴工艺分析（表 2-3-2）

表 2-3-2 阶梯轴的加工工艺分析

项目内容	分析说明
设备选用	CNC-K400 华中系统 808D
刀具选择	主偏角为 75° 的机夹车刀，刀号 T0101
量具选用	游标卡尺（0 ~ 125 mm） 外径千分尺（25 ~ 50 mm）
切削用量的选用	背吃刀量：a_p 为 1 mm 进给量：f=0.2 mm 主轴转速：n=800 r/min
坐标原点的选取	本零件分两次调头装夹车削完成，先完成左侧外圆、台阶再调头夹 ϕ30 外圆车右侧，所以该零件的坐标原点有两个，一个为零件右端面与轴线的交点；另一个为零件左端面与轴线的交点
加工工步	1. 夹毛坯 ϕ35 外圆，伸长约 47 mm； 2. 平左侧端面； 3. 用 G80 完成右侧 ϕ30、ϕ24、ϕ20 外圆粗、精加工； 4. 调头，夹 ϕ30 外圆，平右端面，控制总长，用 G80 完成左侧轮廓的加工
编程用功能指令	编程采用 G00、G01、G80 指令

2. 加工工序单与进给路线（表 2-3-3）

表 2-3-3 阶梯轴加工工序单与进给路线

工步内容	工步简图	刀路与基点位置
车端面	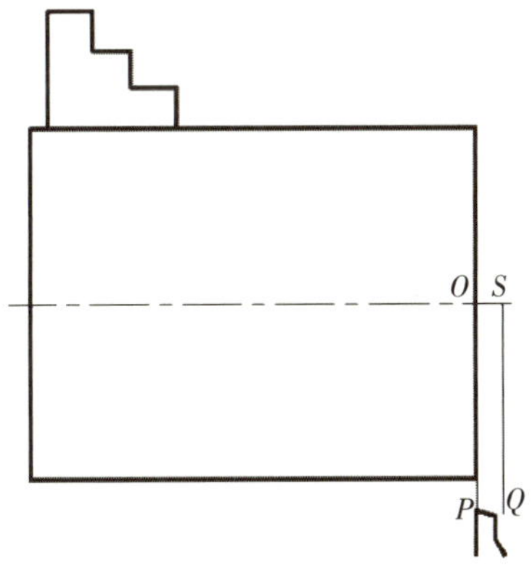	进给路线：快速定位 P 点（38，0）→ O 点（车端面）→退刀 S 点（0，2）→循环点 Q 点（38，2）

续表

工步内容	工步简图	刀路与基点位置
粗、精车右端外圆	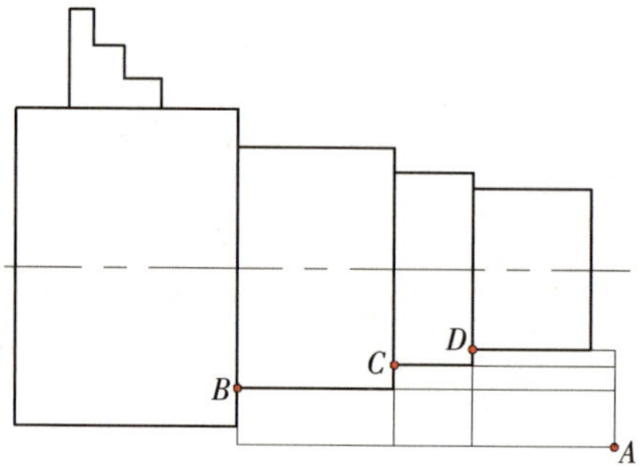 进给路线：起刀点 *A* 点（38，2）→ *B* 点（30，-47） → *C* 点（24，-25） → *D* 点（20，-15）	
调头，车左侧端面（控总长）		
粗、精车左端外圆	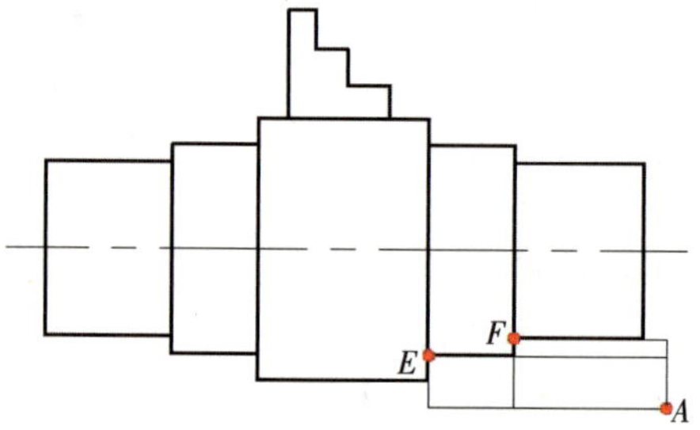 进给路线：起刀点 *A* 点 → *E* 点（24，-25） → *F* 点（20，-15）	

3. 阶梯轴数控加工程序（表 2-3-4、表 2-3-5）

表 2-3-4　阶梯轴右侧数控加工程序及说明

程序	说明
%2302；	主程序名
N10 M03 S800 T0101 G95；	主轴以 800 r/min 正转，转进给
N20 X38 Z0；	快速定位 *P*
N30 G01 X-0.5 F0.1；	平端面
N40 Z2；	退刀
N50 G00 X38；	退回到循环起点 *A*
N60 G80 X35 Z-47 F0.2；	背吃刀量 3 mm 粗车 ϕ30 外圆
N70 X33；	背吃刀量 2 mm 粗车 ϕ30 外圆
N80 X30；	背吃刀量 3 mm 粗车 ϕ30 外圆
N90 X28 Z-25；	背吃刀量 2 mm 粗车 ϕ24 外圆
N100 X25；	背吃刀量 3 mm 粗车 ϕ24 外圆
N110 X23.980 F0.1；	以 F0.1 的速度精车 ϕ24 外圆
N120 X21 Z-15 F0.2；	背吃刀量 3mm 粗车 ϕ20 外圆
N130 X19.980 F0.1；	以 F0.1 的速度精车 ϕ20 外圆

续表

程序	说明
N140 G00 X100 Z100;	快速退刀至安全位置
N150 M30;	主程序结束并复位

表 2-3-5 阶梯轴左侧数控加工程序及说明

程序	说明
%2303;	主程序名
N10 M03 S800 T0404 G95;	主轴以 800 r/min 正转，转进给
N20 X38 Z0;	快速定位
N30 G01 X-0.5 F0.1;	车端面，保证总长
N40 Z2;	退刀，离开端面
N50 G00 X38;	退回到循环起点
N60 G80 X35 Z-25 F0.2;	背吃刀量 3 mm 粗车 $\phi24$ 外圆
N70 X33;	背吃刀量 2 mm 粗车 $\phi24$ 外圆
N80 X30;	背吃刀量 3 mm 粗车 $\phi24$ 外圆
N90 X28 ;	背吃刀量 2 mm 粗车 $\phi24$ 外圆
N100 X25;	背吃刀量 3 mm 粗车 $\phi24$ 外圆
N110 X23.980 F0.1;	以 F0.1 的速度精车 $\phi24$ 外圆
N120 X21 Z-15 F0.2;	背吃刀量 3 mm 粗车 $\phi20$ 外圆
N130 X19.980 F0.1;	以 F0.1 的速度精车 $\phi20$ 外圆
N140 G00 X100 Z100;	快速退刀至安全位置
N150 M30;	主程序结束并复位

任务评价

具体评价项目及标准见表 2-3-6。

表 2-3-6 阶梯轴加工项目评分标准

零件名称				姓名		
检测项目		检测位置	配分	评分标准	检测结果	扣分
外圆	1	$\phi24^{0}_{-0.021}$	10	每超差 0.01 mm 扣 2 分		
	2	$\phi20^{0}_{-0.021}$	10	每超差 0.01 mm 扣 2 分		
	3	$\phi30$	10	超差不得分		
长度	4	$20^{+0.052}_{0}$	10	每超差 0.01 mm 扣 2 分		
	5	15（两处）	5	超差不得分		
	6	70	5	超差不得分		
	7	10	5	超差不得分		

续表

检测项目		检测位置	配分	评分标准	检测结果	扣分
表面粗糙度	8	*Ra*3.2	5	超差不得分		
	9	其余 *Ra*6.3	10	超差不得分		
职业素养	1. 安全文明生产 （1）无违规操作情况 （2）无撞刀及其他事故 2. 机床维护与环保 3. 纪律与态度		30	违规操作、撞刀、出现事故、不按要求维护和保养机床扣 5 ~ 10 分 / 次；违反纪律、学习不积极、没有团队协作精神的扣 2 分 / 次		
最终得分						

加油站

数控车床在加工过程中会遇到各种各样的加工和质量上的问题，表 2–3–7 对常出现的问题、产生原因、预防及解决方法进行了分析。

表 2–3–7　外圆加工质量分析

问题现象	产生原因	预防和消除
外圆尺寸超差	1. 刀具数据不准确； 2. 切削用量选择不当产生让刀； 3. 程序错误； 4. 工件尺寸计算错误	1. 调整或重新设定刀具数据； 2. 合理选择切削用量； 3. 检查修改加工程序； 4. 正确计算
加工过程中出现扎刀引起工件报废	1. 进给量过大； 2. 切屑堵塞； 3. 刀具角度选择不合理	1. 降低进给速度； 2. 采用断、退屑方式切入； 3. 正确选择刀具
外圆表面光洁度太差	1. 切削速度过低； 2. 刀具中心过高； 3. 切屑控制较差	1. 调高主轴转速； 2. 调整刀具中心高度； 3. 选择合理的进刀方式及切深
工件圆度超差或产生锥度	1. 机床主轴间隙过大； 2. 程序错误； 3. 工件安装不合理	1. 调整机床主轴间隙； 2. 检查修改加工程序； 3. 检查工件安装，增加装夹刚性

学后测评

一、填空题

1. G80 循环第一步移动为（　　）轴方向移动。

2. G80 与 G81 的区别在于：G80 是在工件（　　）作分层粗加工，而 G81 是在工件（　　）作分层粗加工。G80 与 G81 的最大区别在于，G81 第一步先走（　　）轴，而 G80 则是先走（　　）轴。

二、选择题

1. 采用固定循环编程，可以（　　）。

A. 加快切削速度，提高加工质量　　B. 缩短程序的长度，减少程序所占内存

C. 减少换刀次数，提高切削速度　　D. 减少吃刀深度，保证加工质量

2. 准备功能字 G80 指令代码的定义是（　　）。

A. 增量尺寸　　B. 绝对尺寸

C. 坐标尺寸预置寄存　　D. 固定循环

3. 程序段“G81 X30 Z-5 F0.3；”中，（　　）的含义是端面车削的终点。

A. X30　　B. X30 Z-5　　C. Z-5　　D. F0.3

任务拓展

加工如图 2-3-7 所示零件，毛坯尺寸为 ϕ 50 × 105 mm，材料为 45 钢。试用 G80 指令编制加工程序。

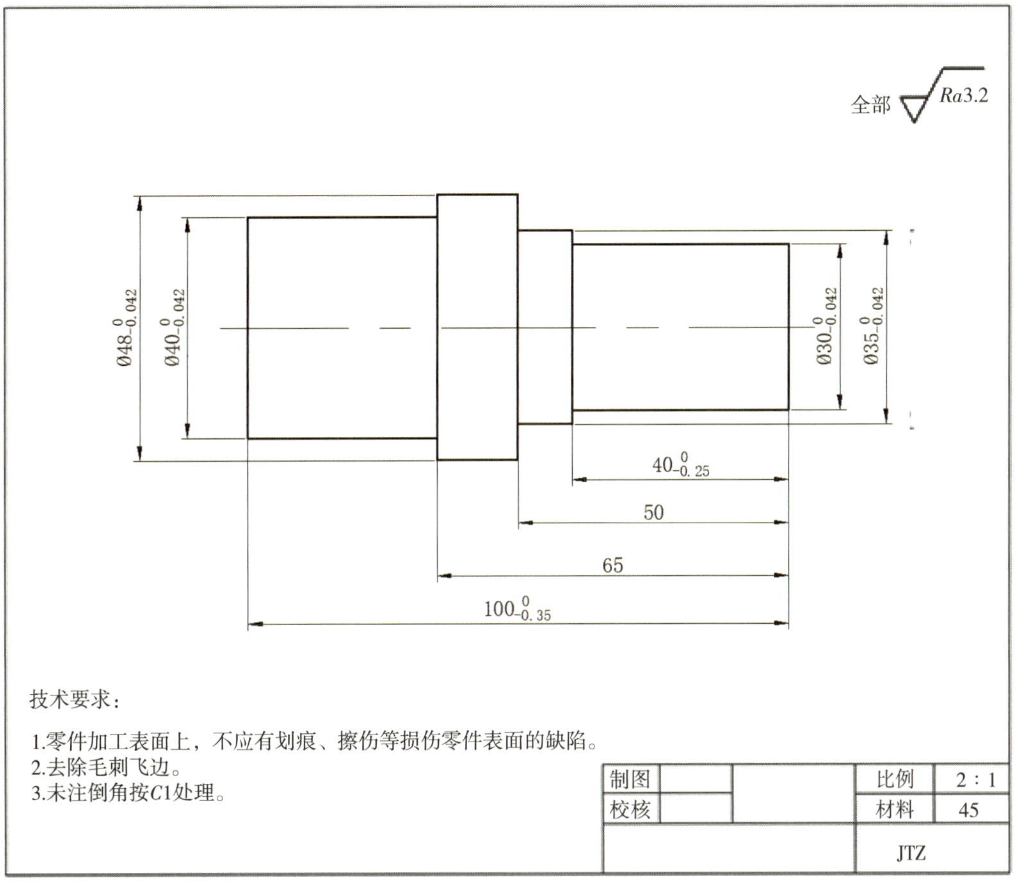

图 2-3-7　任务拓展零件图

螺纹加工基础知识

任务四　螺纹轴的加工

任务描述与分析

加工如图 2-4-1 所示零件，毛坯尺寸为 ϕ 50 × 65 mm，材料为 45 钢。

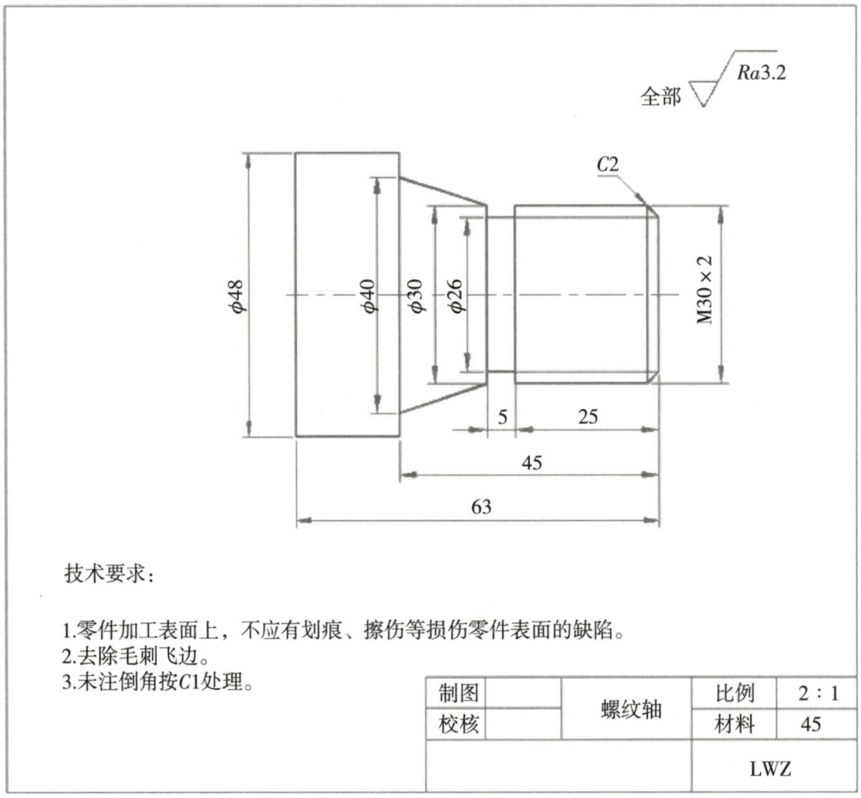

图 2-4-1 螺纹轴零件图

知识指南

外螺纹装刀、对刀

一、螺纹加工基础

螺纹加工是数控加工中必须掌握的技能，要迅速掌握螺纹加工的技巧就需要充分了解螺纹的成型方法，以及相关的螺纹计算知识。

数控车床车削螺纹的基本原理：数控系统接受主轴编码器的信号，在主轴编码器中有一主轴零位信号，当机床主轴达到主轴转速要求的同时机床主轴转到零位或规定的角度位置的瞬间，数控系统控制 Z 轴以每转行走一个螺纹导程的速度开始进给。这样既保证了螺纹加工的正确性，又保证了加工出来的螺纹不乱牙。

二、普通螺纹的尺寸计算

普通螺纹是我国应用最广泛的一种三角形螺纹，牙型角为 60°。普通螺纹分粗牙普通螺纹和细牙普通螺纹。

粗牙普通螺纹代号用字母“M”及公称直径表示，如 M16、M18 等。细牙普通螺纹代号用字母“M”及公称直径 × 螺距表示，如 M20×1.5，M10×1 等。细牙普通螺纹与粗牙普通螺纹的不同点是，当公称直径相同时，细牙普通螺纹的螺距比较小。

左旋螺纹在代号末尾加注“左”字，如 M6 左、Ml6×1.5 左等，未注明的为右旋螺纹。

普通螺纹的牙型具有螺纹的基本尺寸，各基本尺寸的计算如下：

（1）螺纹大径 $d=D$（螺纹大径的基本尺寸与公称直径相同）；

（2）中径 $d_2=D_2=d-0.6494P$；

（3）牙型高度 h_1=0.5413P；

（4）螺纹小径 d_1=D_1=d−1.0825P。

三、普通外螺纹车削前的工艺准备

普通三角形螺纹的特点：螺距小、螺纹长度短。其加工成型的基本要求是：

（1）螺纹轴向剖面必须正确、两侧表面粗糙度小；

（2）中径尺寸符合精度要求；

（3）螺纹与工件轴线保持同轴。

要满足加工成型的要求，车削三角形外螺纹前对工件的主要工艺要求如下：

（1）螺纹车削前的外圆直径应车至比螺纹公称直径小约 0.13 P，以保证车削后的螺纹牙顶处有 0.125 P 的宽度；

（2）外圆端面处倒角至略小于螺纹小径；

（3）有退刀槽的螺纹，螺纹车削前应先切退刀槽，槽底直径应小于螺纹小径，槽宽约等于（2 ~ 3）P；

（4）车削脆性材料时，螺纹车削前的外圆表面粗糙度值要小些，以免在车削螺纹时牙顶发生崩裂。

四、外螺纹的车削工艺

外螺纹车削根据选择的刀具材料的不同，一般可以分为低速车削螺纹与高速车削螺纹，数控车床加工螺纹以高速切削螺纹为主。

1. 低速车削螺纹

数控车床加工细长轴螺纹或高精度螺纹时，采用低速车削。使用高速钢螺纹车刀，并分别用粗车刀和精车刀对螺纹进行粗车和精车。低速车削螺纹时，注意根据车床和工件的刚度、螺距大小，选择不同的进刀方法，如图 2-4-2 所示的不同进刀方法。

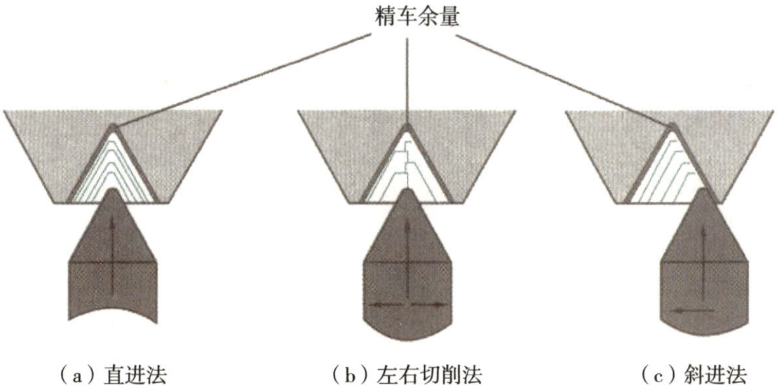

图 2-4-2 低速车削螺纹时的进刀方法

2. 高速切削螺纹

一般采用硬质合金磨制螺纹切削刀具。在车削较大螺距的螺纹时（P> 2 mm），车刀的两个主切削刃需要磨制倒棱，且牙型角略微减小 30°，切削时切削速度取 50 ~ 100 mm/min。只能使用直进法，否则容易拉毛螺纹表面。

3. 螺纹轴向起点和终点尺寸的确定

根据螺纹加工的原理，在数控机床上车螺纹时，沿螺距方向的 Z 向进给应和机床主轴的旋转保持严格的速比关系，但在实际车削螺纹的开始时，伺服系统不可避免地有一个加速的过程，结束前也相应有一个减速的过程。在这两段时间内，螺距得不到有效保证。为了避免在进给机构加速或减速过程中切削，故在安排其工艺时要尽可能考虑合理的升速进刀段距离 δ_1 和降速退刀段距离 δ_2，如图 2–4–3 所示。

δ_1 和 δ_2 的数值与机床拖动系统的动态特性有关，还与螺纹的螺距和螺纹的精度有关。一般 δ_1 取（2 ~ 3）P。

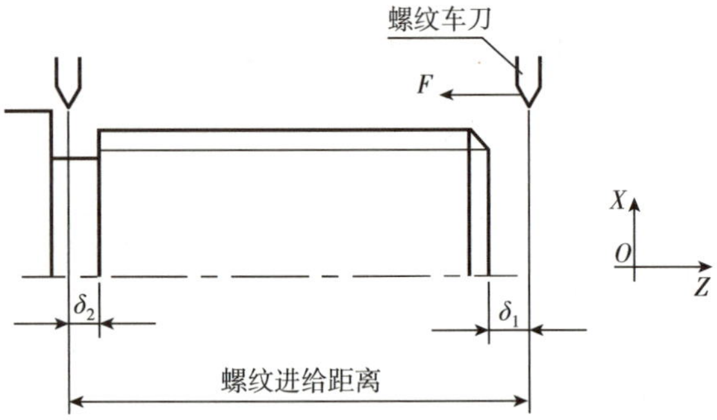

G75 指令

图 2–4–3　螺纹加工的导入导出距离

对大螺距和高精度的螺纹则取较大值，δ_2 一般取（1 ~ 2）P。若螺纹退尾处没有退刀槽时，其 $\delta_2=0$，这时该处的收尾形状由数控系统的功能设定或确定。

4. 螺纹加工的吃刀深度

若螺纹牙型较深或螺距较大，可分多次进给。每次进给的背吃刀量用实际牙型高度减精加工背吃刀量后所得的差，并按递减规律分配。常用公制螺纹切削时的进给次数与实际背吃刀量（直径量）可参考表 2–4–1 选取。

表 2–4–1　常用普通螺纹切削的进刀次数与背吃刀量

螺距 /mm		1.0	1.5	2.0	2.5	3.0
牙深（半径值）/mm		0.649	0.974	1.299	1.624	1.949
切削次数及背吃刀量（直径值）/mm	1 次	0.7	0.8	0.9	1.0	1.2
	2 次	0.4	0.6	0.6	0.7	0.7
	3 次	0.2	0.4	0.6	0.6	0.6
	4 次	——	0.16	0.4	0.4	0.4
	5 次	——	——	0.1	0.4	0.4
	6 次	——	——	——	0.15	0.4
	7 次	——	——	——	——	0.2

5. 螺纹车刀的装夹

螺纹车刀安装得正确与否，对螺纹牙型有很大的影响。换句话说，若刀具装夹存在偏差，即使刀尖角刃磨十分准确，车削后的牙型仍然会产生误差。螺纹车刀的安装要求如下：

（1）螺纹车刀刀尖与车床主轴轴线等高，一般可根据尾座顶尖高度调整和检查。为防止高速车削时产生振动和扎刀，外螺纹车刀刀尖也可以高于工件中心 0.1 ~ 0.2 mm，必要时可采用弹性刀柄螺纹车刀。

（2）使用螺纹对刀样板校正螺纹车刀的安装位置（图 2–4–4），确保螺纹车刀的两刀尖半角的对称中心线与工件轴线垂直（图 2–4–5）。

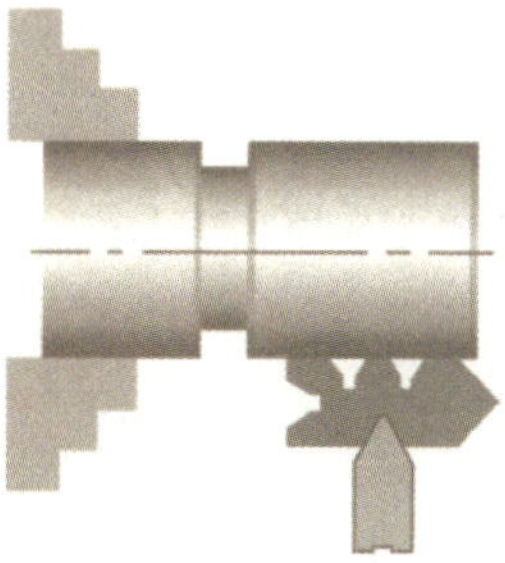

图 2-4-4　螺纹角度样板装刀检测

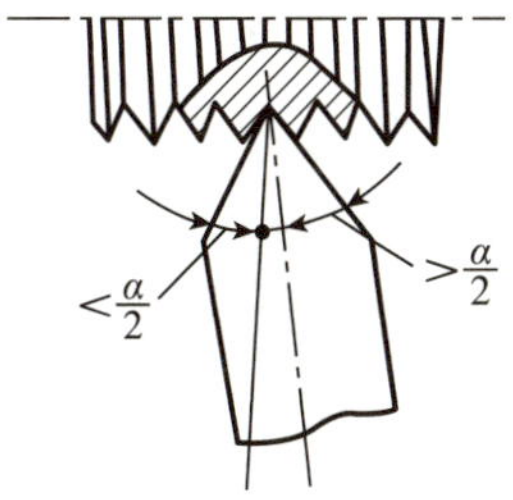

图 2-4-5　刀尖不与机床主轴垂直引起牙型歪斜

（3）螺纹车刀伸出刀架不宜过长，一般伸出长度为刀柄高度的 1.5 倍。

五、螺纹切削循环指令 G82

1. 指令功能

以当前点与目标点为矩形循环的对角顶点，按规定的循环方式，进行螺纹切削加工。

2. 指令格式

```
G82 X(U)__Z(W)__I __R__E__C__P__F__(J)__;
```

式中，X、Z：绝对值编程时，为螺纹终点 *C* 在工件坐标系下的坐标；增量值编程时，为螺纹终点 *C* 相对于循环起点 *A* 的有向距离，图形中用 *U*、*W* 表示，其符号由轨迹 1 和 2 的方向确定。

I：为螺纹起点 *B* 与螺纹终点 *C* 的半径差。其符号为差的符号（无论是绝对值编程还是增量值编程）；直螺纹的 *I* 值为 0，可以省略。

R，E：螺纹切削的退尾量，R、E 均为向量，R 为 *Z* 向回退量，E 为 *X* 向回退量，R、E 可以省略，表示不用回退功能。

C：螺纹头数，为 0 或 1 时切削单头螺纹。

P：单头螺纹切削时，为主轴基准脉冲处距离切削起始点的主轴转角（缺省值为 0）。多头螺纹切削时，为相邻螺纹头的切削起始点之间对应的主轴转角。

F：螺纹导程。

J：英制螺纹导程。

3. 指令说明

① 该指令执行如图 2-4-6 所示 *A* → *B* → *C* → *D* → *A* 的轨迹动作。使用该指令时 *D* → *A* 段机床为快速移动定位，注意防止撞刀。

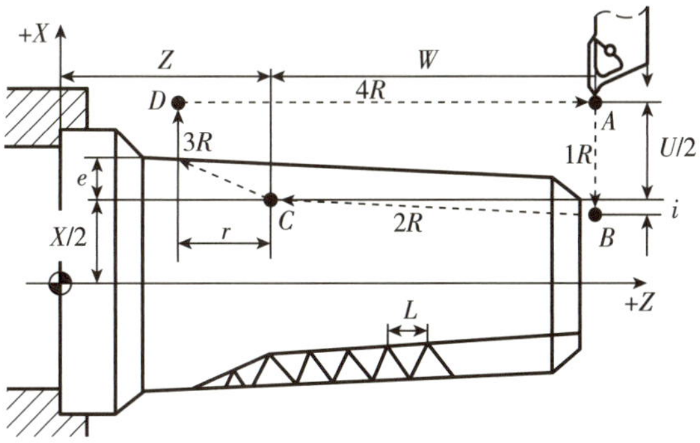

图 2-4-6　螺纹切削循环指令 G82

② 螺纹切削循环同 G32 螺纹切削一样，在进给保持状态下，该循环在完成全部动作之后才停止运

动，且机床主轴倍率调整无效。

4. 示例

加工如图 2-4-7 所示螺纹，用 G82 指令编程，毛坯外形已加工完成。

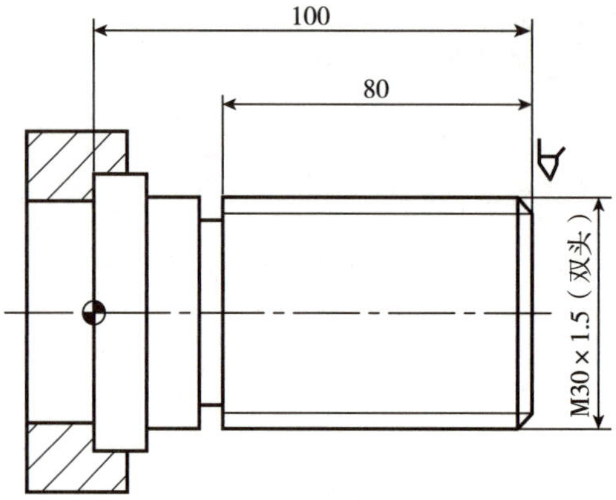

图 2-4-7　G82 切削编程实例

表 2-4-2　螺纹轴的加工程序及说明

程方	说明
%2401；	程序号
N10 G00 X35 Z104；	到循环起点
N20 M03 S300；	主轴以 300 r/min 正转
N30 G82 X29.2 Z18.5 C2 P180 F3；	第二线第一次循环切螺纹，切深 0.8 mm
N40 X28.6 Z18.5 C2 P180 F3；	第二线第二次循环切螺纹，切深 0.4 mm
N50 X28.2 Z18.5 C2 P180 F3；	第二线第三次循环切螺纹，切深 0.4 mm
N60 X28.04 Z18.5 C2 P180 F3；	第二线第四次循环切螺纹，切深 0.16 mm
N70 M30；	主轴停、主程序结束并复位

任务实施

1. 螺纹轴工艺分析（表 2-4-3）

表 2-4-3　螺纹轴加工工艺分析

项目内容	分析说明
设备选用	CNC-K400 华中系统 808D
刀具选择	主偏角为 75° 的机夹车刀，刀号 T0101 切槽刀，刀宽 4 mm，刀号 T0202 螺纹刀，刀号 T0303
量具选用	游标卡尺（0 ~ 125 mm） 外径千分尺（25 ~ 50 mm）

续表

项目内容	分析说明
切削用量的选用	背吃刀量：粗车时为 1 mm，精车时为 0.5 mm 进给量：粗车时 f=0.3 mm，精车时 f=0.2 mm 主轴转速：粗车时 n=800 r/min，粗车时 n=1000 r/min 切槽时 n=400 r/min f=0.08 mm，螺纹切削时 n=400 r/min
坐标原点的选取	本零件分两次装夹车削完成，先完成左侧外圆，调头夹 ϕ48 外圆车右侧锥度、槽、螺纹，所以该零件的坐标原点有两个，一个为零件右端面与轴线的交点，另一个为零件左端面与轴线的交点
加工工步	1. 夹毛坯 ϕ50 外圆，伸长约 70 mm； 2. 平左端面； 3. 完成右侧 ϕ48 外圆粗、精加工； 4. 调头，夹 ϕ48 外圆，平右端面，控制总长； 5. 车外圆、锥、切槽、螺纹
编程用功能指令	编程采用 G00、G01、G80、G82 指令

2. 加工工序单与进给路线（表 2-4-4）

表 2-4-4 螺纹轴加工工序单与进给路线

工步内容	工步简图	刀路与基点位置
车端面	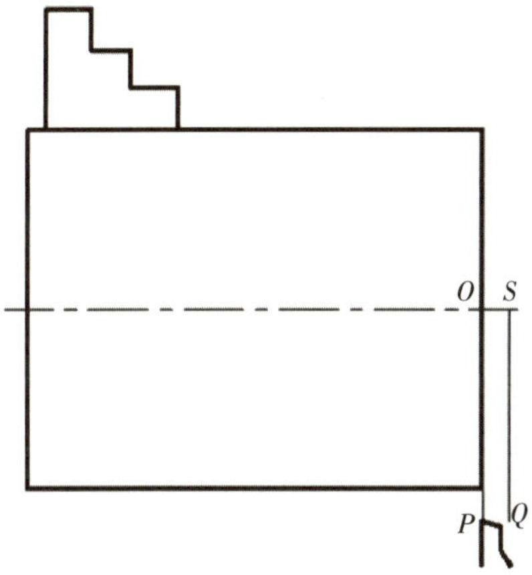	进给路线：快速定位 P 点（52，0）→ O 点（车端面）→退刀 S 点（0，2）→循环点 Q 点（52，2）
车左端外圆	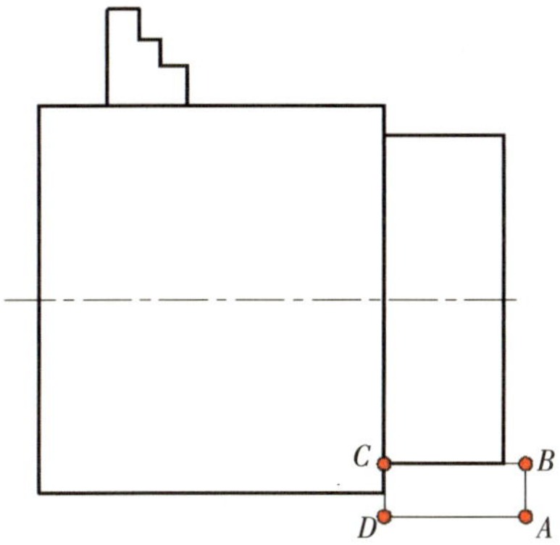	进给路线：起刀点 A 点（52，2）→ B 点（48，2）→ C 点（48，-18）→ D 点（52，-18）
调头，车右侧端面（控总长）		

续表

工步内容	工步简图	刀路与基点位置
车右侧外圆	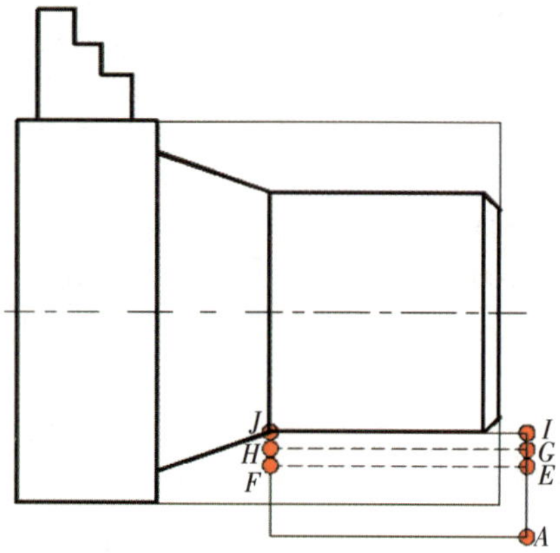	进给路线： 第一刀 *A* 点（52,2）→ *E* 点（38，2）→ *F* 点（38，-30） 第二刀 *A* 点（52,2）→ *G* 点（34，2）→ *H* 点（34，-30） 第三刀 *A* 点（52,2）→ *I* 点（29.7，2）→ *J* 点（29.7，-30）
	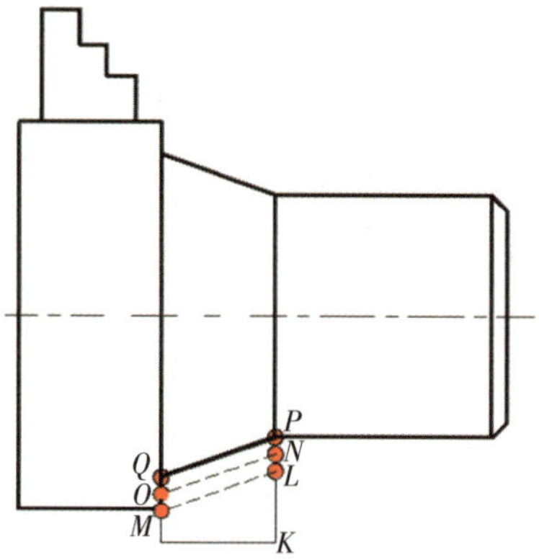	进给路线： 第一刀 *K* 点（52，-30）→ *L* 点（38，-30）→ *M* 点（48，-45） 第二刀 *K* 点（52，2）→ *N* 点（34，-30）→ *O* 点（44，-45） 第三刀 *K* 点（52，2）→ *P* 点（30，-30）→ *Q* 点（40，-45）
车槽	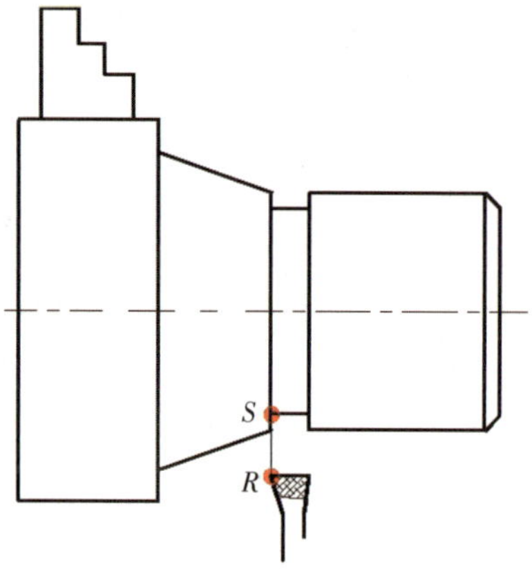	进给路线：起刀点 *R* 点（40，-30）→ *S* 点（26，-30）
车螺纹	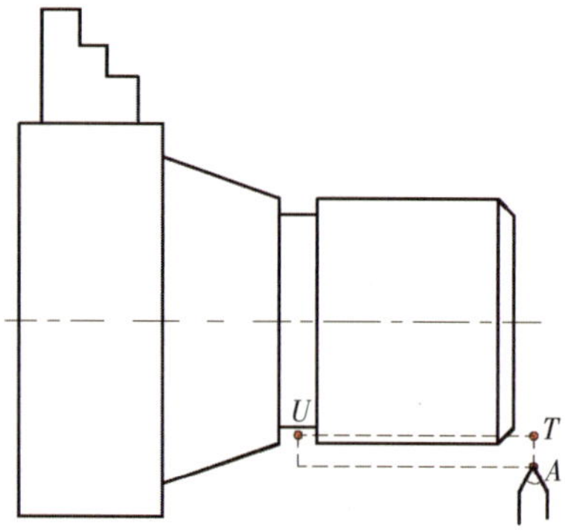	进给路线：起刀点 *A* 点（32，2）→ *T* 点（28.7，2）→ *U* 点（28.7，-22）

3. 螺纹轴数控加工程序（表 2-4-5、2-4-6）

表 2-4-5 螺纹轴左侧数控加工程序及说明

程序	说明
%2402;	主程序名
N10 M03 S800 T0101 G95;	主轴以 800 r/min 正转，转进给
N20 X52 Z0;	快速定位 *P* 点
N30 G01 X-0.5 F0.1;	车端面
N40 Z2;	退刀
N50 G00 X52;	退回到起点 *A*
N60 G80 X49 Z-18 F0.2;	G80 固定循环车外圆
N70 X48;	
N80 G00 X100 Z100;	快速退刀至安全位置
N90 M30;	主程序结束并返回

表 2-4-6 螺纹轴右侧数控加工程序及说明

程序	说明
%2403;	主程序名
N10 M03 S800 T0101 G95;	主轴以 800 r/min 正转，转进给
N20 X52 Z0;	快速定位，准备车端面
N30 G01 X-0.5 F0.1;	车端面，保证总长
N40 Z2;	退刀，离开端面
N50 G00 X52;	退回到循环起点 *A*
N60 G80 X38 Z-30 F0.2;	固定循环车圆柱面
N70 X34;	
N80 X30 F0.1;	
N90 G00 X52 ;	*X* 向退刀
N100 Z-30 ;	*Z* 向定位
N110 G80 X48 Z-45 I-5 F0.2;	固定循环车圆锥面
N120 X44 ;	
N130 X40 ;	
N140 G00 X52 ;	*X* 向退刀
N150 Z2 ;	*Z* 向退刀
N160 G00 X100 Z100;	退到安全点
N170 T0202;	换 2 号切槽刀
N180 G00 X40;	快速定位到 *X* 向起刀点
N190 G00 Z-30;	*Z* 向起刀点
N200 G01 X26 F0.1;	切槽至尺寸
N210 G00 X50;	*X* 向退刀
N220 Z100;	*Z* 向退刀

续表

程序	说明
N230 T0303；	换 3 号螺纹刀
N240 X40 Z2；	快速定位到起点
N250 G82 X39.3 Z–45 F1 ；	车螺纹
N260 X38.7 ；	
N270 X38.4 ；	
N280 X38.4 ；	
N290 G00 X100 Z100 ；	退回至安全位置
N300 M30 ；	主程序结束并返回

任务评价

具体评价项目及标准见表 2–4–7。

表 2–4–7 螺纹轴加工项目评分标准

零件名称				姓名		
检测项目		检测位置	配分	评分标准	检测结果	扣分
外圆	1	$\phi48$	5	超差不得分		
	2	$\phi40$	5	超差不得分		
	3	$\phi30$	5	超差不得分		
	4	$\phi26$	5	超差不得分		
螺纹	5	M30 × 2	10	不合格不得分		
长度	6	25	5	超差不得分		
	7	45	5	超差不得分		
	8	63	5	超差不得分		
	9	5	3	超差不得分		
表面粗糙度	10	*Ra*3.2	5	超差不得分		
	11	其余 *Ra*6.3	5	超差不得分		
职业素养	1. 安全文明生产 （1）无违规操作情况 （2）无撞刀及其他事故 2. 机床维护与环保 3. 纪律与态度		30	违规操作、撞刀、出现事故、不按要求维护和保养机床的扣 5 ~ 10 分 / 次；违反纪律、学习不积极、没有团队协作精神的扣 2 分 / 次		
最终得分						

加油站

螺纹加工质量分析

螺纹加工中经常遇到的加工和质量问题有多种情况，问题现象、产生的原因以及可以采取的改善措施具体见表 2–4–8。

表 2-4-8 螺纹加工质量分析

问题现象	产生原因	预防方法
切削过程中出现振动	1. 工件装夹不正确； 2. 刀具安装不正确； 3. 切削参数不正确	1. 检查工件安装，增加安装刚性； 2. 调整刀具安装位置； 3. 提高或降低切削速度
螺纹牙型底部过宽	螺纹有乱牙现象	1. 检查加工程序中有无导致乱牙的原因； 2. 检查主轴脉冲编码器是否松动，损坏； 3. 检查 *Z* 轴丝杠是否有窜动现象
螺纹牙型半角不正确	刀具安装角度不正确	调整刀具安装角度
螺纹表面质量差	1. 切削速度过低； 2. 刀具中心过高； 3. 切削控制较差	1. 调高主轴转速； 2. 调整刀具中心高度； 3. 选择合理的进刀方式及切深
螺距误差	加工程序不正确	检查修改加工程序

学后测评

一、判断题

1. 用三针测量的目的主要是检验螺纹的牙型角和螺距。 ( )
2. 当两螺纹的导程相同时，直径大的螺纹升角大。 ( )
3. 左右切削法比直进法车出的螺纹牙型角正确。 ( )
4. 螺纹指令“G32 X41 Z–43 F1.5；”是以 1.5 mm/min 的速度加工螺纹。 ( )
5. G82 是螺纹切削循环指令。 ( )

二、选择题

1. 用带有径向前角的螺纹车刀车普通螺纹，磨刀时须使刀尖角（ ）牙型角。

   A. 大于　　B. 等于　　C. 小于　　D. 以上说法均不正确

2. 三角形普通螺纹的牙型角为（ ）。

   A. 30°　　B. 40°　　C. 55°　　D. 60°

3. 高速车螺纹时，硬质合金车刀刀尖角应（ ）螺纹的牙型角。

   A. 小于　　B. 等于　　C. 大于　　D. 小于或等于

4. 车削右旋螺纹时，主轴正转，车刀由右向左进给，车削左旋螺纹时，应该使主轴（ ）进给。

   A. 倒转，车刀由右向左　　B. 倒转，车刀由左向右
   C. 正转，车刀由左向右　　D. 正转，车刀由右向左

5. 螺纹加工中加工精度主要由机床精度保证的几何参数为（ ）。

   A. 大径　　B. 中径　　C. 小径　　D. 导程

6. 下列指令中（ ）为车削螺纹指令。

   A. G01　　B. G32　　C. G82　　D. G90

任务拓展

加工如图 2-4-8 所示零件，毛坯尺寸为 $\phi50\times65$ mm，材料为 45 钢。试用 G71 指令编制加工程序。

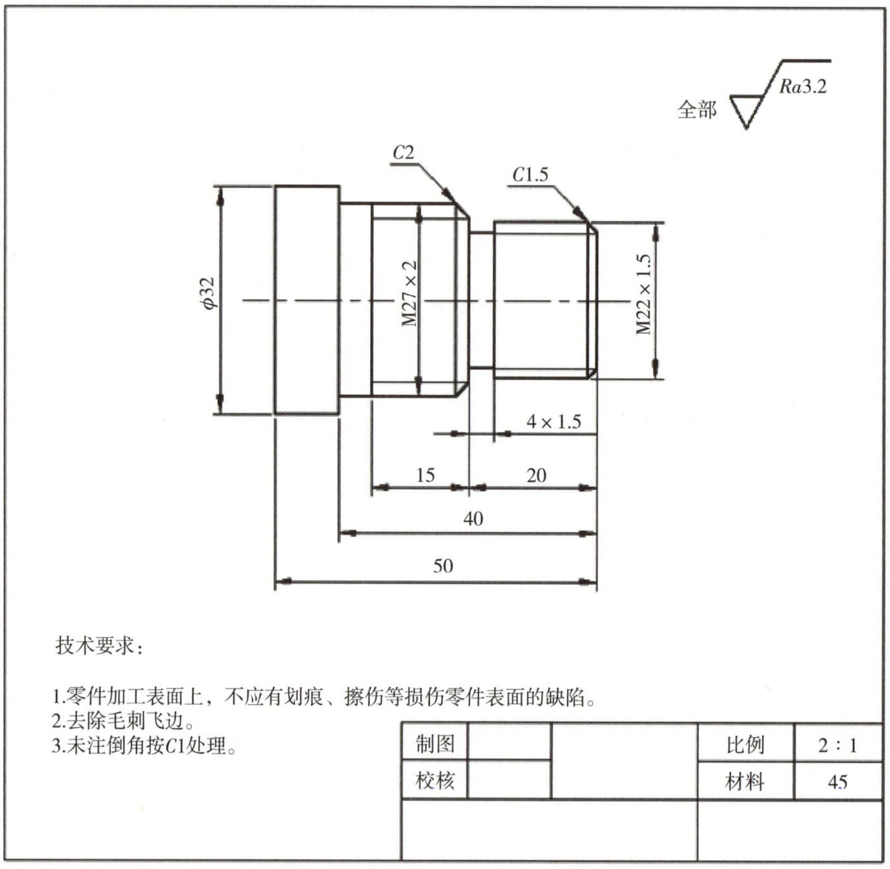

图 2-4-8　任务拓展零件图

任务五　火箭整流罩的加工

火箭整流罩模型介绍如图 2-5-1 所示。

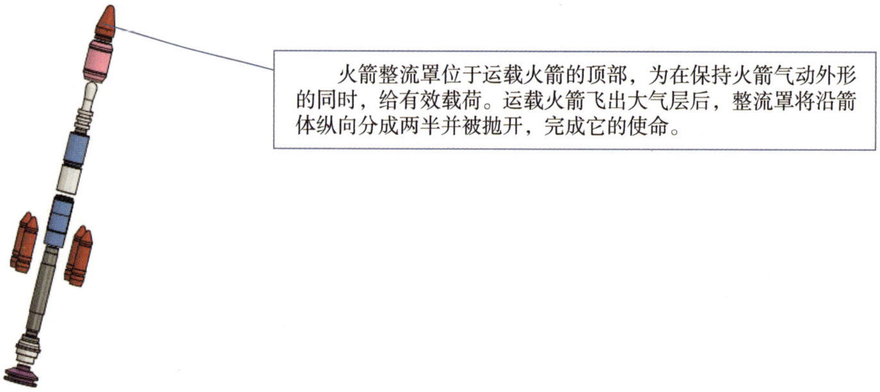

图 2-5-1　火箭模型图

任务描述与分析

加工如图 2-5-2 所示零件，毛坯尺寸为 $\phi50\times85$ mm，材料为 45 钢。

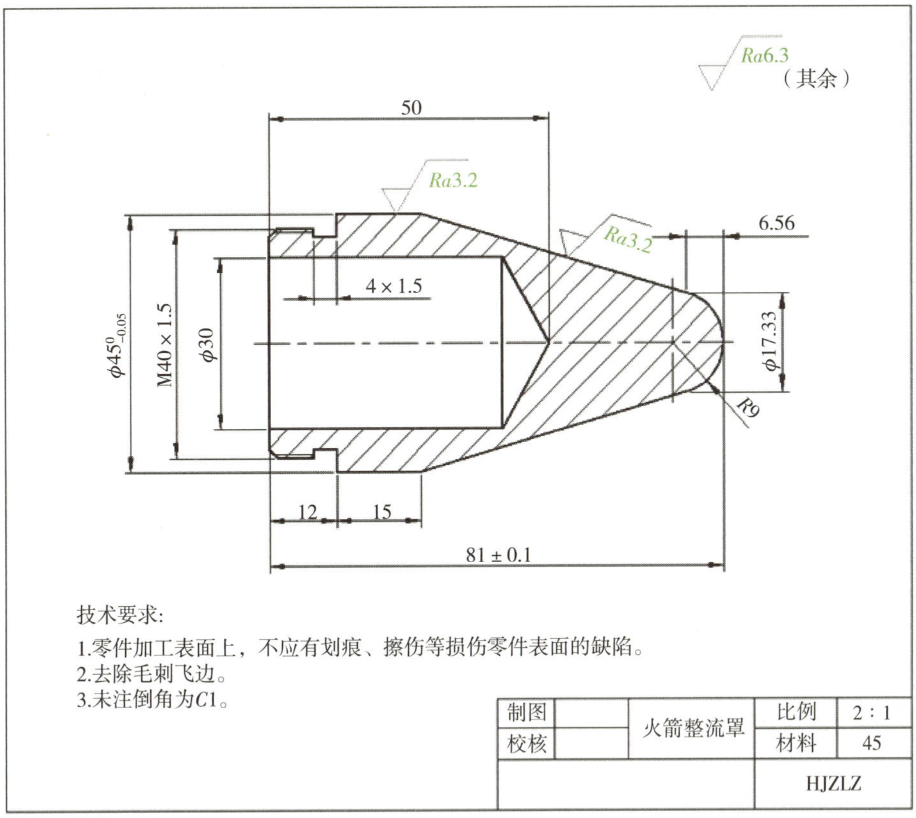

图 2-5-2　火箭整流罩零件图

知识指南

一、圆锥车削加工路线的确定

数控车床进行圆锥车削是比较难以掌握的技术，其主要原因是数控车削中锥度的保证不是依靠刀架的倾斜形成，而是通过计算圆锥的起始点与终点数值来保证圆锥尺寸的精度与表面粗糙度的，同时由于锥度的大小端尺寸不变测量监控这就造成无法通过调整刀具位置补偿进行高精度加工。要保证锥度的加工精度一般需要关注两个方面的关系：加工路线的正确选择与刀具刀尖圆弧半径补偿。

在数控车床上车外圆锥时可分为车正锥和车倒锥两种情况，而每一种情况又有平行法和终点法两种加工路线。

如图 2-5-3（a）所示为平行法车正锥的加工路线。平行法车正锥时，刀具每次切削的背吃刀量相等，切削运动的距离较短。采用这种加工路线时，加工效率高，但需要计算终刀距 S。

假设圆锥大径为 D，小径为 d，锥长为 L，背吃刀量为 a_p，则由相似三角形可得：

$$\frac{D-d}{2L}=\frac{a_p}{2a}S=\frac{2La_p}{D-d}$$

如图 2-5-3（b）所示为终点法车正锥加工路线。终点法车正锥时，不需要计算终刀距 s，计算方便，但在每次切削中，背吃刀量是变化的，而且切削运动的路线较长，容易引起工件表面粗糙度不一致。

如图 2-5-4 所示为车倒锥的两种加工路线，其原理与正锥相同。

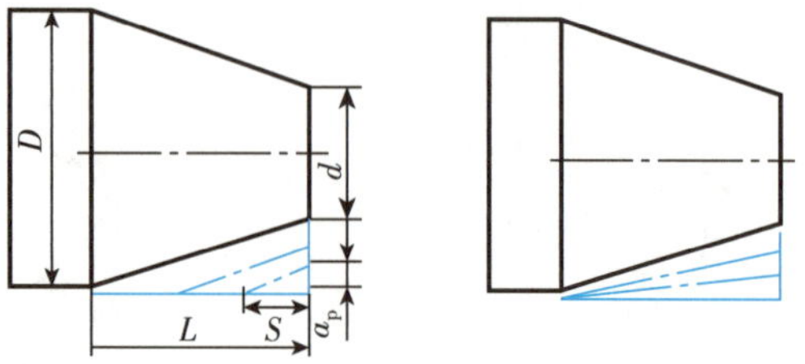

（a）平行法　（b）终点法

图 2-5-3　车正锥

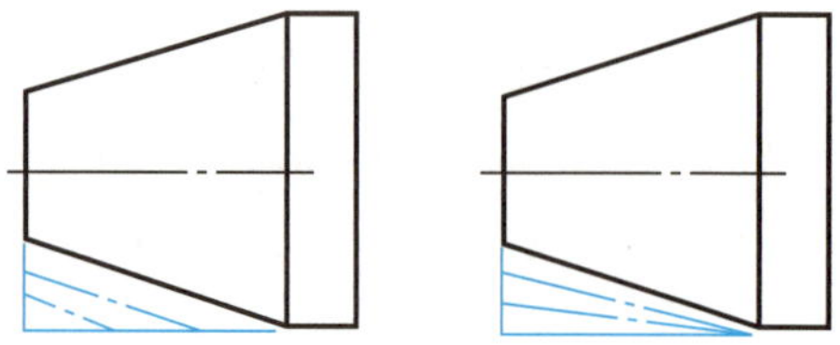

（a）平行法　（b）终点法

图 2-5-4　车倒锥

平行法与终点法两种加工各有特点，一般在精加工中多采用平行法配合恒线速度切削来保证尺寸精度与表面粗糙度，粗加工根据实际情况选择加工路线。

二、刀尖圆弧半径补偿

刀具的补偿功能是数控车床的一种主要功能，它分为刀具位置补偿和刀尖圆弧半径补偿，上一任务中我们可以通过调整刀具位置补偿提高加工精度，而实际生产中，由于刀具制备中刀尖并不是一个理想的尖角，而且使用中由于磨损的存在，刀尖也会自动磨损成圆角，为了能消除这种理想刀尖产生的误差，现在的数控系统一般都具有刀尖圆弧半径补偿功能。

1. 刀尖圆弧半径补偿的目的

在理想状态下，我们总是将尖形车刀的刀位点假想成一个点，即为假想刀尖，如图 2-5-5（a）所示尖头刀。但实际加工中的车刀，由于工艺或其他要求，刀尖往往不是一个理想的点，而是一段圆弧，如图 2-5-5（b）所示。该圆弧所构成的假想圆半径就是刀尖圆弧半径。

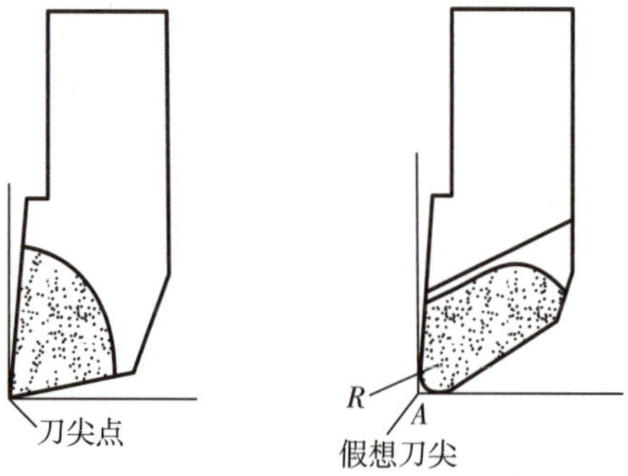

（a）　（b）

图 2-5-5　假想刀尖与实际刀尖的圆弧过渡

一般的不重磨刀片刀尖处均呈圆弧过渡，且有一定的半径值。即使是专门刃磨的“尖刀”其实际状态还是有一定的圆弧倒角，不可能绝对是尖角。因此，实际上真正的刀尖是不存在的，这里所说的刀尖只是一“假想刀尖”。但是，编程计算点是根据理论刀尖（假想刀尖）*A* 来计算的，相当于图 2-5-5（a）中尖头刀的刀尖点，并且试切对刀中也是按理想刀尖来处理数据的。

当加工与坐标轴平行的圆柱面和端面轮廓时，刀尖圆弧并不影响其尺寸或形状，只是可能在起点与终点处造成欠切，这可采用分别加导入、导出切削段的方法来解决。但当加工锥面、圆弧等非坐标方向轮廓时，刀尖圆弧将引起尺寸或形状误差，出现欠切或过切，如图 2-5-6 所示。

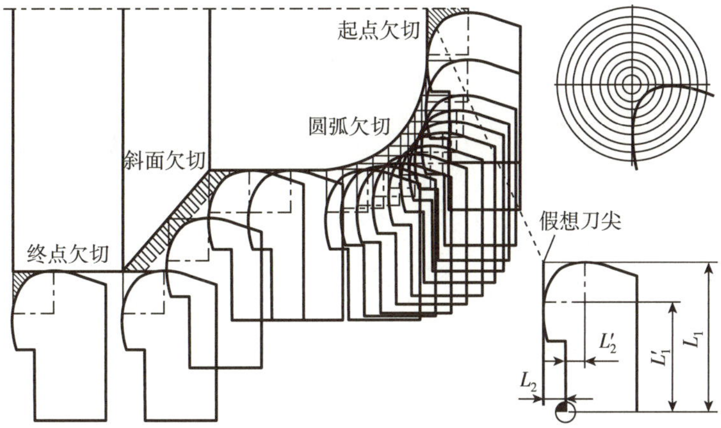

图 2-5-6 刀尖圆弧半径造成的过切与欠切现象

因此，当使用带有刀尖圆弧半径的刀具加工锥面和圆弧面时，必须将假设的刀尖点的路径作适当的修正，使切削加工出来的工件能获得正确的尺寸，这种修正方法称为刀尖圆弧半径补偿。

现代数控车床控制系统一般都具有刀具半径补偿功能。这类系统只需要按零件轮廓编程，并在加工前输入刀具半径数据，通过在程序中使用刀具半径补偿指令，数控装置可自动计算出刀具中心轨迹，并使刀具中心按此轨迹运动。也就是说，执行刀具半径补偿后，刀具中心将自动在偏离工件轮廓一个半径值的轨迹上运动，从而加工出所要求的工件轮廓。

2. 刀尖圆弧半径补偿指令 G40、G41、G42

2.1 指令功能

G41、G42 建立刀尖半径补偿，数控系统调用指定刀位（T 指令指定）对应存储地址处的刀尖半径补偿值，自动调整刀具在 G00、G01、G02、G03 等指令中的切削位置。G40 取消已建立的刀具半径补偿功能。

2.2 指令格式

G41 G01（G00）	X（U）_Z（W）F__;	刀具半径左补偿指令
G42 G01（G00）	X（U）__Z（W）__F__;	刀具半径右补偿指令
G40 G01（G00）	X（U）_Z（W）__;	取消刀具半径补偿指令

2.3 指令说明

（1）刀尖半径补偿的建立与取消只能用 G00 或 G01 指令，不能是 G02 或 G03 指令。补偿最终形成是在 G00 或 G01 指令终点时才完成。

（2）G41/G42 不带参数，其补偿号有 T 代码指定。

（3）刀具半径补偿通过准备功能指令 G41/G42 建立。刀具半径补偿建立后，刀具中心在偏离编程工件轮廓一个半径的等距线轨迹上运动。

（4）在第三轴正方向向加工平面上（数控车削中指假想的 *Y* 轴正方向向负方向观察刀具所在位置），沿刀具运动方向看，刀具在工件左侧时，称为刀具半径左补偿，如图 2-5-7（a）所示；刀具在工件右侧时，称为刀具半径右补偿，如图 2-5-7（b）所示。编程时，刀尖圆弧半径补偿偏置方向的判断如图 2-5-7 所示。在判别时，一定要沿 *Y* 轴。

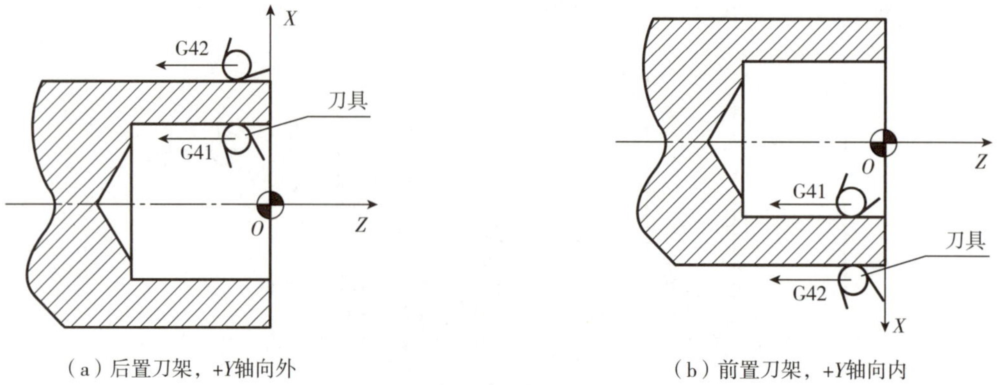

图 2-5-7　刀尖圆弧半径补偿方向的判别

（5）G41、G42、G40 是模态代码，若需要取消刀具左、右补偿，可编入 G40 指令，当 G00 或 G01 指令到达终点后，车刀刀位点轨迹按照编程轨迹运动。在程序中，G41 /G42 建立半径补偿指令与撤销半径补偿指令 G40 应成对使用。

3. 刀具半径补偿的过程

刀具半径补偿的过程分为以下三步：

（1）刀补的建立，刀具中心从编程轨迹重合过渡到与编程轨迹偏离一个偏移量的过程。

（2）刀补的进行，执行 G41 或 G42 指令的程序段后，其中心始终与编程轨迹相距一个偏移量。

（3）刀补的撤销，刀具离开工件，刀具中心轨迹过渡到与编程轨迹重合的过程。

如图 2-5-8 所示为刀补建立与取消的过程。

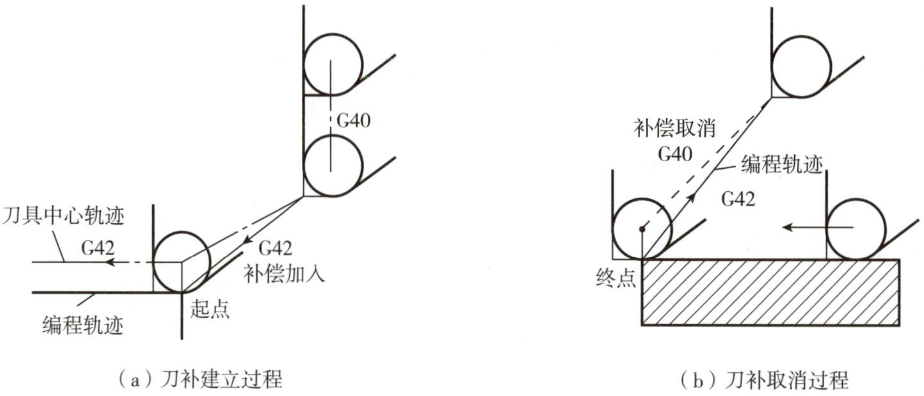

图 2-5-8　刀具半径补偿的建立与取消过程

4. 刀尖方位的确定

执行刀尖半径补偿功能时，除了与刀具刀尖半径大小有关外，还和刀尖的方位有关。不同的刀具，刀尖圆弧的位置不同，刀具自动偏离零件轮廓的方向就不同。如图 2-5-9 所示，车刀方位有 9 个，分别用参数 0 ~ 9 表示。如车削外圆表面时，从右向左车削，刀的方位为 3；从左向右车削，刀的方位为 4。

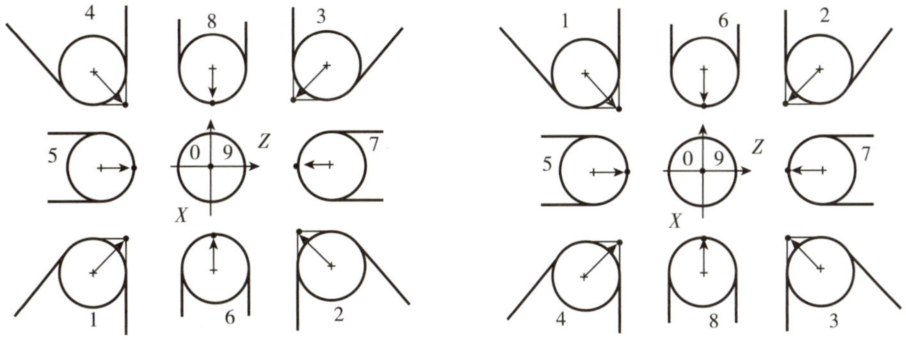

（a）后置刀架　　（b）前置刀架

图 2-5-9　刀尖方位号

5. 使用刀尖圆弧半径补偿时的注意事项

（1）G41、G42、G40 指令不能与圆弧切削指令写在同一个程序段内，可与 G01、G00 指令在同程序段出现，即是通过直线运动来建立或取消刀具补偿的。

（2）在调用新刀具前或要更改刀具补偿方向时，中间必须取消刀具补偿。目的是避免产生加工误差或干涉。

（3）刀尖半径补偿取消在 G41 或 G42 程序段后面，加 G40 程序段，便使刀尖半径补偿取消，其格式为：

```
G41（或 G42 ）
……
G40
```

程序的最后必须以取消偏置状态结束，否则刀具不能在终点定位，而是停在与终点位置偏移一个矢量刀尖圆弧半径的位置上。

（4）在编入 G41、G42、G40 的 G00 与 G01 前后的两个程序段中，X、Z 值至少有一个值变化，否则发生报警。

举例说明：如图 2-5-10 所示，程序编写见表 2-5-1。

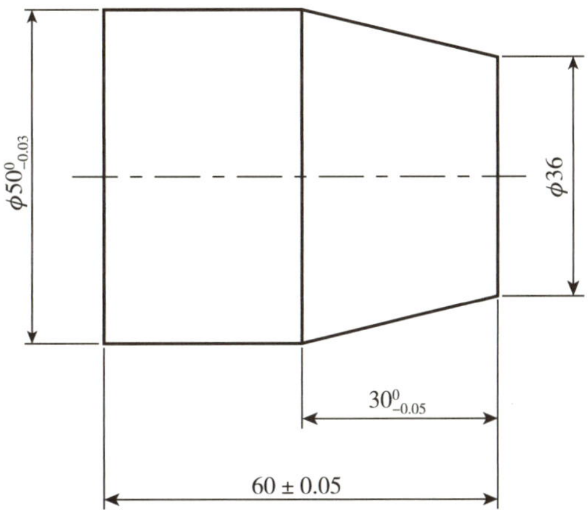

图 2-5-10　零件加工示例

表 2-5-1　零件加工程序及说明

程序	说明
%2501；	程序名
N10　M03 S800 T0101 G95；	主轴以 800 r/min 正转
N20　G00 X56 Z2；	快速接近工件
N30　G01 X51 F0.2；	*X* 向进刀
N40　Z-30；	粗切外圆
N50　G00 X52 Z0；	快速退刀
N60　G01 X47 F0.2；	*X* 向进刀
N70　X50 Z-30；	圆锥分层切削（第一刀）
N80　G00 Z0；	*Z* 向进刀
N90　G01 X43 F0.2；	*X* 向进刀
N100　X50 Z-30；	圆锥分层切削（第二刀）
N110　G00 Z0；	*Z* 向进刀
N120　G01 X39；	*X* 向进刀
N130　X50 Z-30；	圆锥分层切削（第三刀）
N140　G00 Z0；	*Z* 向进刀
N150　G01 X37 F0.2；	*X* 向进刀
N160　X50 Z-30；	圆锥分层切削（第四刀）
N170　G00 Z0；	*Z* 向进刀
N180　G01 G42 X36 F0.1；	*X* 向进刀，并建立刀尖圆弧半径右补偿
N190　X50 Z-30；	精车圆锥
N200　G00 G40 X100 Z50；	回安全点，并取消刀尖圆弧半径补偿
N210　M05；	主轴停
N220　M30；	主程序结束并复位

任务实施

1. 火箭整流罩工艺分析（表 2-5-2）

表 2-5-2　火箭整流罩加工工艺分析

项目内容	分析说明
设备选用	CNC-K400 华中系统 808D
刀具选择	ϕ30 麻花钻 主偏角为 75° 的机夹车刀，刀号 T0101 切槽刀，刀宽 4 mm，刀号 T0202 螺纹刀，刀号 T0303
量具选用	游标卡尺（0 ~ 125 mm） 外径千分尺（25 ~ 50 mm） M40 × 1.5 螺纹环规

续表

项目内容	分析说明
切削用量的选用	背吃刀量：粗车时为 1 mm，精车时为 0.5 mm 进给量：粗车时 f=0.3 mm，精车时 f=0.2 mm 主轴转速：粗车时 n=800 r/min；精车时 n=1000 r/min 螺纹加工时 n=400 r/min 切槽时 n=400 r/min，f=0.08 mm
坐标原点的选取	本零件分两次调头装夹车削完成，先完成右侧圆弧、锥度、外圆的加工，再调头夹 ϕ45 外圆车左侧外圆、槽、螺纹。所以该零件的坐标原点有两个，一个为零件右端面与轴线的交点；另一个为零件左端面与轴线的交点
加工工步	1. 夹毛坯 ϕ50 外圆，伸长约 70 mm； 2. 平端面； 3. 完成右侧 R9 圆弧、锥度、ϕ45 外圆粗、精加工； 4. 调头，夹 ϕ45 外圆，平端面，控制总长，完成左端轮廓的加工； 5. 切槽 ϕ37 × 4 mm； 6. 车 M40 × 1.5 螺纹
编程用功能指令	编程采用 G00、G01、G03、G80、G42、G40 指令

2. 相关计算

外螺纹大径和小径计算：

（1）螺纹大径外圆：$d_{大}$=40−0.13P=40−0.13 = 39.87（mm）

（2）螺纹小径：$d_{小}$=d−1.0825P=40−1.0825 ≈ 38.92（mm）

3. 加工工序单与进给路线（表 2-5-3）

表 2-5-3　火箭整流罩加工工序单与进给路线

工步内容	工步简图	刀路与基点位置
车端面	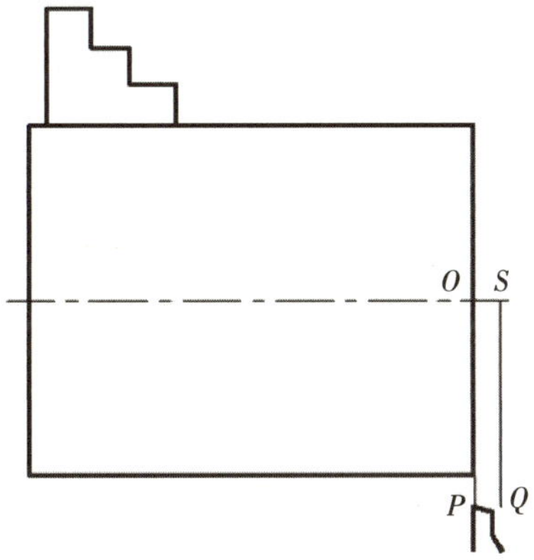	进给路线：快速定位 P 点（52，0）→ O 点（车端面）→退刀 S 点（0，2）→循环点 Q 点（52，2）
粗、精车右端锥度、外圆	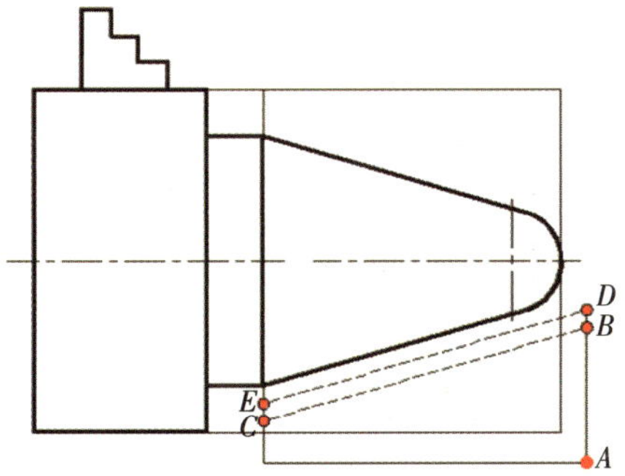	进给路线： 第一刀 A 点（60，2）→ B 点（23.44，2）→ C 点（56.66，−54） 第二刀 A 点（60，2）→ D 点（17.22，2）→ E 点（50.24，−54）

续表

工步内容	工步简图	刀路与基点位置
粗、精车右端锥度、外圆	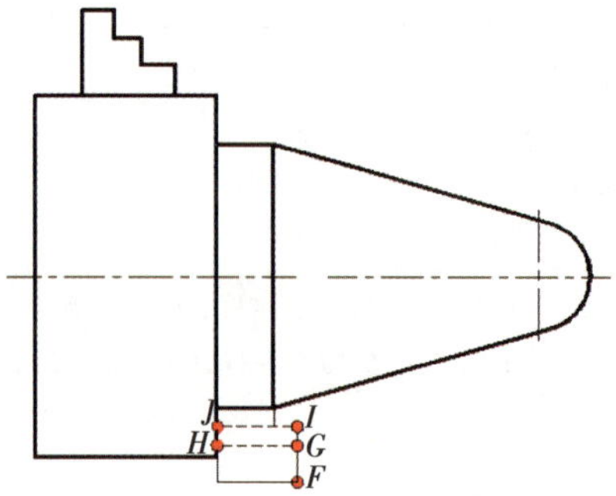	进给路线： 第一刀 *F* 点（60，2）→ *G* 点（56.66，-54）→ *H* 点（56.66，-64） 第二刀 *F* 点（60，2）→ *I* 点（50.24，-54）→ *J* 点（50.24，-64）
	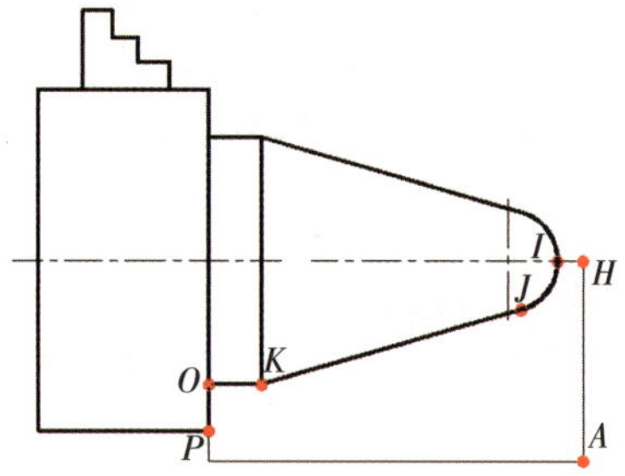	进给路线： 第一刀 *A* 点（60，2）→ *H* 点（0，2）→ *I* 点（0，0）→ *J* 点（17.33，-6.56）→ *K* 点（44，-54）→ *O* 点（50.24，-64）→ *P* 点（60，-64）
调头，控总长		
粗、精车左端外圆	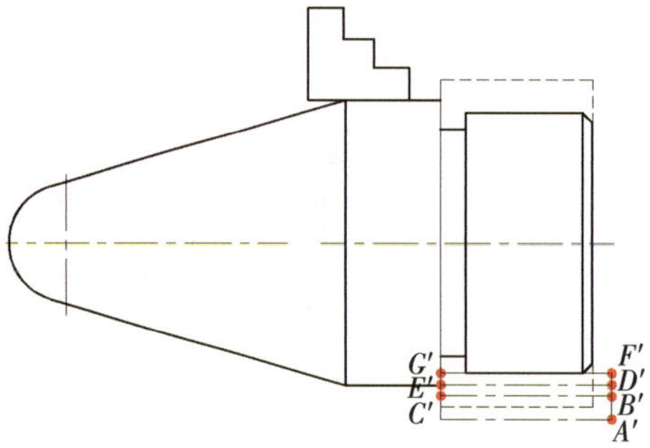	进给路线： 第一刀 *A*′ 点（60，2）→ *B*′ 点（46.96，2）→ *C*′ 点（46.96，-24） 第二刀 *A*′ 点（60，2）→ *D*′ 点（43.56，2）→ *E*′ 点（39.80，-24） 第三刀 *A*′ 点（60，2）→ *F*′ 点（39.87，2）→ *G*′ 点（39.87，-24）
车槽	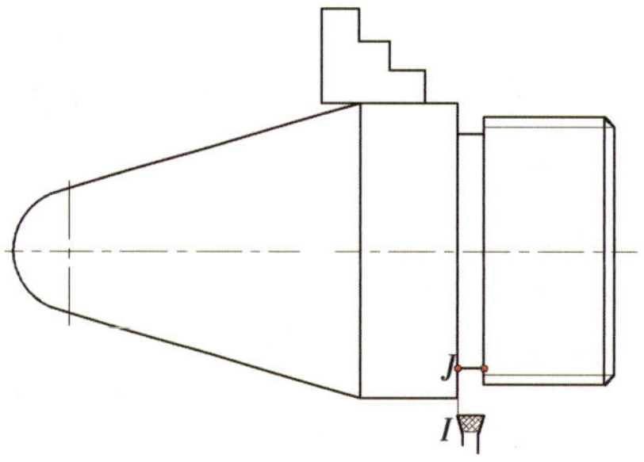	进给路线（2 号刀）： *I* 点（48，-24）→ *J* 点（35，-24）
车螺纹	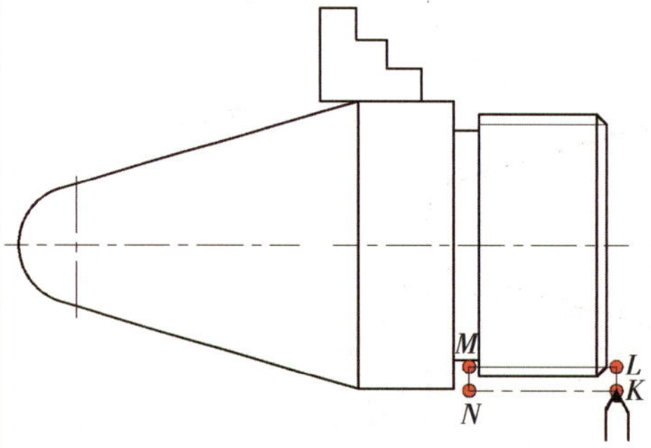	进给路线（3 号刀）： *K* 点（42，2）→ *L* 点（38.92，2）→ *M* 点（38.92，-22）→ *N* 点（42，-22）

续表

4. 火箭整流罩数控加工程序（表 2-5-4、2-5-5）

表 2-5-4 火箭整流罩右侧数控加工程序及说明

程序	说明
%2502;	主程序名
N10 M03 S800 T0101 G95;	主轴以 800 r/min 正转，转进给
N20 X52 Z0;	快速定位
N30 G01 X-0.5 F0.1;	车端面
N40 Z2;	*Z* 向退刀
N50 G00 X52;	退回到起点 *A*
N60 G80 X56.66 Z-54 I-16.61 F0.2;	车圆锥
N70 X50.24 ;	
N80 G00 X52;	*X* 向退刀
N90 Z-54;	*Z* 向定位
N100 G80 X56.66 Z-64 F0.2;	车 ϕ44 外圆
N110 X50.24 ;	
N120 G00 X60;	*X* 向退刀
N130 Z2;	*Z* 向退刀
N140 X0;	*X* 向退刀
N150 G01 G42 Z0 F0.2;	在 *I* 点处建立刀补
N180 G03 X17.33 Z-6.56 R9;	车 *R*9 圆弧
N190 G01 X44 Z-54 F0.1;	精车圆锥
N200 G40 Z-64;	取消刀补
N210 G00 X100;	*X* 向退刀
N220 Z100;	*Z* 向退刀
N230 M30;	主程序结束并复位

表 2-5-5 火箭整流罩左侧数控加工程序及说明

程序	说明
%2503;	主程序名
N10 M03 S800 T0101 G95;	主轴以 800r/min 正转，转进给
N20 X52 Z0;	快速定位
N30 G01 X-0.5 F0.1;	车端面，保证总长
N40 Z2;	*Z* 向退刀
N50 G00 X52;	退回到起点 *A′*
N60 G80 X46 Z-24 F0.1;	车 M40 × 1.5 螺纹处外圆
N70 X43;	
N80 X39.87;	
N90 G00 X100 Z100;	退到安全点

续表

程序	说明
N100 T0202;	换 2 号刀（切槽刀）
N110 G00 X48;	*X* 向定位
N120 Z-24;	*Z* 向定位
N130 G01 X35 F0.1;	切槽
N140 X100;	*X* 向退刀
N150 Z100;	*Z* 向退刀
N160 T0303;	换 3 号刀（螺纹刀）
N170 G00 X42 Z2;	螺纹切削起刀点
N180 G82 X40 Z-22 F1.5;	M40 × 1.5 螺纹加工
N190 X39;	
N200 X38.92;	
N210 X38.92;	
N220 G00 X100 Z100;	快速退刀至安全位置
N230 M30;	主程序结束并复位

任务评价

具体评价项目及标准见表 2-5-6。

表 2-5-6　火箭整流罩加工项目评分标准

零件名称				姓名		
检测项目		检测位置	配分	评分标准	检测结果	扣分
外圆	1	$\phi45^{0}_{-0.05}$	7	每超差 0.01 mm 扣 2 分		
	2	$\phi17.28$	6	每超差 0.01 mm 扣 2 分		
	3	$\phi37$	6	超差不得分		
螺纹	4	M40 × 1.5	10	不合格不得分		
圆弧	5	R9	4	超差不得分		
检测项目		检测位置	配分	评分标准	检测结果	扣分
	6	4、24	5	超差不得分		
	7	100.080	6	每超差 0.01 mm 扣 2 分		
	8	88 ± 0.1	6	每超差 0.01 mm 扣 2 分		
表面粗糙度	9	*Ra*3.2	5	超差不得分		
	10	其余 *Ra*6.3	5	超差不得分		
职业素养	1. 安全文明生产 （1）无违规操作情况 （2）无撞刀及其他事故 2. 机床维护与环保 3. 纪律与态度		30	违规操作、撞刀、出现事故、不按要求维护和保养机床的扣 5 ~ 10 分 / 次；违反纪律、学习不积极、没有团队协作精神的扣 2 分 / 次		
最终得分						

加油站

在数控车床上加工圆锥面时会产生很多加工误差，如锥度不符合要求，表面粗糙度达不到要求等。锥面加工中出现的问题、产生的原因以及可以采取的预防和消除的措施具体见表 2–5–7。

表 2–5–7　锥面加工质量分析

问题现象	产生原因	预防和消除
锥度不符合要求	1. 程序错误； 2. 工件装夹不正确	1. 检查修改加工程序； 2. 检查工件安装，增加安装刚度
切削过程出现振动	1. 工件装夹不正确； 2. 刀具装夹不正确； 3. 切削参数不正确	1. 正确安装工件； 2. 正确安装刀具； 3. 编程时合理选择切削参数
锥面径向尺寸不符合要求	1. 程序错误； 2. 刀具磨损； 3. 没有考虑刀尖圆弧补偿	1. 保证编程正确； 2. 及时更换磨损大的刀具； 3. 考虑刀具补偿
切削过程出现干涉现象	工件斜度大于刀具后角	1. 选择正确刀具； 2. 改变切削方式
表面粗糙度达不到要求	1. 车刀刚度不足或伸出太长引起振动； 2. 车刀几何参数不合理； 3. 切削用量选择不合理	1. 提高车刀刚度，正确装夹车刀； 2. 合理选用车刀角度； 3. 选择合适的切削用量

学后测评

一、选择题

1. 根据 ISO 标准，当刀具中心轨迹在程序轨迹前进的方向左边时称为左刀具补偿，用（　　）指令表示。

A. G41　　B. G42

C. G43　　D. G40

2. 刀具补偿是实际用的刀具与（　　）刀具之间的差值。

A. 初始　　B. 编程的理想

C. 未磨损前　　D. 磨损后的

3. 在数控车床加工时，刀尖圆弧在加工时（　　）会产生加工误差。

A. 端面　　B. 外圆柱面

C. 锥面和圆弧　　D. 内圆柱面

4. 数控车削刀具进行半径补偿时，须输入刀具（　　）值。

A. 刀尖的半径　　B. 刀尖的直径

C. 刀尖的半径和刀尖方位号　　D. 刀具的长度

5. 数控车床中的 G41/G42 指令是对（　　）进行补偿。

A. 刀具的几何长度　　B. 刀具的刀尖圆弧半径

C. 刀柄的半径　　D. 刀具的位置

二、填空题

1. 沿刀具运动方向看，刀具在工件左侧时，称为刀具半径（　　）补偿，用（　　）指令表示；刀具在工件右侧时，称为刀具半径（　　）补偿，用（　　）指令表示；取消刀具半径用（　　）指令表示。

2. 刀具半径补偿的过程分为三步：刀补的（　　）、刀补的进行和刀补的取消。

3. 执行刀尖半径补偿功能时，除了与刀具刀尖半径大小有关外，还与刀尖的（　　）有关。

三、判断题

1. 当加工曲线轮廓时，对于有刀具半径补偿功能的数控系统，可不必求出刀具中心的运动轨迹，只需按被加工的轮廓曲线编程。（　　）

2. 使用刀具半径补偿时，编程按工件实际尺寸加上刀具半径来计算。（　　）

3. 取消刀具半径补偿的指令为 G40。（　　）

4. 刀具半径补偿程序段内必须有 G00 或 G01 功能才有效。（　　）

任务拓展

加工如图 2-5-11 所示零件，毛坯尺寸为 $\phi40\times70$ mm，材料为 45 钢。

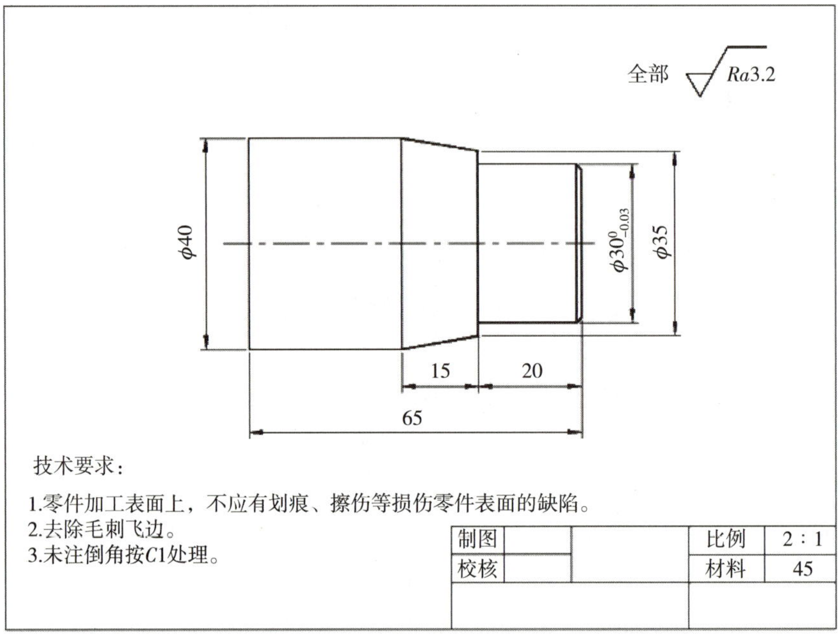

图 2-5-11　任务拓展零件图

火箭助推器的加工

任务六　火箭助推器的加工

火箭助推器模型介绍如图 2-6-1 所示。

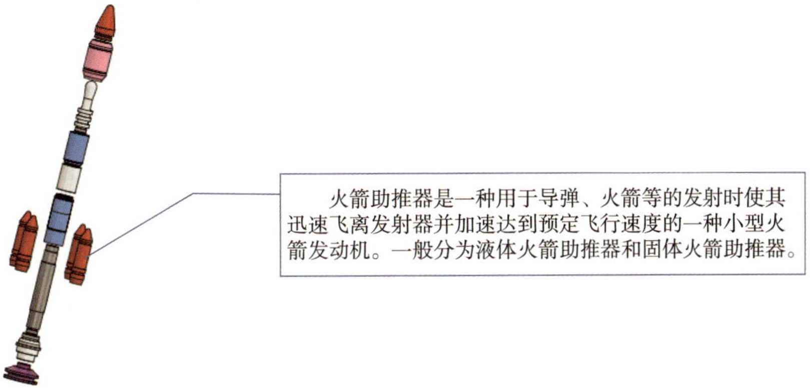

图 2-6-1 火箭模型图

任务描述与分析

加工如图 2-6-2 所示零件，毛坯尺寸为 $\phi35\times135$ mm，材料为 45 钢，数量为 4 件。

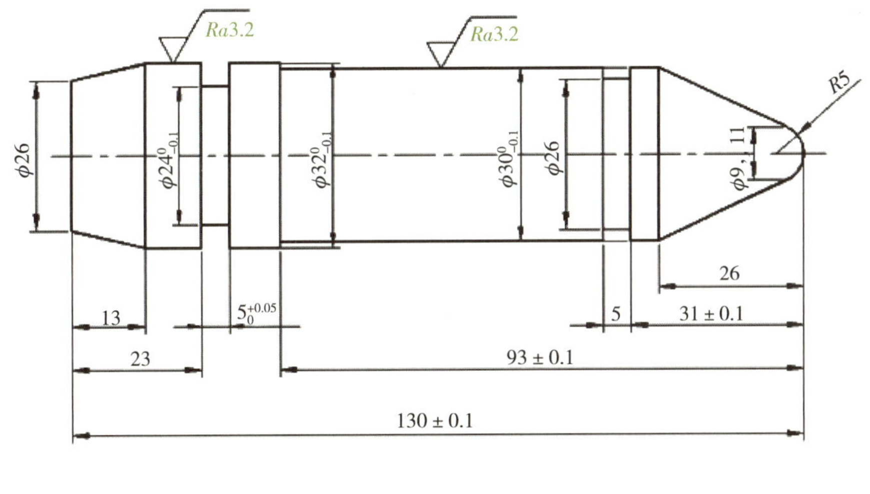

制图		火箭助推器	比例	2 : 1
校核			材料	45
			HJZTQ	

图 2-6-2 火箭助推器零件图

知识指南

一、内（外）径粗车复合循环 G71

G71 指令

1. 指令功能

按 P（ns）Q（nf）指定的加工路线和指定的吃刀量与加工余量，系统自动计算加工路线与轨迹，沿 *Z* 轴方向进给，进行零件的粗加工。G71 指令用于粗车圆柱棒料，以切除较多的加工余量。

2. 指令格式

G71 U（Δd）R（e）P（ns）Q（nf）X（Δu）Z（Δw）F__S__T__;

N（ns）…；
…；
…；
N（nf）…；

N（ns）~ N（nf）为精加工路线程序段

式中，Δd：径向背吃刀量，半径值指定，方向由向量 *AB* 确定（图 2–6–3）。

e：粗加工每次车削循环的 *X* 向退刀量，无符号。

ns：精加工路线的第一个程序段号。

nf：精加工路线的最后一个程序段号。

Δu：*X* 向精加工余量（直径量）。

Δw：*Z* 向精加工余量。

F__S__T__：粗加工循环中的进给速度、主轴转速与刀具号、刀偏号。

3. 指令说明

（1）如图 2–6–3 所示为 G71 粗车循环的运动轨迹，图中 *A* 点为粗加工循环起点，*B* 点为精加工路线的第一点，*D* 点为精加工路线的最后一点。在循环开始时，刀具首先由 *A* 点退到 *C* 点，移动 $\Delta u/2$ 和 Δw 的距离。刀具从 *C* 点平行于 *AB* 移动 Δd，开始第一刀的切削循环。第 1 步的移动是由顺序号 ns 的程序段中 G00 或 G01 指定；第 2 步切削运动用 G01 指令，当到达本段终点时，以与 Z 轴夹角 45° 的方向退出；第 3 步以离开切削表面 e 的距离快速返回到 *Z* 轴的出发点。再以切深为 Δd 进行第二刀切削，当达到精车余量时，沿精加工余量轮廓 *EF* 加工一刀，使精车余量均匀。最后从 *F* 点快速返回到 *A* 点，完成一个粗车循环。

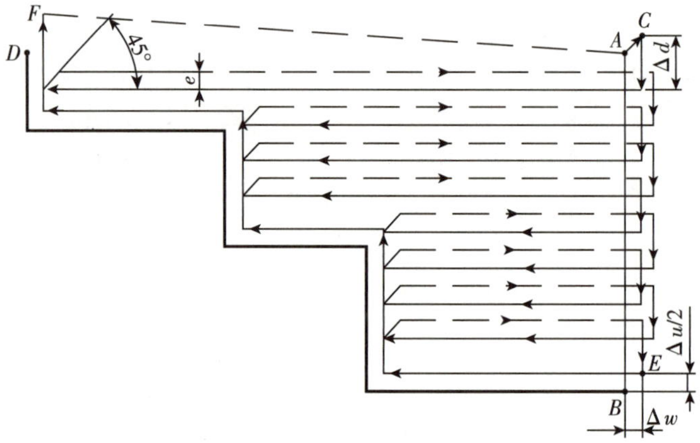

图 2–6–3　G71 指令刀具循环路径

只要在程序中，给出 *A*→*B*→*D* 之间的精加工形状及径向精车余量 Δu、轴向精车余量 Δw 及每次切削深度 Δd 即可完成 *ABDA* 区域的粗车工序。

（2）在 *B*→*D* 之间的移动指令中指令 F、S、T 功能仅在精车中有效。粗车循环使用 G71 程序段或以前指令的 F、S、T 功能。当有恒线速控制功能时，在 *B*→*D* 之间移动指令中指定的 G96 或 G97 也无效，粗车循环使用 G71 程序段或以前指令的 G96 或 G97 功能。

（3）*A*→*B* 之间的刀具轨迹，由顺序号 ns 的程序段中指定。可以用 G00 或 G01 指令，但不能指定

Z 轴的运动。在程序段 ns 到 nf 中，不能调用子程序。当顺序号 ns 的程序段用 G00 移动时，在指令 *A* 点时，必须保证刀具在 *Z* 轴方向上位于零件之外。顺序号 ns 的程序段，不仅用于粗车，还要用于精车时的进刀，一定要保证进刀的安全。

（4）$B \rightarrow D$ 之间的零件形状，*X* 轴和 *Z* 轴都必须是单调增大或减小的图形。

（5）在编程时，*A* 点在 G71 程序段之前指令。

（6）*X* 向和 *Z* 向精加工余量 Δu 和 Δw 的符号如图 2-6-4 所示。

电机转轴的加工

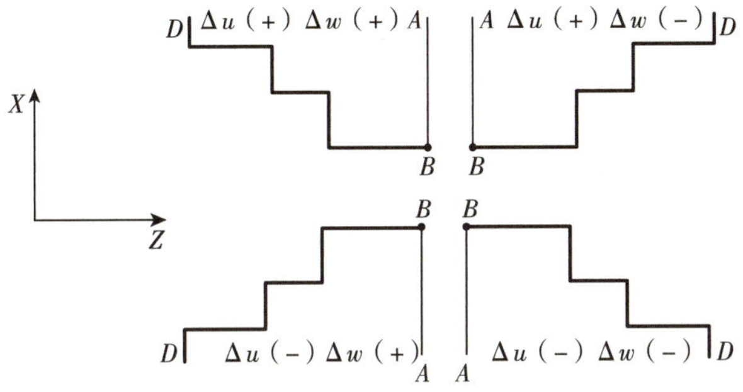

图 2-6-4　G71 循环中 X（Δu）Z（Δw）的符号

4. 编程举例

如图 2-6-5 所示为棒料毛坯的加工示意图。粗加工切削深度为 2 mm，进给量为 0.3 mm/r，主轴转速为 800 r/min；精加工余量 *X* 向为 1 mm（直径值），*Z* 向为 0.5 mm；进给量为 0.15 mm，主轴转速为 1000 r/min；程序起点如图 2-6-5 所示，用外径粗车复合循环 G71 指令编写加工程序。

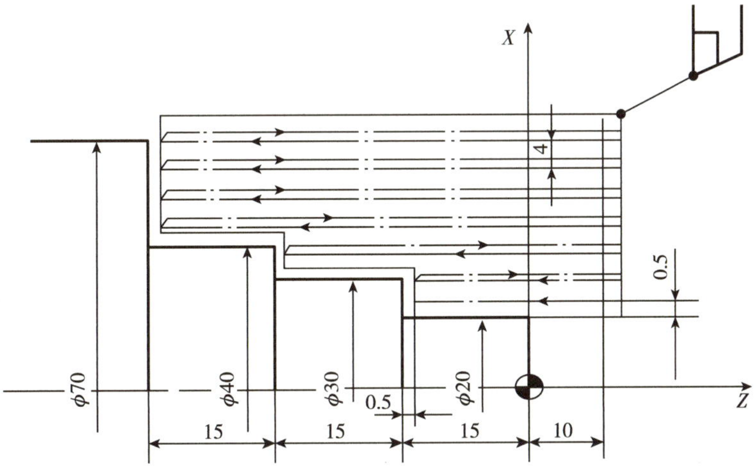

图 2-6-5　外圆粗车循环实例

其加工程序如表 2-6-1 所示。

表 2-6-1　数控加工程序及说明

程序	说明
%2601；	程序名
N10 M03 S800 G95；	主轴正转，转速 800 r/min，转进给
N20 T0101；	选 1 号刀，执行 1 号刀补

续表

程序	说明
N30 G00 X72 Z10;	快速移到循环起刀点
N40 G71 U2.0 R1.0 P50 Q120 X1 Z0.5 F0.3;	粗车背吃刀量为 2 mm，退刀量为 1 mm。精车余量：X1 mm，Z0.5 mm 精加工循环轨迹由 N50 ~ N110 指定，粗加工的进给量为 0.3 mm/r
N50 M03 S1000;	精车主轴转速为 1000 r/min
N60 G01 X20 F0.15;	精加工轮廓起点，精加工进给量为 0.15 mm/r
N70 G01 Z-15;	精加工 ϕ20 外圆
N80 X30;	精加工端面
N90 Z-30;	精加工 ϕ30 外圆
N100 X40;	精加工端面
N110 Z-45;	精加工 ϕ40 外圆
N120 X72;	精加工端面
N130 G00 X100 Z50;	退刀到安全点
N140 M30;	程序结束并复位

任务实施

1. 火箭助推器工艺分析（表 2-6-2）

表 2-6-2　火箭助推器加工工艺分析

项目内容	分析说明
设备选用	CNC-K400 华中系统 808D
刀具选择	主偏角为 75° 的机夹车刀，刀号 T0101 切槽刀（刀宽 5 mm），刀号 T0202
量具选用	游标卡尺（0 ~ 125 mm） 外径千分尺（25 ~ 50 mm）
切削用量的选用	背吃刀量：粗车时为 1 mm，精车时为 0.5 mm 进给量：粗车时 f=0.3 mm，精车时 f=0.2 mm 主轴转速：粗车外圆时 n=800 r/min；精车时 n=1000 r/min 螺纹切槽时 n=400 r/min；切槽时 n=500 r/min　f=0.08 mm
坐标原点的选取	本零件分两次调头装夹车削完成，先完成右侧外圆再调头夹 ϕ30 外圆车左侧，所以该零件的坐标原点有两个，一个为零件右端面与轴线的交点，另一个为零件左端面与轴线的交点
加工工步	1. 夹毛坯 ϕ35 外圆，伸长约 112 mm； 2. 平右侧端面； 3. 完成右侧 ϕ35、ϕ30 外圆、R5 圆弧、锥度的粗、精加工； 4. 切槽 ϕ26 × 5（2 处）； 5. 调头，夹 ϕ30 外圆，平左端面，控制总长，完成左端轮廓的加工
编程用功能指令	编程采用 G00、G01、G03、G04、G71 指令

2. 加工工序单与进给路线（表 2-6-3）

表 2-6-3　火箭助推器加工工序单与进给路线

<table>
<tr><th>工步内容</th><th>工步简图</th><th>刀路与基点位置</th></tr>
<tr><td>平端面</td><td>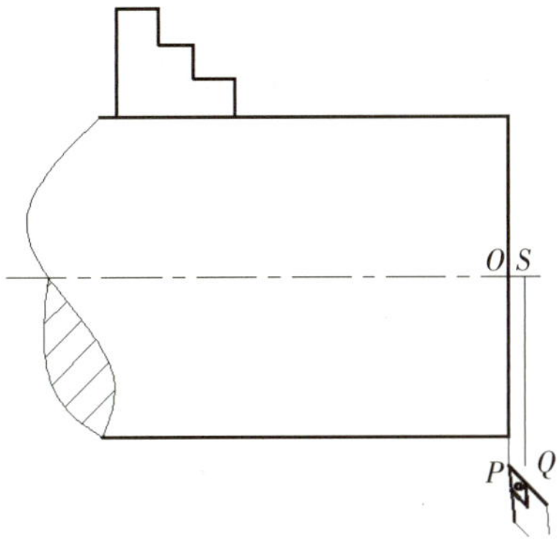
</td><td>进给路线：快速定位 P 点（40，0）→ O 点（平端面）→退刀 S 点（0，2）→循环点 Q 点（40，2）</td></tr>
<tr><td>粗、精车右端外圆及各相关表面</td><td colspan="2">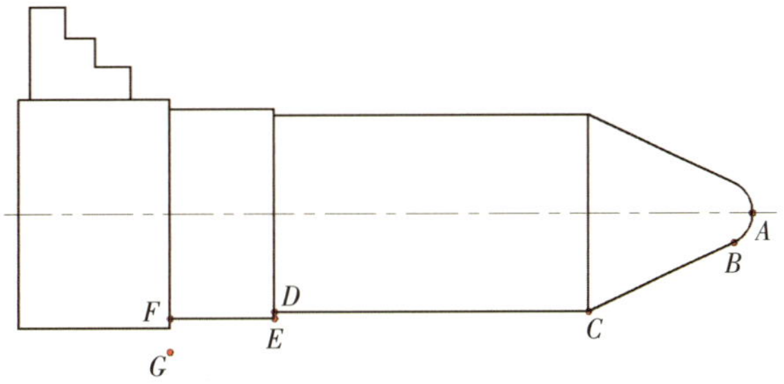

进给路线：起刀点→ A 点（0，0）→车圆弧 B 点（9.11，-2.94）→车锥面 C 点（30，-26）→ 车 $\phi30$ 外圆 D 点（30，-93）→车台阶 E 点（32，－93）→车外圆 F 点（32，－110）→退刀至 G 点（40，-110）</td></tr>
<tr><td>车槽</td><td colspan="2">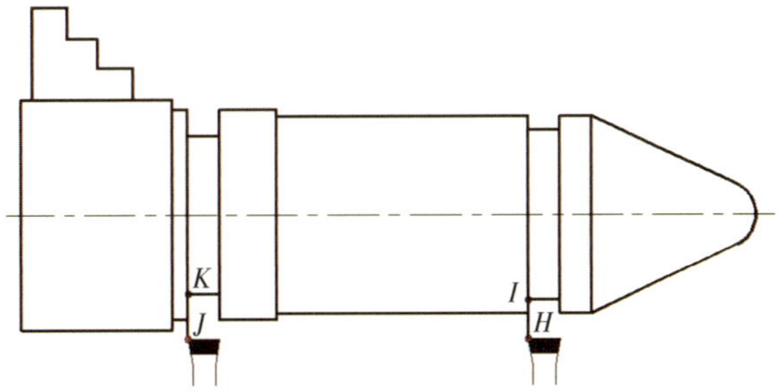

换 2 号刀，快速定位 H（40，-36）→ I（26，-36），车槽 → H 点退刀
快速定位 J（40，-107）→ K（24，-107），车槽 → J 点退刀</td></tr>
<tr><td>调头，车左端面（控总长）</td><td colspan="2"></td></tr>
<tr><td>车削左端各表面</td><td colspan="2">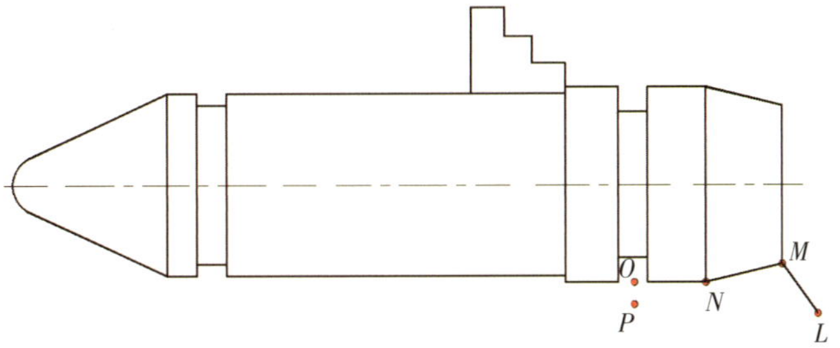

进给路线：起刀点 → L 点（40，2）→ M 点（26，0）→ 车锥面 N 点（32，-13）→ $\phi32$ 外圆 O 点（32，-25）→退刀至 P 点（40，-25）</td></tr>
</table>

3. 火箭助推器数控加工程序（表 2-6-4、表 2-6-5）

表 2-6-4 火箭助推器右侧数控加工程序及说明

程序	说明
%2602;	主程序名
N10 M03 S800 T0101 G95;	主轴以 800 r/min 正转，转进给
N20 X40 Z0;	快速定位 *P* 点，准备车端面
N30 G01 X-0.5 F0.1;	车端面（*P*→*O*）
N40 Z2;	退刀，离开端面（*O*→*S*）
N50 G00 X40;	退回到循环起点 *Q*
N60 G71 U1 R1 P80 Q150 X1 Z0.5 F0.3;	粗车背吃刀量为 1mm，退刀量为 1 mm。精车余量：X1 Z0.5。加工循环轨迹由 N80~N150 指定，粗加工进给量为 0.3 mm/r
N70 M03 S1000;	主轴转速 1000r/min
N80 G00 X0;	
N90 G01 Z0 F0.1 ;	进给至 *A* 点
N100 G03 X9.11 Z-2.94 R5;	车 *R*5 圆弧（*A*→*B*）
N110 G01 X30 Z-26 F0.2;	车锥面（*B*→*C*）
N120 Z-93 ;	车 ϕ30 外圆（*C*→*D*）
N130 X32;	
N140 Z-110;	车 ϕ32 外圆（*E*→*F*）
N150 X40;	
N160 G00 X100 Z100;	退刀
N170 T0202 M03 S400;	换 2 号刀，主轴转速 400 r/min
N180 G00 X40;	
N190 Z-36;	*Z* 向定位至 *H* 点
N200 G01 X26 F0.2;	以 F0.2 的速度切槽
N210 G04 P2000;	暂停 2 秒
N220 G00 X40;	*X* 方向退刀
N230 Z-107;	定位到 *J* 点
N240 G01 X24 F0.1;	以 F0.1 的速度切槽
N250 G04 P2000;	暂停 2 秒
N260 G00 X40;	*X* 方向快速退刀 *J* 点
N270 G00 X100 Z100;	快速退刀至安全位置
N280 M30 ;	主程序结束并返回

表 2-6-5 火箭助推器左侧数控加工程序及说明

程序	说明
%2603;	主程序名
N10 M03 S800 T0101 G95 ;	主轴以 800 r/min 正转，转进给
N20 X40 Z0;	快速定位，准备车端面
N30 G01 X-0.5 F0.1;	车端面，保证总长

续表

程序	说明
N40 Z2；	退刀，离开端面
N50 G00 X40；	退回到循环起点 *L*
N60 G71 U1 R1 P80 Q120 X1 Z0.5 F0.3；	粗车背吃刀量为 1mm，退刀量为 1 mm。精车余量：X1 Z0.5。加工循环轨迹由 N80~N120 指定，粗加工进给量为 0.3 mm/r
N70 M03 S1000；	主轴转速 1000 r/min
N80 G00 X26；	快进至 *L* 点
N90 G01 Z0 F0.1 ；	进给至 *M* 点
N100 X32 Z–13 ；	车锥面（*M*→*N*）
N110 Z–25 F0.2；	车 ϕ32 外圆（*N*→*O*）
N120 X40 ；	退刀（*O*→*P*）
N130 G00 X100 Z100；	快速退刀至安全位置
N140 M30 ；	主程序结束并返回

任务评价

具体评价项目及评分标准见表 2–6–6。

表 2–6–6 火箭助推器加工项目评分标准

零件名称				姓 名		
检测项目		检测位置	配分	评分标准	检测结果	扣分
外圆	1	$\phi32^{0}_{-0.1}$	5	每超差 0.01 mm 扣 2 分		
	2	$\phi30^{0}_{-0.1}$	5	每超差 0.01 mm 扣 2 分		
	3	ϕ26（2 处）	5	超差不得分		
	4	$\phi24^{0}_{-0.1}$	5	每超差 0.01 mm 扣 2 分		
圆弧	5	*R*5	3	超差不得分		
长度	6	$5^{+0.05}_{0}$	5	每超差 0.02 mm 扣 2 分		
	7	5、26	6	超差不得分		
	8	13、23	6	超差不得分		
	9	10 ± 0.1	5	每超差 0.02 mm 扣 2 分		
	10	31 ± 0.1	5	每超差 0.02 mm 扣 2 分		
	11	93 ± 0.1	5	每超差 0.02 mm 扣 2 分		
	12	130 ± 0.1	5	每超差 0.02 mm 扣 2 分		
表面粗糙度	13	*Ra*3.2		超差不得分		
	14	其余 *Ra*6.3		超差不得分		
职业素养	1. 安全文明生产 （1）无违规操作情况 （2）无撞刀及其他事故 2. 机床维护与环保 3. 纪律与态度		30	违规操作、撞刀、出现事故、不按要求维护和保养机床扣 5 ~ 10 分 / 次；违反纪律、学习不积极、没有团队协作精神的扣 2 分 / 次		
最终得分						

加油站

数控车床在加工过程中会遇到各种各样的加工和质量上的问题，表 2–6–7 对常出现的问题、产生原因、预防及解决方法进行了分析。

表 2–6–7　外圆加工质量分析

问题现象	产生原因	预防和消除
外圆尺寸超差	1. 刀具数据不准确； 2. 切削用量选择不当产生让刀； 3. 程序错误； 4. 工件尺寸计算错误	1. 调整或重新设定刀具数据； 2. 合理选择切削用量； 3. 检查修改加工程序； 4. 正确计算
加工过程中出现扎刀引起工件报废	1. 进给量过大； 2. 切屑堵塞； 3. 刀具角度选择不合理	1. 降低进给速度； 2. 采用断、退屑方式切入； 3. 正确选择刀具
外圆表面光洁度太差	1. 切削速度过低； 2. 刀具中心过高； 3. 切屑控制较差	1. 调高主轴转速； 2. 调整刀具中心高度； 3. 选择合理的进刀方式及切深
工件圆度超差或产生锥度	1. 机床主轴间隙过大； 2. 程序错误； 3. 工件安装不合理	1. 调整机床主轴间隙； 2. 检查修改加工程序； 3. 检查工件安装，增加装夹刚性

学后测评

一、选择题

1. 程序段“G71 U1 R1 P35 Q60 X4.0 Z2.0 S500；”中，P35 的含义是________。

   A. 精加工路径的最后一个程序段号　　　B. 最高转速

   C. 精加工路径的第一个程序段号　　　D. 进刀量

2. G71 指令格式中 Δd 为________，e 为________。

   A. 径向背吃刀量，半径量　　X 向退刀量

   B. 轴向背吃刀量　　Z 向退刀量

   C. 径向背吃刀量，直径量　　X 向退刀量

   D. 轴向背吃刀量　　Z 向退刀量

3. 采用固定循环编程，可以________。

   A. 加快切削速度，提高加工质量

   B. 缩短程序的长度、减少程序所占的内存

   C. 减少换刀次数，提高切削速度

   D. 减少吃刀深度，保证加工质量

4. ________指令适用于粗车圆柱棒料，以切除较多的加工余量。

   A. G80　　B. G71　　C. G01　　D. G72

任务拓展

如图 2-6-6 所示零件，毛坯尺寸为 $\phi45\times85$ mm，材料为 45 钢。试用 G71 指令编制加工程序。

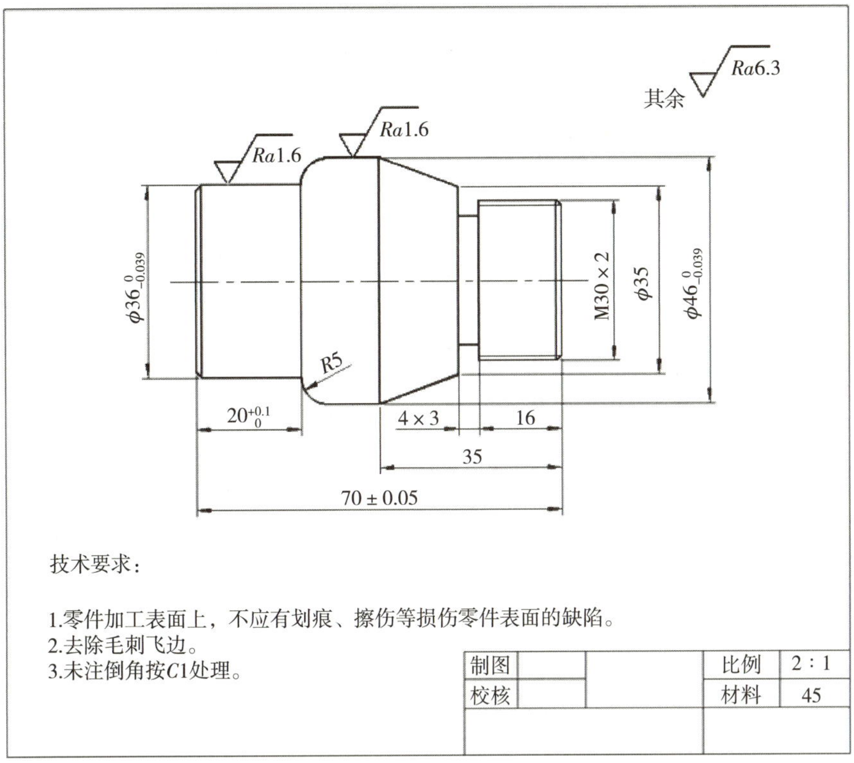

图 2-6-6　任务拓展零件图

任务七　火箭支撑架的加工

火箭支撑架模型介绍如图 2-7-1 所示。

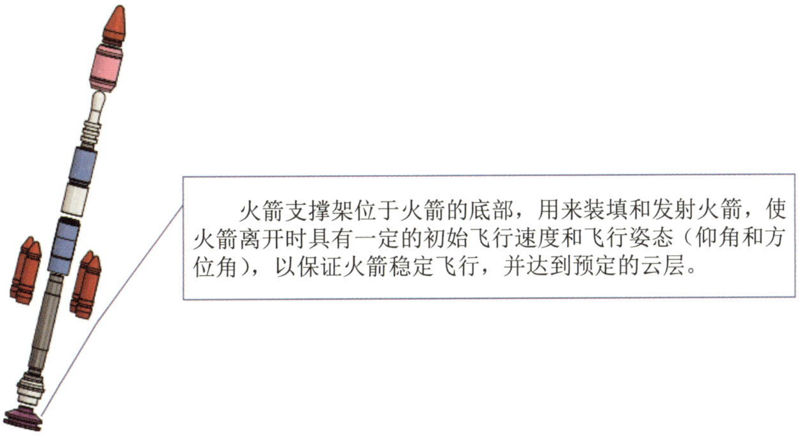

端面粗车循环指令 G72

图 2-7-1　火箭模型图

任务描述与分析

加工如图 2-7-2 所示零件，毛坯尺寸为 $\phi 80\times 40$ mm，材料为 45 钢。

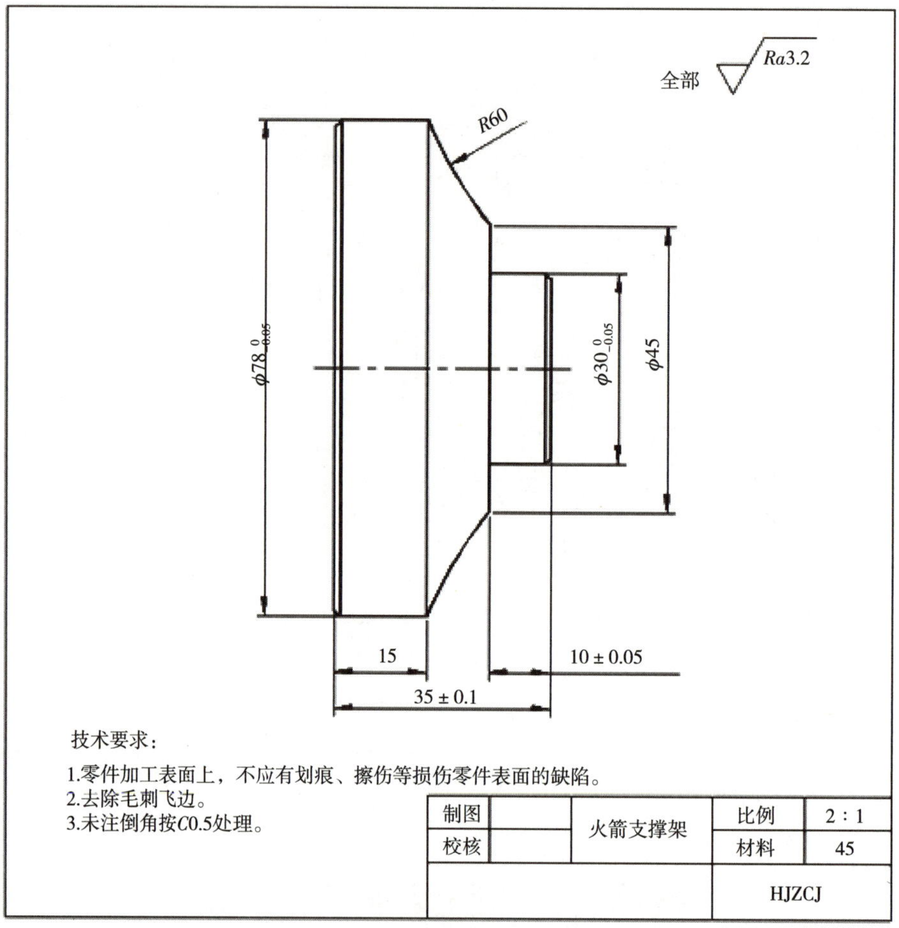

图 2-7-2　火箭支撑架零件图

知识指南

一、端面粗车循环 G72

1. 指令功能

按 P（ns）Q（nf）指定的加工路线和指定的吃刀量与加工余量，系统自动计算加工路线与轨迹，沿 *X* 轴方向进给，进行零件的粗加工。G72 指令用于粗车大端面圆柱棒料，以切除较多的加工余量。

2. 指令格式

G72W（Δd）R（e）P（ns）Q（nf）X（Δu）Z（Δw）F___S___T___

N（ns）… ;
… ;
… ;
N（nf）… ;

N（ns）～ N（nf）为精加工路线程序段

式中，Δd：轴向背吃刀量，不带正负号。

e：粗加工每次车削循环的 X 向退刀量，无符号。

ns：精加工轮廓的第一个程序段的顺序号。

nf：精加工轮廓的最后一个程序段的顺序号。

Δu：X 向精加工余量（直径量）。

Δw：Z 向精加工余量。

3. 指令说明

端面粗车循环指令 G72 的含义与 G71 类似，不同之处是刀具平行于 X 轴方向切削，它是从外径方向往轴心方向切削端面的粗车循环，该循环方式适用于长径比较小的盘类工件端面粗车。

4. 指令运用实例

如图 2-7-3 所示为棒料毛坯的加工示意图。粗加工背吃刀量为 4 mm，进给量为 0.3 mm/r，主轴转速为 500 r/min；精加工余量 X 向为 1 mm（直径值），Z 向为 0.5 mm，进给量为 0.15 mm，主轴转速为 800 r/min，程序起点如图所示，用端面粗车循环 G72 指令编写加工程序。其加工程序如表 2-7-1 所示。

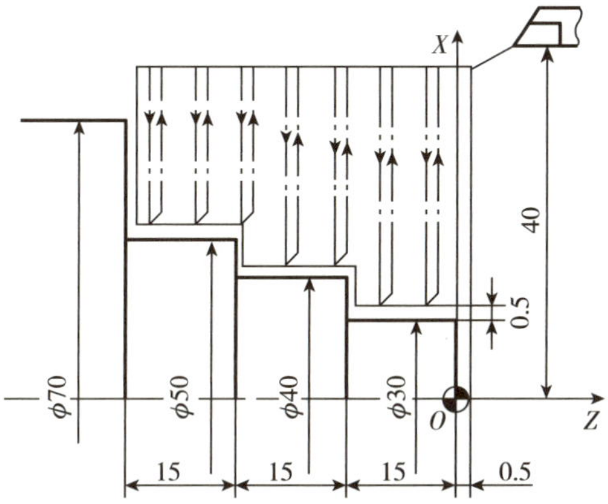

图 2-7-3 端面循环指令 G72 实例

表 2-7-1 数控加工程序及说明

程序	说明
%2701;	主程序名
N10 T0101 G00 X100 Z50;	选 1 号刀，执行 1 号刀补，定位于起刀点
N20 G95 M03 S500;	主轴正转，转速为 800 r/min，进给量为 mm/r
N30 G00 X72 Z2;	快速移到循环起刀点
N40 G72 W4 R1 P40 Q100 X1 Z0.5 F0.3;	粗加工背吃刀量为 3 mm，退刀量为 1mm。精车余量：X1 mm，Z0.5 mm
S800	
N50 G00 Z-45;	精加工轮廓起点，精加工 φ70 端面
N60 G01 X50 F0.15;	精加工 φ50 外圆
N70 Z-30;	精加工 φ50 端面
N80 X40;	精加工 φ40 外圆
N90 Z-15;	精加工 φ40 端面
N100 X30;	精加工 φ30 外圆
N110 Z2;	精加工轮廓终点
N120 G00 X100 Z100;	退至安全点
N130 M30;	主程序结束并复位

任务实施

1. 火箭支撑架工艺分析（表 2-7-2）

表 2-7-2　火箭支撑架加工工艺分析

项目内容	分析说明
设备选用	CNC-K400 华中系统 808D
刀具选择	主偏角为 75° 的机夹车刀，刀号 T0101 主偏角为 75° 的反偏刀，刀号 T0202
量具选用	游标卡尺（0 ~ 125 mm） 外径千分尺（25 ~ 50 mm）
切削用量的选用	背吃刀量：粗车时为 1 mm，精车时为 0.5 mm； 进给量：粗车时 f=0.3 mm，精车时 f=0.2 mm； 主轴转速：粗车外圆时 n=800 r/min；精车时 n=1000 r/min
坐标原点的选取	本零件分两次调头装夹车削完成，先完成左侧外圆，再调头夹 ϕ78 外圆车右侧，所以该零件的坐标原点有两个，一个为零件右端面与轴线的交点；另一个为零件左端面与轴线的交点。
加工工步	1. 夹毛坯 ϕ80 外圆，伸长约 20 mm，平左侧端面； 2. 完成左侧 ϕ78 外圆粗、精加工； 3. 调头，夹 ϕ78 外圆，平左端面，控制总长，完成右端轮廓的加工。
编程用功能指令	编程采用 G00、G01、G03、G72 指令

2. 加工工序单与进给路线（表 2-7-3）

表 2-7-3　火箭支撑架加工工序单与进给路线

工步内容	工步简图	刀路与基点位置
平端面	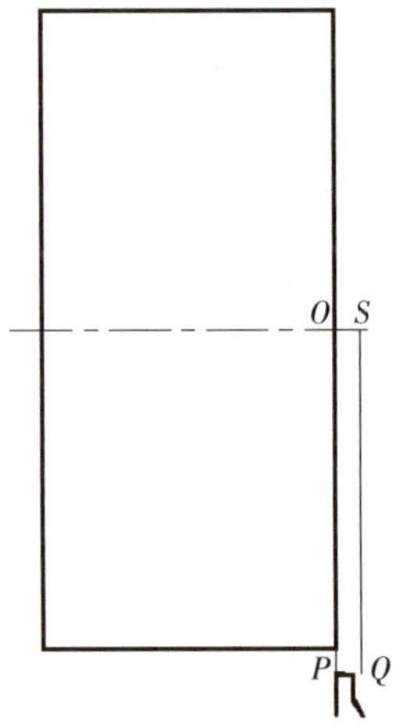	进给路线：快速定位 P 点（82，0）→ O 点（平端面）→退刀 S 点（0，2）→循环点 Q 点（82，2）

续表

工步内容	工步简图	刀路与基点位置
粗、精车左端外圆	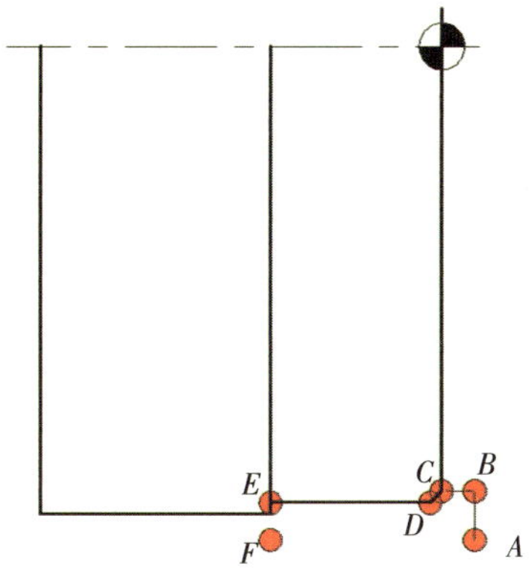	进给路线：起刀点 *A* 点（82，2）→ *B* 点（76，2）→ *C* 点（76，0）→ 倒角 *D* 点（78，-1）→ *E* 点（78，－15）→ 退刀至 *F* 点（82，-15）
调头，车右端面（控总长）		
车削右端各表面	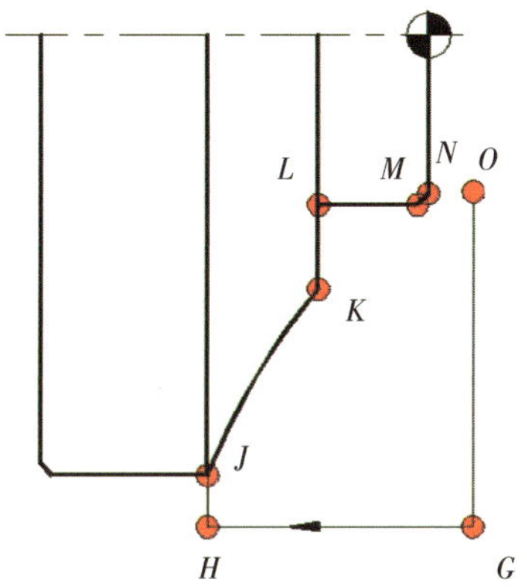	进给路线：起刀点 *G* 点（82，2）→ *H* 点（82，-20）→ *J* 点（78，-20）→ *K* 点（45，-10）→ *L* 点（30，-10）→ *M* 点（30，－1）→倒角 *N* 点（28，0）→退刀至 *O* 点（28，2）

3. 火箭支撑架数控加工程序（表 2-7-4、2-7-5）

表 2-7-4　火箭支撑架左侧数控加工程序及说明

程序	说明
%2702;	主程序名
N10 M03 S800 T0101 G95;	主轴以 800 r/min 正转，转进给
N20 X82 Z0;	快速定位 *P* 点，准备车端面
N30 G01 X-0.5 F0.1;	车端面（*P*→*O*）
N40 Z2;	退刀，离开端面（*O*→*S*）
N50 G00 X82;	退回到循环起点 *A*
N60 G71 U1 R1 P80 Q120 X1 Z0.5 F0.3;	粗车背吃刀量为 1 mm，退刀量为 1 mm，精车余量：X1 Z0.5。加工循环轨迹由 N80~N120 指定，粗加工进给量为 0.3 mm/r
N70 M03 S1000;	主轴转速 1000 r/min
N80 G00 X76 ;	快进至 *B* 点
N90 G01 Z0 F0.2;	进给至 *C* 点
N100 X78 Z-1;	倒角（*C*→*D*）
N110 Z-15;	车 ϕ78 外圆（*D*→*E* ）
N120 G00 X82;	退刀（*E*→*F*）

续表

程序	说明
N130 G00 X100 Z100;	快速退刀至安全位置
N140 M30 ;	主程序结束并复位

表 2-7-5 火箭支撑架右侧数控加工程序及说明

程序	说明
%2703;	主程序名
N10 M03 S800 T0202 G95;	主轴以 800 r/min 正转，转进给
N20 X82 Z0;	快速定位，准备车端面
N30 G01 X-0.5 F0.1;	车端面，保证总长
N40 Z2;	退刀，离开端面
N50 G00 X82;	退回到循环起点 *G*
N60 G72 W2 R1 P80 Q140 X1 Z0.5 F0.3;	粗车背吃刀量为 2 mm，退刀量为 1 mm。精车余量：X1 Z0.5。加工循环轨迹由 N80~N140 指定，粗加工进给量为 0.3 mm/r
N70 M03 S1000;	主轴转速 1000 r/min
N80 G00 Z-20;	快速至 *H* 点
N90 G01 X78 F0.1 ;	进给至 *J* 点
N100 G02 X45 Z-10 R60 F0.2;	车 *R*60 圆弧（$J \to K$）
N110 G01 X30;	车侧面（$K \to L$）
N120 Z-1 ;	车 ϕ30 外圆（$L \to M$）
N130 G01 X28 Z0;	倒角（M → N ）
N140 G00 Z2;	快退至 *O* 点
N150 G00 X100 Z100;	快速退刀至安全位置
N160 M30 ;	主程序结束并复位

任务评价

具体评价项目及评分标准见表 2-7-6。

表 2-7-6 火箭支撑架加工项目评分标准

零件名称				姓名		
检测项目		检测位置	配分	评分标准	检测结果	扣分
外圆	1	$\phi78^{0}_{-0.05}$	10	每超差 0.01 mm 扣 2 分		
	2	$\phi30^{0}_{-0.05}$	10	每超差 0.01 mm 扣 2 分		
	3	$\phi45$	5	超差不得分		
圆弧	4	R60	4	超差不得分		
长度	5	35 ± 0.1	10	每超差 0.02 mm 扣 2 分		
	6	10 ± 0.05	10	每超差 0.01 mm 扣 2 分		
	7	15	5	超差不得分		

续表

零件名称				姓名		
检测项目		检测位置	配分	评分标准	检测结果	扣分
倒角	8	C1（两处）	6	超差不得分		
表面粗糙度	9	Ra3.2	5	超差不得分		
	10	其余 Ra6.3	5	超差不得分		
职业素养	1. 安全文明生产 （1）无违规操作情况 （2）无撞刀及其他事故 2. 机床维护与环保 3. 纪律与态度		30	违规操作、撞刀、出现事故、不按要求维护和保养机床的扣 5 ~ 10 分 / 次；违反纪律、学习不积极、没有团队协作精神的扣 2 分 / 次		
最终得分						

加油站

数控车床在加工过程中会遇到各种各样的加工和质量上的问题，表 2-7-7 对常出现的问题现象、产生原因、预防及解决方法进行了分析。

表 2-7-7　外圆加工质量分析

问题现象	产生原因	预防和消除
外圆尺寸超差	1. 刀具数据不准确； 2. 切削用量选择不当产生让刀； 3. 程序错误； 4. 工件尺寸计算错误	1. 调整或重新设定刀具数据； 2. 合理选择切削用量； 3. 检查修改加工程序； 4. 正确计算
加工过程中出现扎刀引起工件报废	1. 进给量过大； 2. 切屑堵塞； 3. 刀具角度选择不合理	1. 降低进给速度； 2. 采用断、退屑方式切入； 3. 正确选择刀具
外圆表面光洁度太差	1. 切削速度过低； 2. 刀具中心过高； 3. 切屑控制较差	1. 调高主轴转速； 2. 调整刀具中心高度； 3. 选择合理的进刀方式及切深
工件圆度超差或产生锥度	1. 机床主轴间隙过大； 2. 程序错误； 3. 工件安装不合理	1. 调整机床主轴间隙； 2. 检查修改加工程序； 3. 检查工件安装，增加装夹刚性

学后测评

一、选择题

1. 程序段“G72 U1 R1 P35 Q60 X4.0 Z2.0 S500；”中，P35 的含义是________。

A. 精加工路径的最后一个程序段号　　B. 最高转速

C. 精加工路径的第一个程序段号　　D. 进刀量

2. G72 指令格式中 ΔW 为________，e 为________。

A. 径向背吃刀量，半径量　X 向退刀量
B. 轴向背吃刀量　　　　　Z 向退刀量
C. 径向背吃刀量，直径量　X 向退刀量
D. 轴向背吃刀量　　　　　Z 向退刀量

3. ________指令适用于粗车圆柱棒料，以切除较多的加工余量。

A. G80　　B. G71
C. G01　　D. G72

4. G72 指令的循环路线于 G71 指令不同之处在于是沿（　　）方向进行切削循环加工的（华中系统）。

A. X 轴　　B. Z 轴
C. Y 轴　　D. C 轴

任务拓展

加工如图 2-7-4 所示零件，毛坯尺寸为 $\phi130\times40$ mm，材料为 45 钢。试用 G72 指令编制加工程序。

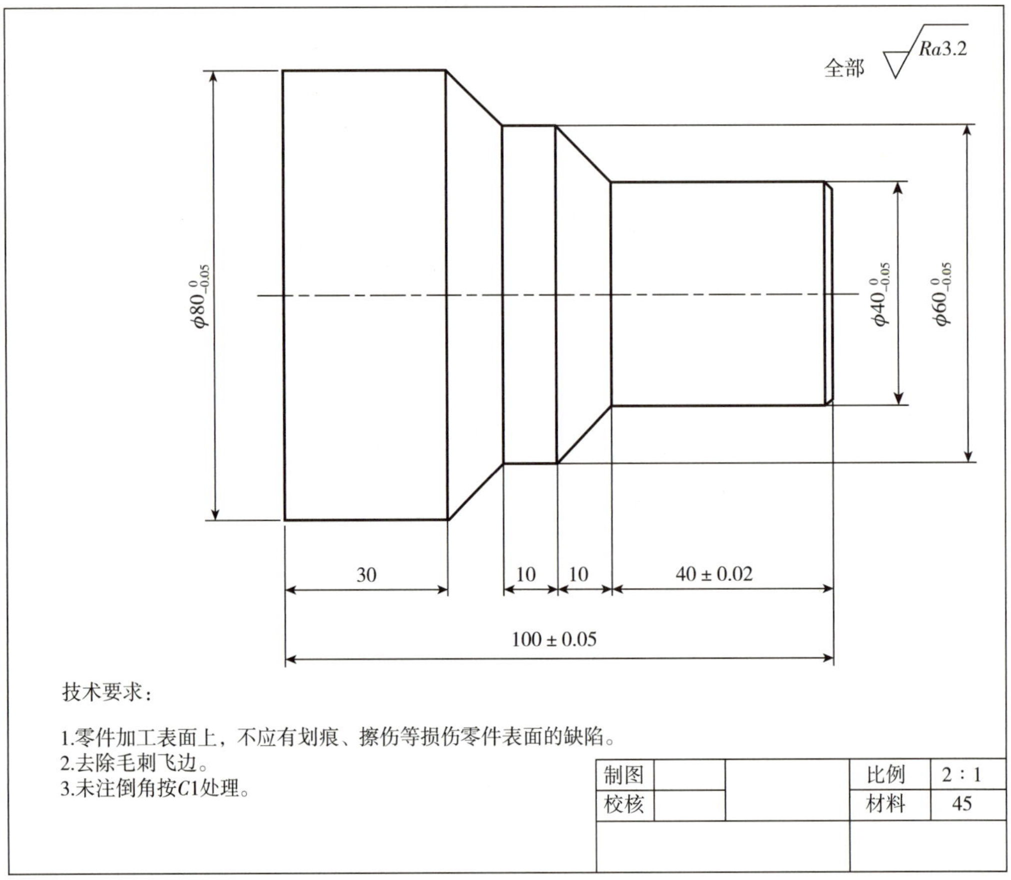

图 2-7-4　任务拓展零件图

任务八 火箭球头手柄的加工

火箭球头手柄模型介绍如图 2-8-1 所示。

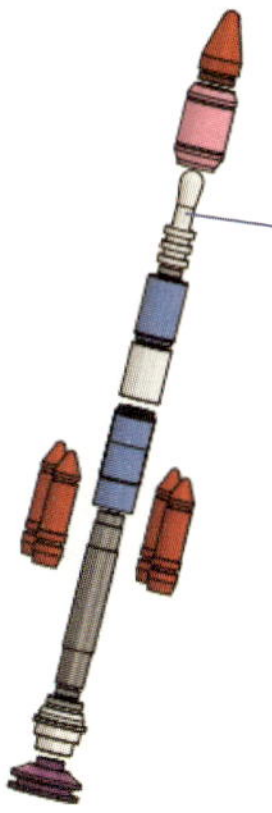

火箭球头手柄位于火箭的中上部，用于连接和固定不同的部件，调节或锁定这些连接的工具，确保在发射过程中各部件的稳定性和安全性。手柄可能用于调节其角度或位置，以实现对火箭姿态、飞行方向或有效载荷的精确校准。

火箭球头螺柱的加工

球头螺柱的加工

图 2-8-1 火箭模型图

任务描述与分析

加工如图 2-8-2 所示零件，毛坯尺寸为 $\phi40\times123$ mm，材料为 45 钢，数量为 4 件。

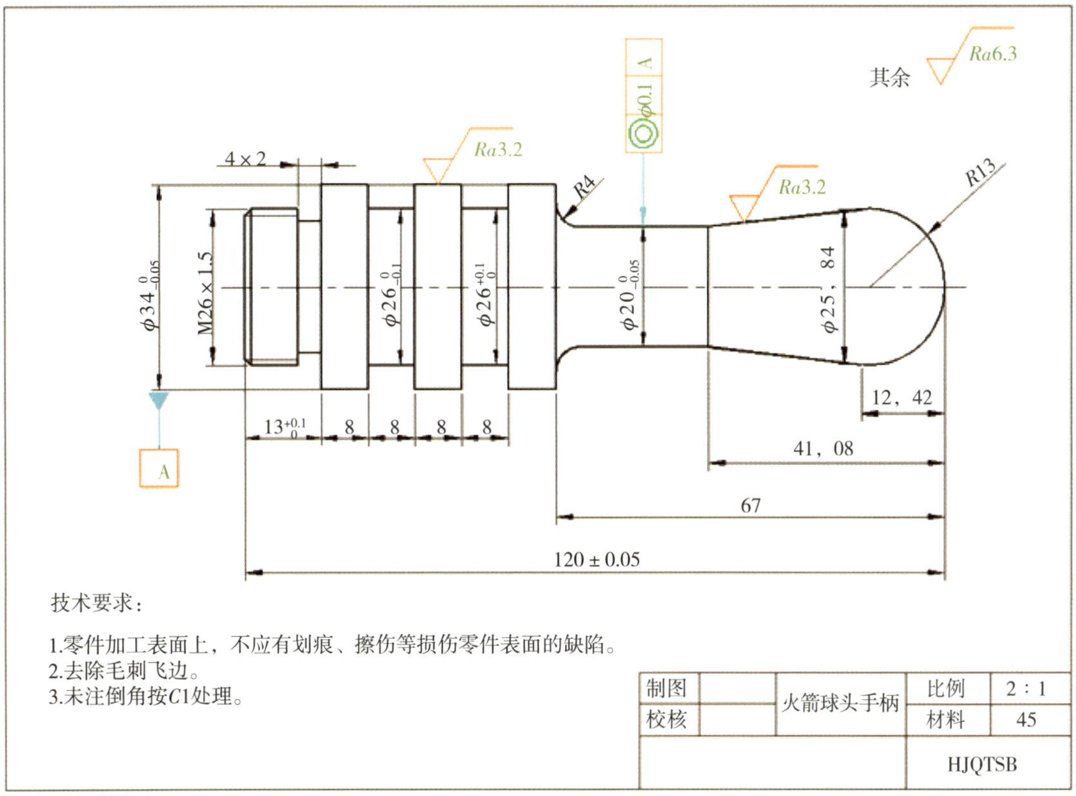

图 2-8-2 火箭球头手柄零件图

知识指南

一、固定形状粗车循环 G73

固定形状粗车循环 G73

1. 指令功能

G73 指令适用于毛坯轮廓形状与零件轮廓形状基本接近的毛坯件的粗车，如一些锻件、铸件的粗车。

2. 指令格式

G73 U（Δi）W（Δk）R（Δd）P（ns）Q（nf）X（Δu）Z（Δw）F__S__T__；

N（ns）…；
…；
…；
N（nf）…；

N（ns）～ N（nf）为精加工路线程序段

式中，Δi：粗切时径向切除的总余量（半径值）。

Δk：粗切时轴向切除的总余量。

Δd：循环次数。

ns：精加工路线的第一个程序段号。

nf：精加工路线的最后一个程序段号。

Δu：X 向精加工余量（直径量）。

Δw：Z 向精加工余量。

F__S__T__：粗加工循环中的进给速度、主轴转速与刀具号、刀偏号。

公差项目

3. 指令说明

如图 2-8-3 所示为 G73 循环指令的运动轨迹。执行 G73 功能时，每一刀的切削路线的轨迹形状是相同的，只是位置不同。每走完一刀，就把切削轨迹向工件移动一个位置，因此对于经锻造、铸造等粗加工已初步成型的毛坯，可高效加工。

只要在程序中，给出 $A \rightarrow B \rightarrow D$ 之间的精加工形状及径向精车余量 ΔU、轴向精车余量 ΔW 及每次切削深度 Δd 即可完成 $ABDA$ 区域的粗车工序。

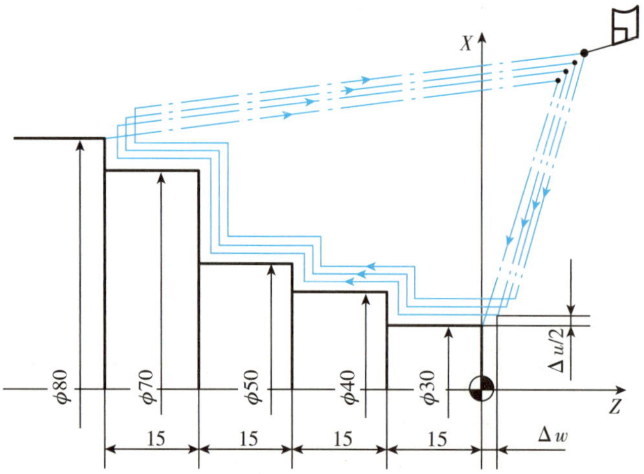

图 2-8-3　G73 指令刀具循环路径

4. 编程举例

如图 2-8-3 所示为棒料毛坯的加工示意图。粗加工切削深度为 9 mm，进给量为 0.3 mm/r，主轴转速为 500 r/min；精加工余量 *X* 向为 1 mm（直径值），进给量为 0.15 mm，主轴转速为 800 r/min，用固定形状粗车循环 G73 指令编写加工程序。

其加工程序如表 2-8-1 所示。

表 2-8-1 数控加工程序及说明

程序	说明
%2801;	程序名
N10 M03 S500;	主轴正转，转速为 500 r/min
N20 T0101;	选 1 号刀，执行 1 号刀补，并定位于起刀点
N30 G95 G00 X100 Z20;	快速移到循环起刀点
N40 G73 U9 W1.0 R3 P60 Q140 X1 Z0.5 F0.3;	设置 *X*、*Z* 向总余量及循环次数；精车余量 *X* 向为 1 mm，Z 向为 0.5 mm
N50 M03 S800;	主轴转速 800 r/min
N60 G00 X30 Z5;	精加工轮廓起点
N70 G01 Z-15 F0.15;	精加工 ϕ30 外圆
N80 X40;	精加工端面
N90 Z-30;	精加工 ϕ40 外圆
N100 X50;	精加工端面
N110 Z-45;	精加工 ϕ50 外圆
N120 X70;	精加工端面
N130 Z-60;	精加工 ϕ70 外圆
N140 X82;	精加工端面
N150 G00 X100 Z100;	退至安全点
N160 M05;	主轴停
N170 M30;	主程序结束并复位

任务实施

1. 火箭球头手柄工艺分析（表 2-8-2）

表 2-8-2 火箭球头手柄加工工艺分析

项目内容	分析说明
设备选用	CNC-K400 华中系统 808D
刀具选择	主偏角为 75° 的机夹车刀，刀号 T0101 切槽刀，刀宽 4 mm，刀号 T0202 主偏角为 35° 的机夹车刀，刀号 T0303 螺纹刀，刀号 T0404
量具选用	游标卡尺（0 ~ 125 mm） 外径千分尺（25 ~ 50 mm）
切削用量的选用	背吃刀量：粗车时为 1 mm，精车时为 0.5 mm 进给量：粗车时 *f*=0.3 mm，精车时 *f*=0.2 mm 主轴转速：粗车外圆时 *n*=800 r/min；精车时 *n*=1000 r/min 切槽时 *n*=400 r/min，*f*=0.08 r/min；螺纹切削时 *n*=400 r/min

续表

项目内容	分析说明
坐标原点的选取	本零件分两次调头装夹车削完成，先完成左侧外圆、槽、螺纹再调头夹 ϕ34 外圆车右侧，所以该零件的坐标原点有两个，一个为零件右端面与轴线的交点，另一个为零件左端面与轴线的交点
加工工步	1. 夹毛坯 ϕ40 外圆，伸长约 70 mm； 2. 平左侧端面； 3. 用 G71 完成右侧 ϕ34、ϕ26 外圆粗、精加工； 4. 切槽 $\phi22\times4$、$\phi26\times8$（2 处）； 5. 车 M26 螺纹； 6. 调头，夹 ϕ34 外圆，平右端面，控制总长，用 G73 完成右端轮廓的加工
编程用功能指令	编程采用 G00、G01、G02、G03、G71、G73 指令

2. 相关计算

外螺纹大径和小径计算：

（1）螺纹大径：$d_{大}=d-0.13P=26-0.195=25.805$（mm）

（2）螺纹小径：$d_{小}=d-1.0825P=26-1.623\approx24.37$（mm）

G73 指令

3. 加工工序单与进给路线（表 2-8-3）

表 2-8-3　火箭球头手柄加工工序单与进给路线

工步内容	工步简图	刀路与基点位置
车端面	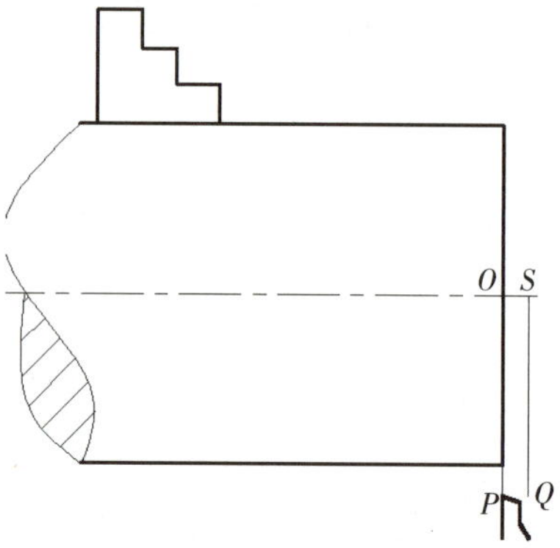	进给路线：快速定位 P 点（42，0）→ O 点（车端面）→退刀 S 点（0，2）→循环点 Q 点（42，2）
粗、精车左端外圆及各相关表面	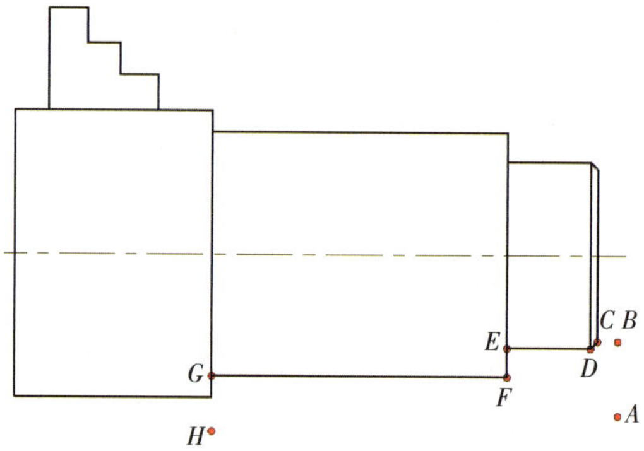 进给路线：起刀点 A 点（42，2）→ B 点（24，2）→ C 点（24，0）→ D 点（26，-1）→ E 点（26，-13）→ F 点（34，－13）→ G 点（34，-60）→退刀 H 点（42，-60）	

续表

<table>
<tr><th>工步内容</th><th>工步简图</th><th>刀路与基点位置</th></tr>
<tr><td>车槽</td><td colspan="2">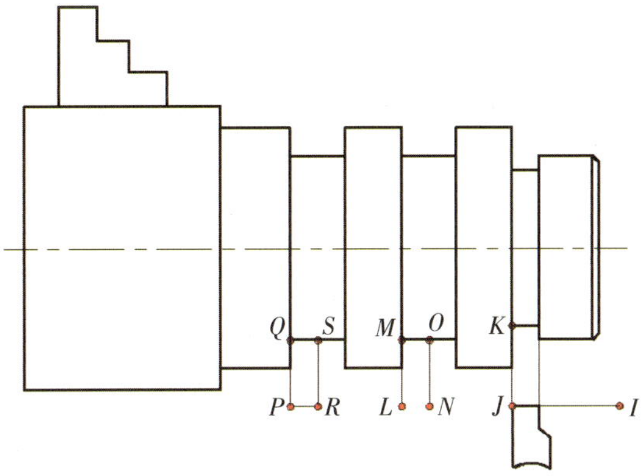

换 2 号刀，快速定位 J（40，-13）→ K（22，-13），车槽 → J 点退刀
快速定位 L（40，-29）→ M（26，-29），车槽 → L 点退刀
快速定位 N（40，-25）→ O（26，-25），车槽 → N 点退刀
快速定位 P（40，-37）→ Q（26，-37），车槽 → P 点退刀
快速定位 R（40，-33）→ S（26，-33），车槽 → R 点退刀</td></tr>
<tr><td>车螺纹</td><td colspan="2">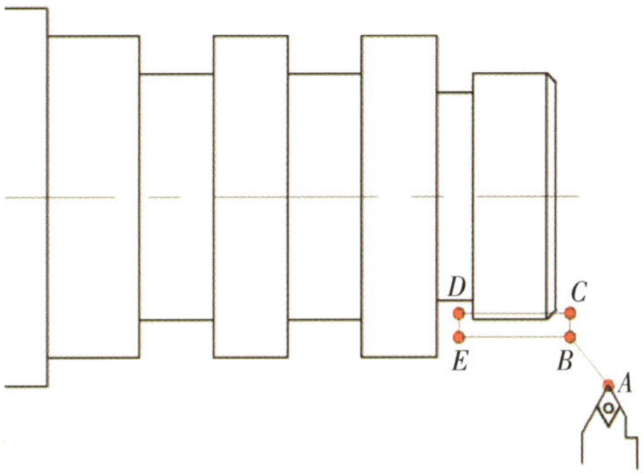
</td></tr>
<tr><td>调头，车右侧端面（控总长）</td><td colspan="2"></td></tr>
<tr><td>车削右侧端面各表面</td><td colspan="2">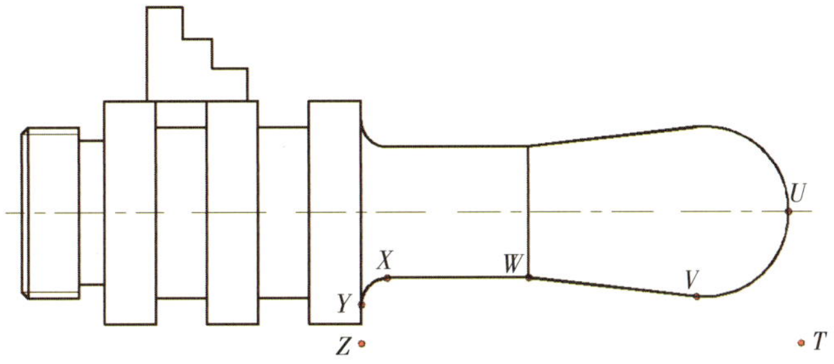

进给路线：起刀点 T（40，2）→ U 点（0，0）→车圆弧 V 点（25.85，-14.42）→ 车锥面 W 点（20，-41.08）→ 车 ϕ20 外圆 X 点（20，-63）→车圆弧 Y 点（28，-67）→退刀至 Z 点（40，-67）</td></tr>
</table>

4. 火箭球头手柄数控加工程序（表 2-8-4、表 2-8-5）

表 2-8-4　火箭球头手柄右侧数控加工程序及说明

程序	说明
%2802;	主程序名
N10 M03 S800 T0101 G95;	主轴以 800 r/min 正转，转进给
N20 X40 Z0;	快速定位 *P* 点，准备车端面
N30 G01 X-0.5 F0.1;	车端面（*P*→*O*）
N40 Z2;	退刀，离开端面（*O*→*S*）
N50 G00 X42;	退回到循环起点 *A*
N60 G71 U1 R1 P80 Q140 X1 Z0.5 F0.3;	粗车背吃刀量为 1 mm，退刀量为 1 mm。精车余量：X1 Z0.5。加工循环轨迹由 N80~N140 指定，粗加工进给量为 0.3 mm/r
N70 M03 S1000;	主轴转速 1000 r/min
N80 G00 X24;	
N90 G01 Z0 F0.1;	进给至 *C* 点
N100 X25.8 Z-1;	倒角（*C*→*D*）
N110 Z-13;	车 ϕ26 外圆（*D*→*E*）
N120 X34;	车台阶（*E*→*F*）
N130 Z-60;	车 ϕ34 外圆（*F*→*G*）
N140 G00 X36;	车台阶（*G*→*H*）
N150 G00 X100 Z100;	退刀
N160 T0202 M03 S400;	换 2 号刀，主轴转速 400 r/min
N170 G00 X40;	定位至 *J* 点
N180 Z-13;	
N190 G01 X22 F0.2;	以 F0.2 的速度切槽
N200 G00 X40;	*X* 方向退刀
N210 Z-29;	定位到 *L* 点
N220 G01 X26 F0.1;	以 F0.1 的速度切槽
N230 G00 X40;	*X* 方向退刀
N240 Z-25;	定位到 *N* 点
N250 G01 X26 F0.1;	以 F0.1 的速度切槽
N260 Z-29;	*Z* 方向退刀
N270 G00 X40;	*X* 方向退刀
N280 Z-37;	定位到 P 点
N290 G01 X26 F0.1;	以 F0.1 的速度切槽
N300 G00 X40;	X 方向退刀
N310 Z-33;	定位到 *R* 点
N320 G01 X26 F0.1;	以 F0.1 的速度切槽
N330 Z-37;	*Z* 方向定位
N340 G00 X40;	*X* 方向退刀
N350 G00 X100 Z100;	快速退刀至安全位置
N360 T0303 M03 S500;	换螺纹刀，转速 500 r/min
N370 G00 X28 Z2;	定位螺纹起刀点

续表

程序	说明
N380 G82 X25 Z–11 F1.5；	M26×1.5 螺纹切削加工
N390 X24.5；	
N400 X24.3；	
N410 X24.05；	
N420 X24.05；	
N430 G00 X100 Z100；	快速退刀至安全位置
N440 M30；	主程序结束并复位

表 2–8–5 火箭球头手柄左侧数控加工程序及说明

程序	说明
%2803；	主程序名
N10 M03 S800 T0404 G95;	主轴以 800 r/min 正转，转进给
N20 X40 Z0；	快速定位，准备车端面
N30 G01 X–0.5 F0.1；	车端面，保证总长
N40 Z2；	退刀，离开端面
N50 G00 X40；	退回到循环起点 *T*
N60 G73 U20 W1 R6 P80 Q130 X1 Z0.5 F0.3；	粗切时径向切除的总余量为 20 mm，粗切时轴向切除的总余量为 1 mm，粗切削次数 6 次。精车余量：X1 Z0.5。加工循环轨迹由 N80~N130 指定，粗加工进给量为 0.3 mm/r
N70 M03 S1000；	主轴转速 1000 r/min
N80 G01 X0 Z0 F0.1；	进给至 *U* 点
N90 G03 X25.85 Z–14.42 R13 F0.1；	车 *R*13 圆弧（*U*→*V*）
N100 G01 X20 Z–41.08；	车锥面（*V*→*W*）
N110 Z–63；	车 ϕ20 外圆（*W*→*X*）
N120 G02 X28 Z–67 R4 F0.1；	车 *R*4 圆弧（*X*→*Y*）
N130 G01 X40；	退刀至 *Z* 点
N140 G00 X100 Z100；	快速退刀至安全位置
N150 M30；	主程序结束并复位

任务评价

具体评价项目及标准见表 2–8–6。

表 2–8–6 火箭球头手柄加工项目评分标准

零件名称				姓名		
检测项目		检测位置	配分	评分标准	检测结果	扣分
外圆	1	$\phi34^{0}_{-0.05}$	5	每超差 0.01 mm 扣 2 分		
	2	$\phi26^{0}_{-0.1}$	5	每超差 0.01 mm 扣 2 分		
	3	$\phi26^{+0.1}_{0}$	5	每超差 0.01 mm 扣 2 分		
	4	$\phi20^{0}_{-0.05}$	5	每超差 0.01 mm 扣 2 分		

续表

检测项目		检测位置	配分	评分标准	检测结果	扣分
螺纹	5	M26 × 1.5	10	不合格不得分		
圆弧	6	*R*13	2	超差不得分		
	7	*R*4	2	超差不得分		
长度	8	$13_{0}^{+0.1}$	5	每超差 0.01 mm 扣 2 分		
	9	67	5	超差不得分		
	10	8 ± 0.05（4 处）	5	每超差 0.01 mm 扣 2 分		
	11	120 ± 0.05	5	每超差 0.01 mm 扣 2 分		
表面粗糙度	12	*Ra*3.2	10	超差不得分		
	13	其余 *Ra*6.3	6	超差不得分		
职业素养	1. 安全文明生产 （1）无违规操作情况 （2）无撞刀及其他事故 2. 机床维护与环保 3. 纪律与态度		30	违规操作、撞刀、出现事故、不按要求维护和保养机床的扣 5 ~ 10 分 / 次；违反纪律、学习不积极、没有团队协作精神的扣 2 分 / 次		
最终得分						

加油站

数控车床在加工过程中会遇到各种各样的加工和质量上的问题，表 2–8–7 对常出现的问题、产生原因、预防及解决方法进行了分析。

表 2–8–7　外圆加工质量分析

问题现象	产生原因	预防和消除
外圆尺寸超差	1. 刀具数据不准确； 2. 切削用量选择不当产生让刀； 3. 程序错误； 4. 工件尺寸计算错误	1. 调整或重新设定刀具数据； 2. 合理选择切削用量； 3. 检查修改加工程序； 4. 正确计算
加工过程中出现扎刀引起工件报废	1. 进给量过大； 2. 切屑堵塞； 3. 刀具角度选择不合理	1. 降低进给速度； 2. 采用断、退屑方式切入； 3. 正确选择刀具
外圆表面光洁度太差	1. 切削速度过低； 2. 刀具中心过高； 3. 切屑控制较差	1. 调高主轴转速； 2. 调整刀具中心高度； 3. 选择合理的进刀方式及切深
工件圆度超差或产生锥度	1. 机床主轴间隙过大； 2. 程序错误； 3. 工件安装不合理	1. 调整机床主轴间隙； 2. 检查修改加工程序； 3. 检查工件安装，增加装夹刚性

学后测评

一、填空题

1. “G73 U（Δi）W（Δk）R（Δd）P（ns）Q（nf）X（Δu）Z（Δw）F_S_T_；”中的 Δd 表示

________，Δ*i* 表示________。

2. G73 指令多用于________和________毛坯的零件加工。

3. 在加工锥面和圆弧时刀具要进行________，以避免产生过切和欠切。

二、选择题

1. 指令“G73 U（Δ*i*）W（Δ*k*）R（Δ*d*）P（ns）Q（nf）X（Δ*u*）Z（Δ*w*）F_S_T_；”中的 Δ*k* 表示（　　）。

A. *Z* 方向精加工余量　　B. *X* 方向精加工余量

C. *X* 方向总加工余量的半径值　　D. 粗切时轴向切除的总余量

2. “G01 U-6 Z-4 F0.15；”执行后刀具移动了（　　）mm。

A. 6　　B. 4　　C. 10　　D. 5

3. G41、G42 程序段后应避免调用子程序，否则会（　　）。

A. 子程序无法调用　　B. 刀补值无效

C. 产生欠切　　D. 产生过切

任务拓展

如图 2-8-4 所示零件，毛坯尺寸为 $\phi50\times90$ mm，材料为 45 钢。

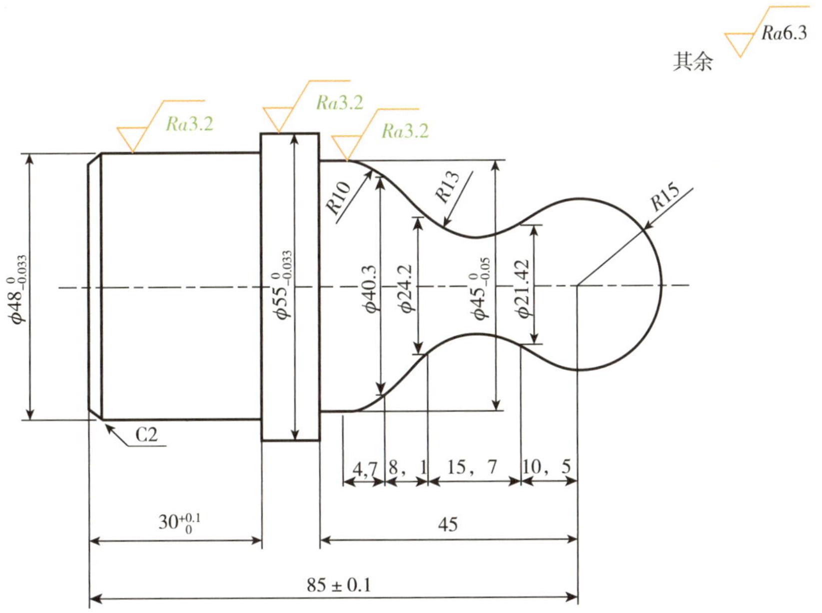

技术要求：

1.零件加工表面上，不应有划痕、擦伤等损伤零件表面的缺陷。

2.去除毛刺飞边。

3.未注倒角按C1处理。

制图			比例	2 : 1
校核			材料	45

图 2-8-4　任务拓展零件图

模块三　套类零件的加工

套类零件一般由外圆、内孔、端面、台阶和沟槽等部件组成，是车削加工中最常见的零件，也是各类机械结构上常见的零件。套类通常起支撑、导向、连接及轴向定位等作用，如轴承套、汽缸套、夹具导向套、法兰盘、连接盘等。本模块以三个火箭模型为典型工作任务载体，要求学生掌握套类零件的数控车削工艺流程、加工程序的编制，并能独立操作机床按要求完成零件的加工。

知识目标

1. 了解典型套类零件数控车削的刀具类型及特性。
2. 掌握套类零件的测量方法。
3. 掌握内螺纹零件的数控车削加工工艺参数的选择方法。
4. 掌握内孔加工中运用 G71、G72、G73 粗、精加工循环指令的编程应用。
5. 掌握 G32、G82 指令在内螺纹加工中的编程应用。
6. 掌握内螺纹的测量方法。

能力目标

1. 能根据零件图样分析套类零件加工工艺，确定工件安装定位方式与加工步骤。
2. 能根据零件加工要求准备刀具、量具、工具、夹具并正确使用。
3. 能编写典型套类零件的加工程序。
4. 能正确安装与找正套类零件。
5. 能用 G82、G32 等指令编写内螺纹加工程序。
6. 能用 G71、G72、G73、G82、G41、G42、G40 等指令编写综合轴类零件加工程序。
7. 能独立操作数控车床，按图样要求完成套类零件的加工并控制零件尺寸。
8. 能对套类零件进行质量分析。

素养目标

1. 养成严格执行与职业活动相关的、保证工作安全和防止意外的规章制度的素养。
2. 树立效率意识、成本意识。
3. 养成严谨细致的工匠品质。

任务一　火箭中箭身的加工

火箭中箭身模型介绍如图 3–1–1 所示。

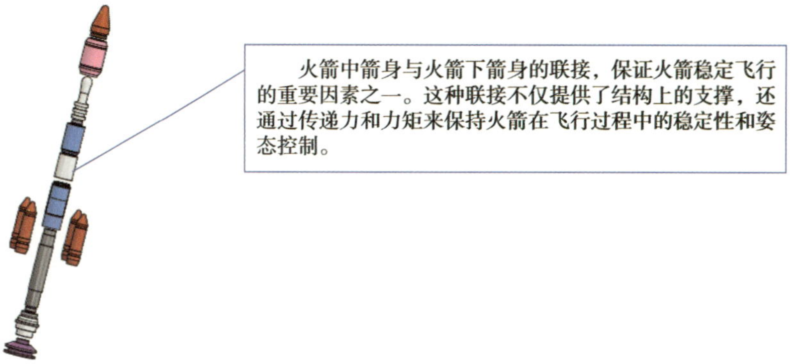

图 3–1–1　火箭模型图

任务描述与分析

加工如图 3–1–2 所示，毛坯尺寸为 $\phi50\times85$mm，材料为 45 钢，数量为 1 件。

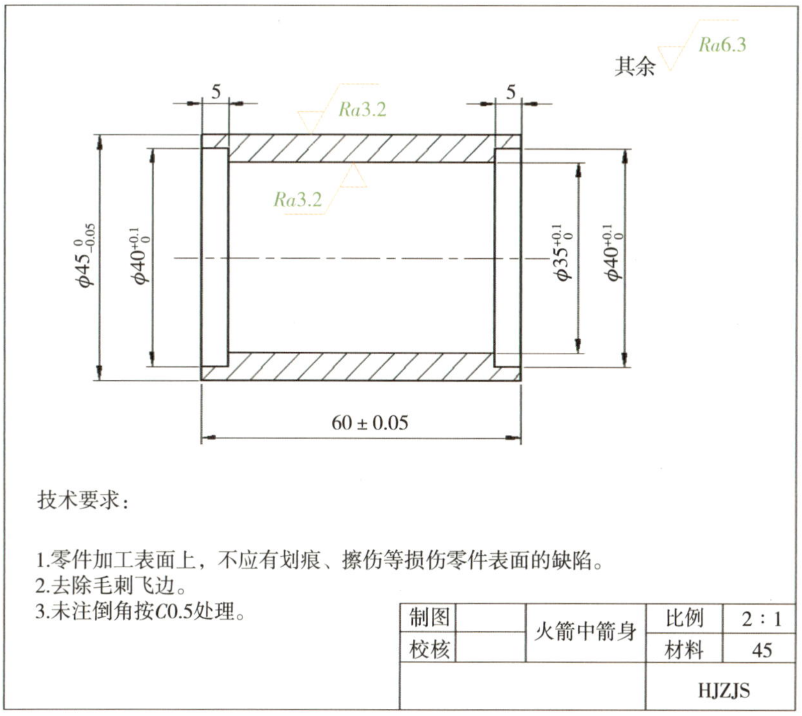

图 3–1–2　火箭中箭身零件图

知识指南

孔加工有两种情况，一种是在实体工件上加工孔，另一种是在有工艺孔的工件上再加工孔。前者一般采用先钻孔、扩孔，再车孔或铰孔的方法加工，后者则可以根据孔加工要求直接进行粗、精镗或铰孔等加工。

一、数控车床上的孔加工

1. 孔加工注意事项

数控车床上的孔加工和普通车床孔加工基本一样，可以利用尾座装夹麻花钻进行加工，也可以利用电动刀架或溜板上装夹麻花钻进行钻孔加工。这两种加工方法均需要注意如下问题：

（1）用小麻花钻钻孔时，一般先用中心钻定心，再用钻头钻孔，这样加工的孔，同轴度较好。数控车床电动刀架安装麻花钻钻孔或尾座安装麻花钻钻孔，必须找正，使中心钻对准工件中心，否则会将孔钻大，或钻头折断。

（2）选用麻花钻时，应根据下一道工序的要求留出加工余量。麻花钻的长度应使钻头螺旋部分稍长于孔深。钻孔属于粗加工，尺寸精度可以达到 IT11 ~ 12 级，孔内表面粗糙度为 *Ra*12.5 ~ 25 μm。

（3）钻孔时切削用量的选用：钻孔时切削深度已由钻头直径确定，只能选择切削速度和进给量，它们也决定了孔壁的质量，孔径和转速成反比，钻头越大，转速越低。

（4）切削液的选用：冷却润滑作用提高钻头寿命，提高孔的质量，一般钻削碳钢使用 15% ~ 20% 乳化液，钻青铜使用 7% ~ 10% 乳化液，而钻铸铁和黄铜不加切削液。

（5）车床上钻较大孔时（一般指直径大于 30 mm 以上），先钻底孔再用扩孔，底孔一般为孔径的 0.5 ~ 0.7 倍。

（6）起钻时进给量要小，等钻头切削部分全部进入工件后才可以正常钻削。钻通孔时在钻透前进给量要小，防止钻头折断。钻小孔时或钻较深孔时，必须经常清除切屑，防止因切屑过多而造成钻头折断。用高速钢钻头钻削时，加注切削液以防钻头发热退火。

2. 端面钻孔循环指令 G74

2.1 指令功能

数控装置控制机床溜板按指令参数规定的轨迹进行钻孔加工。

2.2 指令格式

```
G74 Z(W)_ R(e)_ Q(Δk)_ F_ ;
```

2.3 指令说明

（1）指令轨迹与参数含义如图 3-1-3 所示。

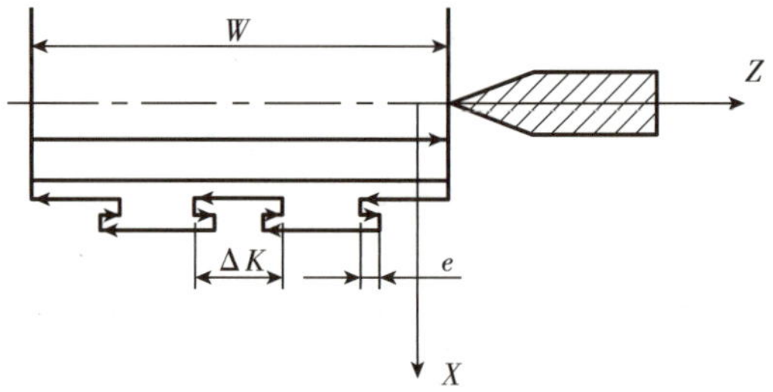

图 3-1-3　G74 指令轨迹与参数含义

（2）*Z*：绝对值编程时，为孔底终点在工件坐标系下的坐标；增量值编程时，为孔底终点相对于循环起点的有向距离，图中用 *W* 表示。

（3）*e*：钻孔每进一刀的退刀量，只能为正值。

（4）Δ*K*：每次进刀的深度，只能为正值。

（5）F：进给速度。

2.4 示例

编制如图 3–1–4 所示孔的程序，具体程序为：

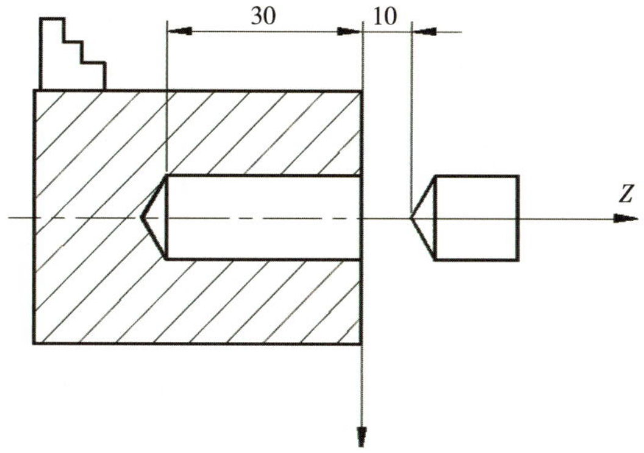

图 3–1–4　G74 指令示例

```
%3101
N10 T0101;
N20 M03 S500;
N30 G01 X0 Z10;
N40 G74 Z-60 R1 Q5 F100;
N50 M30;
```

二、内孔车削加工

1. 内孔车削的特点

圆柱孔内车削，比车外圆要困难得多，具体特点如下：

（1）孔加工是在工件内部进行，观察切削情况较困难，尤其孔小且深时，根本看不见。

（2）刀柄由于受孔径的限制，不能太粗，又不能太短，往往刚度不足。

（3）排屑冷却测量困难。

2. 内孔车刀的种类以及几何角度

内孔车刀又称内孔镗刀，内孔镗刀的切削部分基本上与外圆车刀相似，只是多了一个弯头而已。根据刀片和刀杆的固定形式，内孔镗刀分为整体式、机械夹固式及机夹可转位式。

（1）整体式镗刀

整体式镗刀一般又分为高速钢和硬质合金两种。高速钢整体式镗刀，刀头、刀杆都是高速钢制成。硬质合金整体式镗刀，只是在切削部分焊接上一块合金刀头片，其余部分都是用碳素钢制成，如图 3–1–5 所示。

内孔刀对刀

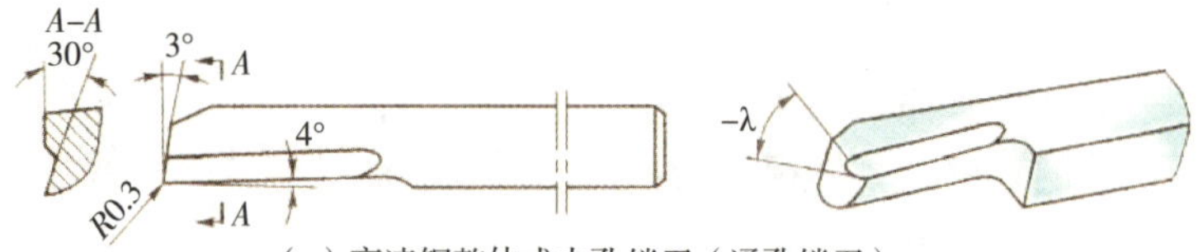

（a）高速钢整体式内孔镗刀（通孔镗刀）

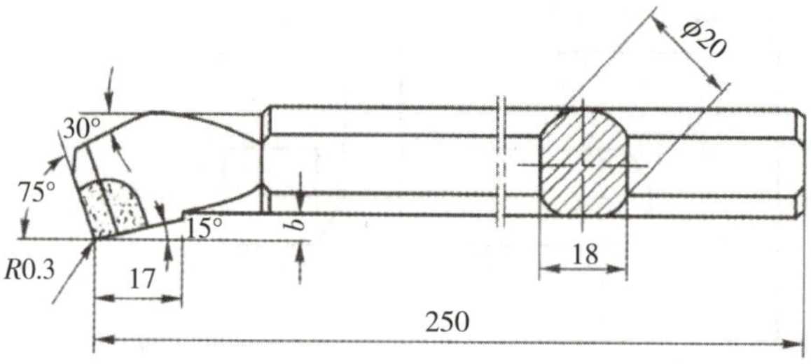

（b）硬质合金整体式镗刀（通孔镗刀）

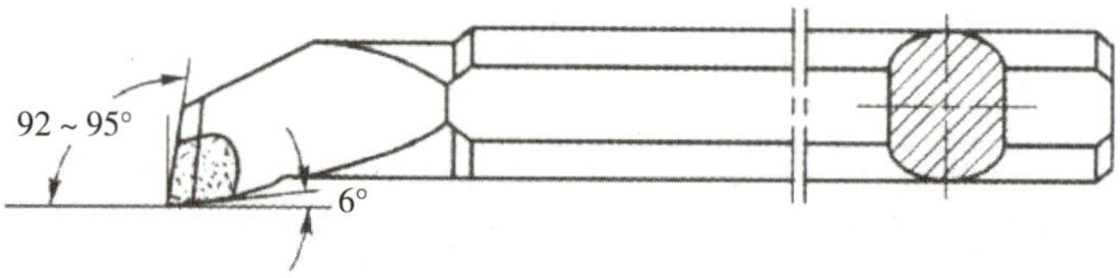

（c）硬质合金整体式镗刀（盲孔镗刀）

图 3–1–5　整体式镗刀

（2）机械夹固式镗刀

如图 3–1–6 所示，机械夹式固镗刀由刀排、小刀头、紧固螺钉组成，其特点是能增加刀杆强度，节约刀杆材料，即可安装高速钢刀头，也可安装硬质合金刀头。使用时可根据孔径选择刀排，因此比较灵活方便。

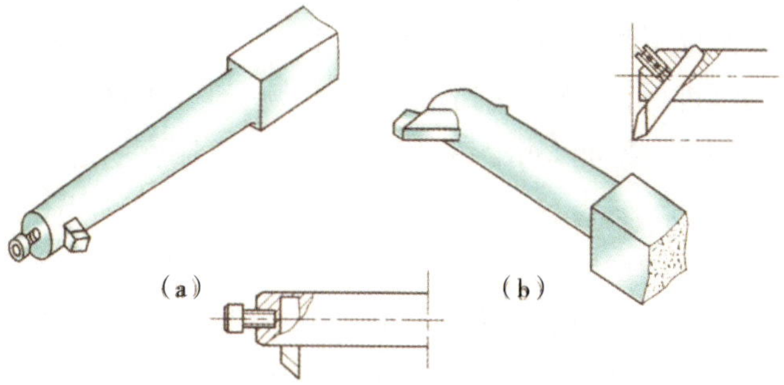

图 3–1–6　机械夹固式镗刀

内孔的检测

（3）机夹可转位式内孔镗刀

机夹可转位式内孔镗刀是目前数控机床上广泛采用的刀具。其刀杆、刀片均已采用标准化制造，通用性强，刀片的定位精度较高，磨损后可直接转换切削刃即可直接进行加工，结构如图 3–1–7 所示。

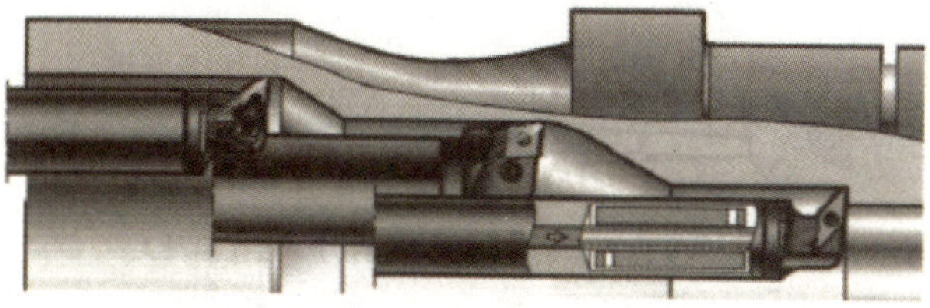

图 3–1–7　机夹可转位式内孔镗刀

3. 内孔车削加工工艺

3.1 增加内孔车刀刚性的主要措施

车削高精度要求内孔的关键技术是良好的解决内孔车刀的刚性和排屑问题。增加内孔车刀的刚性主要采取以下两项措施：

（1）尽量增加刀杆的截面积：一般的内孔车刀有一个缺点，刀杆的截面积小于孔截面积的 1/4，若让内孔车刀的刀尖位于刀杆的中心线上，这样刀杆的截面积就可达到最大程度。

（2）刀杆的伸出长度尽可能缩短：若刀杆伸出太长，就会降低刀杆刚性，容易引起振动。因此，为了增加刀杆刚性，刀杆伸出长度只要略大于孔深即可，而且要求刀杆的伸长能根据孔深度加以调整。

3.2 切削用量的选择

内孔切削时，由于车刀刀尖先切入工件，因此其受力较大，再加上刀尖本身强度差，所以容易碎裂。其次由于刀杆细长，在切削力的影响下，吃刀深了，容易弯曲振动。切削用量可参照表 3–1–1 数据选择。

表 3–1–1 内孔切削用量

切削三要素	粗车	精车
转速 n	400 ~ 500 r/min	600 ~ 800 r/min
进给速度 f	0.2 ~ 0.3 mm/r	0.1 mm/r
背吃刀量 a_p	1 ~ 3 mm	0.3 mm

3.3 镗孔车刀的安装

（1）镗孔车刀安装时，刀尖应对工件中心或略高一些，这样可以避免镗刀受到切削压力下弯产生扎刀现象，而把孔镗大。

（2）镗刀的刀杆应与工件轴心平行，否则镗到一定深度后，刀杆后半部分会与工件孔壁相碰。

（3）为了增加镗刀刚性，防止其振动，刀杆伸出长度尽可能短一些，一般比工件孔深长 5 ~ 10 mm。

（4）为了确保镗孔安全，编写数控加工程序后，一般采用空行程走刀，观察刀具与工件有无干扰。

（5）加工台阶孔时，主刀刃应和端面成 30° ~ 50° 的夹角，在镗削内端面时，要求横向有足够的退刀余地。

3.4 孔加工时刀具的进退方式

孔加工时刀具的进退方式如图 3–1–8 所示。

（1）$A \rightarrow B$ 沿 $+X$ 方向快速进刀。

（2）$B \rightarrow C$ 刀具以指令中指定的 F 值进给切削。

（3）$C \rightarrow D$ 刀具沿 $-X$ 方向退刀。

（4）$D \rightarrow A$ 刀具沿 $+Z$ 方向快速退刀。

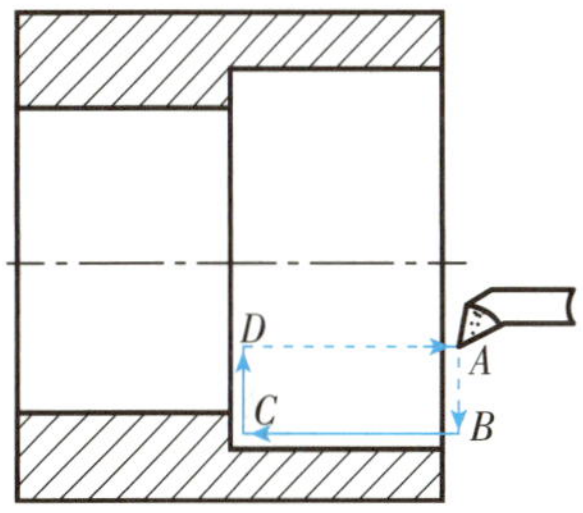

图 3–1–8 孔加工时刀具的进退方式

小提示：

（1）循环起点 A 在轴向上要离开工件一段距离（2 mm），以保证快速进刀时的安全。

（2）D 点在径向上不要离 C 点太远，以提高生产率。

三、轴套类零件的检测

数控车削加工一般为高精度的复杂零件，其检测一般有如下的方法：

1. 塞规检测

塞规检测如图 3-1-9 所示，利用塞规的通端与止端控制内孔的尺寸，使用时应注意塞规轴线与工件轴线一致，不可强制使通端通过。

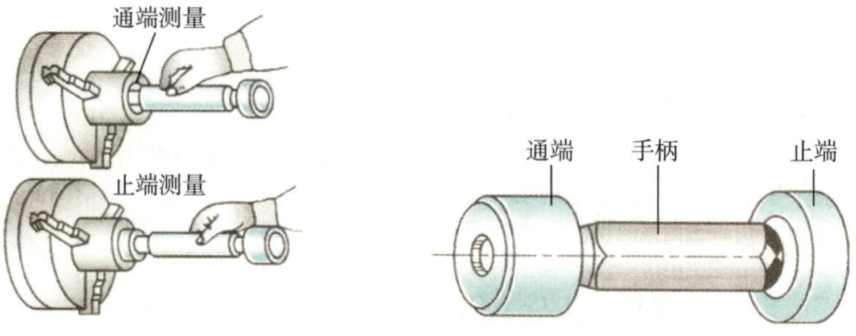

（a）测量方法　（b）塞规结构

图 3-1-9　塞规及其使用

2. 内径千分尺类型

内径千分尺有多种，常见的有内测千分尺、内径千分尺及三爪内径千分尺三种。内测千分尺的测量精度较低，使用方法和外径千分尺基本相似，如图 3-1-10 所示。内径千分尺采用接长杆进行不同内径的测量，使用方法如图 3-1-11 所示。三爪内径千分尺如图 3-1-12 所示为成套组件，每一只只能测量一定范围内的孔径，其测量精度在三种。测量中最高，使用方法与外径千分尺类似，通过旋转使测量爪与内径贴合，保证测量准确。

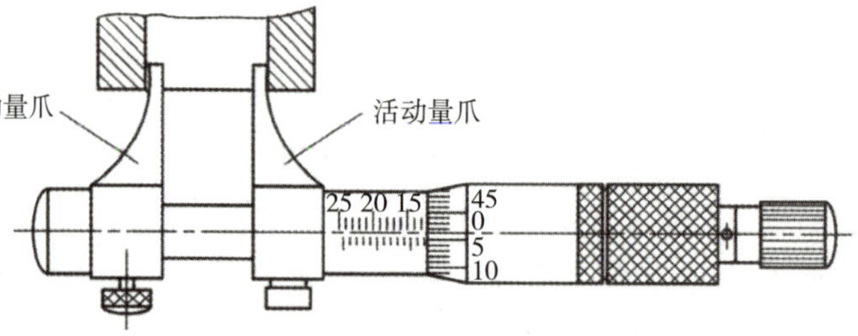

图 3-1-10　内测千分尺及其使用

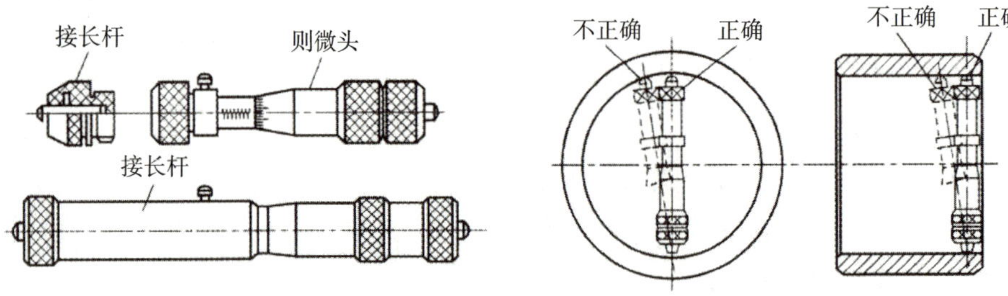

图 3-1-11　内径千分尺及其使用

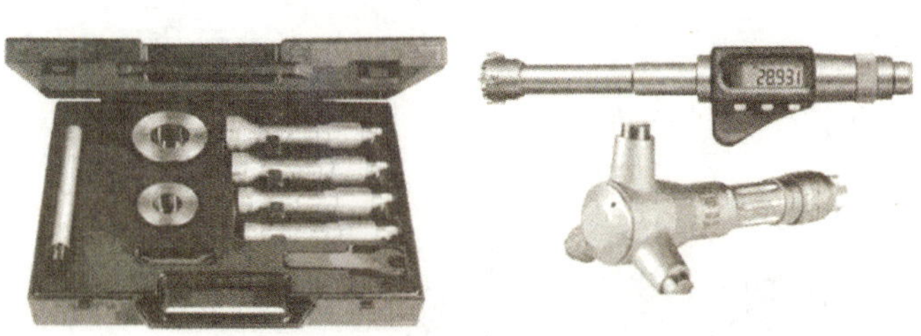

图 3-1-12　三爪内径千分尺

3. 内径百分表

内径百分表（千分表）通过与标准孔径调校后，将被测量孔径与标准进行比对完成测量，使用方法如图 3–1–13 所示。

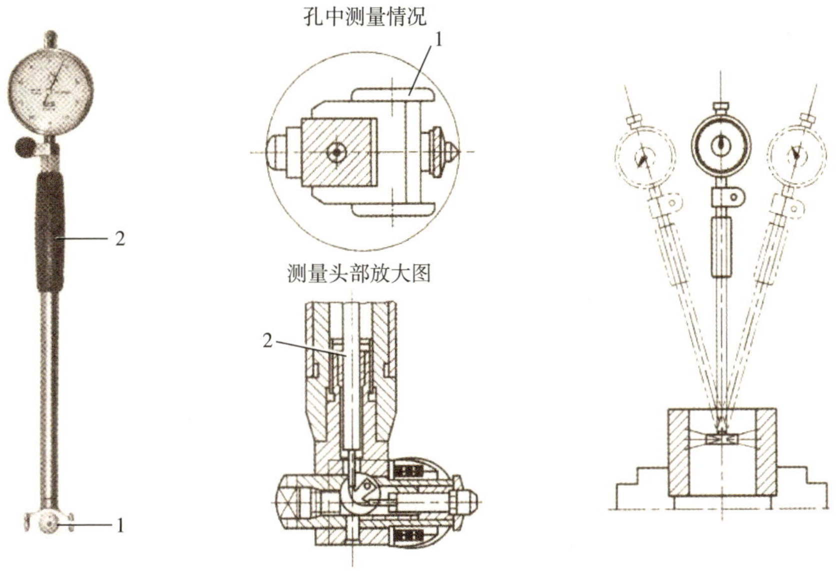

图 3–1–13　内径百分表及使用

四、形状精度的检测

轴套零件的形状精度检测主要是圆度与圆柱度误差。

（1）圆度误差检测在检测的圆截面上进行多方向的尺寸测量，其最大值与最小值之差的一半为圆度误差。

（2）圆柱度误差在全长上分别取多个截面进行测量，比较最大值与最小值，两者差值的一半即为圆柱度误差。

五、位置精度检测

轴套类零件的位置精度检测包括径向圆跳动、端面跳动、端面与轴心的垂直度、内外圆的同轴度、端面之间的平行度等位置关系的检测。

径向、端面圆跳动的检测一般以内孔为基准，用两顶尖将小锥度心轴顶住，工件装在心轴上，转动工件，利用百分表测量径向或端面的跳动（图 3–1–14），工件旋转一周，最大值与最小值之差的一半为跳动值。

同轴度测量是将百分表沿轴向移动测量最大值与最小值差的一半为同轴度误差。

测量端面垂直度必须检测圆跳动是否合格，合格后方可进行垂直度检测。要求不高的垂直度检测可以直接用刀口尺检查，如图 3–1–15 所示。对于进度要求较高的工件，可以把工件套在心轴上，先检查跳动，再放在高精度平板上进行垂直度检查，如图 3–1–16 所示。

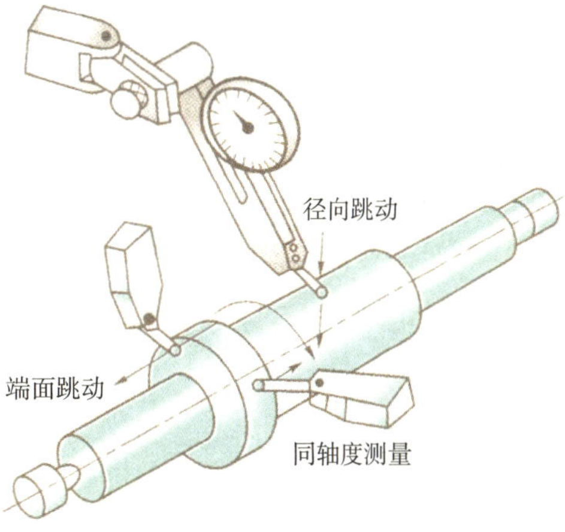

图 3–1–14　径向、端面跳动测量

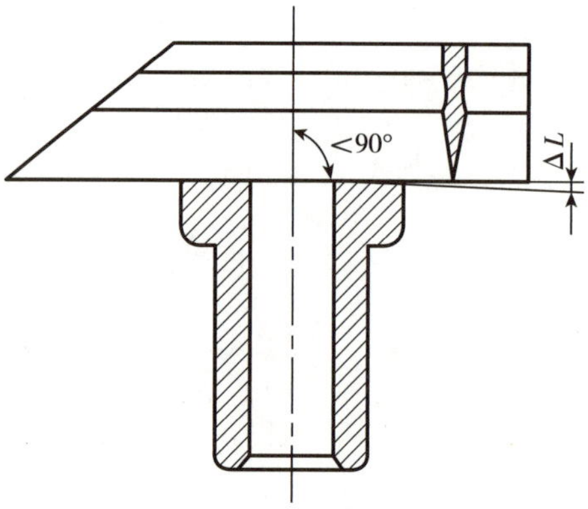

图 3-1-15　刀口尺进行垂直度检查

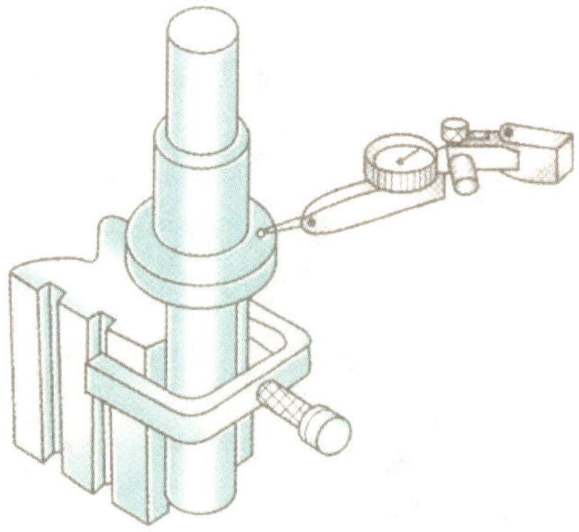

图 3-1-16　高精度垂直度检查

六、内孔加工工艺示例

加工如图 3-1-17 所示工件的阶梯孔，已钻出 $\phi20$ 的通孔，试编写加工程序。

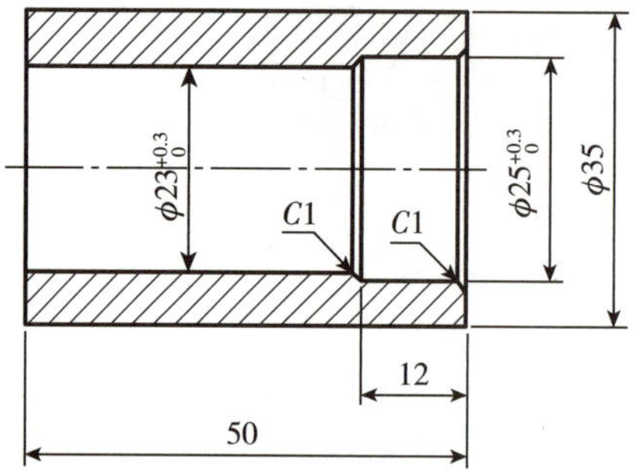

图 3-1-17　阶梯孔

程序	说明
%3103;	程序名
N10 M03 S500 T0101 G95;	主轴正转，转速为 500 r/min，选 1 号车刀，执行 1 号刀补，转进给
N20 G00 X20.0 Z2.0 M08;	刀具快速定位，打开切削液
N30 G71 U1.5 R0.5 P40 Q100 X-0.4 Z0.1 F0.25;	粗车背吃刀量为 1.5mm，退刀量为 0.5mm。精车余量：X-0.4mm，Z0.1 mm。精加工循环轨迹由 N40 ~ N100 指定，粗加工的进给量为 0.25 mm/r
N40 G01 X27.15 S800 F0.1;	指定精车路线
N50 Z0;	
N60 X25.15 Z-1;	精车 C1 倒角
N70 Z-12;	精车 $\phi25$ 内孔
N80 X23.15 Z-13;	精车 C1 倒角
N90 Z-51;	精车 $\phi23$ 内孔
N100 X20;	退刀
N110 M09;	关闭切削液
N120 G00 X80 Z50;	刀具快速退刀
N130 M30;	程序结束并复位

任务实施

1. 火箭中箭身工艺分析（表 3-1-2）

表 3-1-2 火箭中箭身加工工艺分析

项目内容	分析说明
设备选用	CNC-K400 华中系统 808D
刀具选择	ϕ30 麻花钻 主偏角为 75° 的机夹车刀，刀号 T0101 主偏角 93° 的内孔车刀，刀号 T0202 切槽刀（刀宽 4 mm），刀号 T0303
量具选用	游标卡尺（0 ~ 125 mm） 外径千分尺（25 ~ 50 mm） 内径百分表（35 ~ 50 mm）
切削用量的选用	背吃刀量：粗车时为 1 mm，精车时为 0.5 mm 进给量：粗车时 f=0.2 mm/r，精车时 f=0.1 mm/r 主轴转速：粗车时 n=800 r/min，精车时 n=1000 r/min
坐标原点的选取	本零件分两次调头装夹车削完成，先完成右侧内孔加工再调头夹 ϕ42 外圆车左侧，所以该零件的坐标原点有两个，一个为零件右端面与轴线的交点，另一个为零件左端面与轴线的交点。
加工工步	1. 夹毛坯 ϕ50 外圆，伸出约 65 mm，平端面； 2. 钻孔 ϕ30 孔，长 65 mm； 3. 完成左端 ϕ40、ϕ35 内孔的粗、精加工以及外圆 ϕ45 的粗、精加工； 4. 切断工件，注意总长尺寸； 5. 夹 ϕ45 外圆，用铜皮包裹，找正夹紧，平端面，保证总长尺寸，完成右端 ϕ40 内孔的粗、精加工
编程用功能指令	编程采用 G00、G01、G80、G71 指令

2. 加工工序单与进给路线（表 3-1-3）

表 3-1-3 火箭中箭身加工工序单与进给路线

工步内容	工步简图	刀路分析与基点位置
平端面	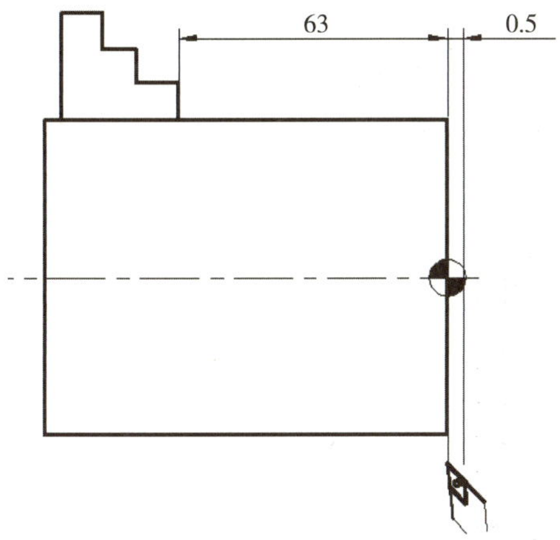 	端面车削余量 0.5 mm 左右

续表

工步内容	工步简图	刀路分析与基点位置
钻孔	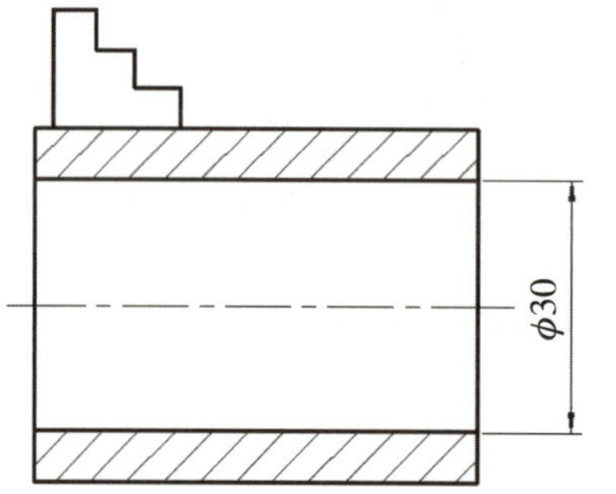	用 A3 中心孔钻中心孔→用麻花钻钻孔（深度大于 60 mm）
车内孔	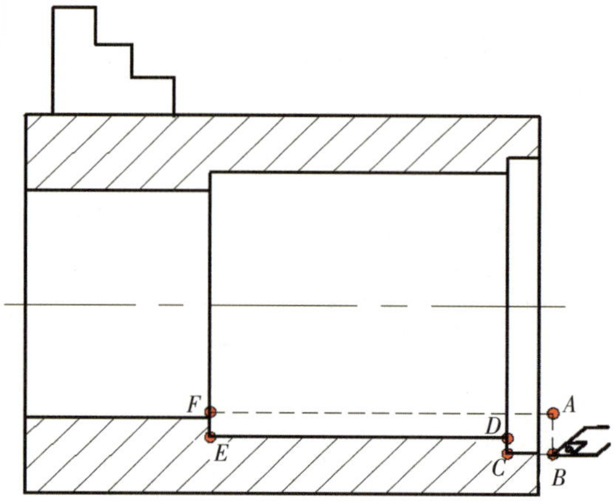	选用 2 号刀，快速定位 *A* 点（28，2）→进给 *B* 点（40，2）→ *C* 点（40，-5）→ *D* 点（35，-5）→ *E* 点（35，-61）→ *F* 点（32，-61）→返回到起刀点 *A*
车外圆	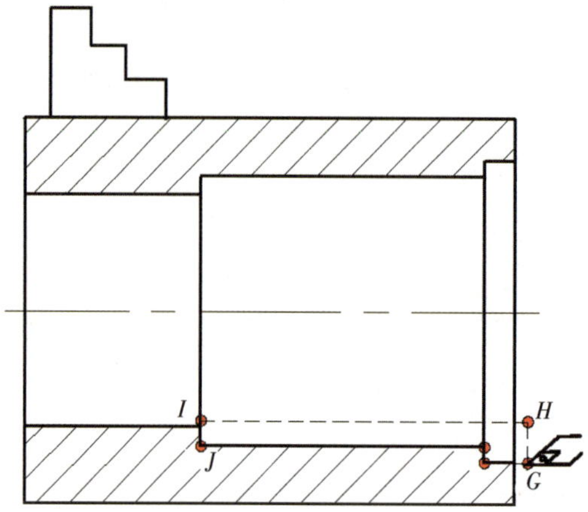	选用 1 号刀，快速定位 *G* 点（52，2）→进给 *H* 点（45，2）→ *I* 点（45，-64.5）→ *J* 点（52，-64.5）→返回到起刀 *G* 点
切断	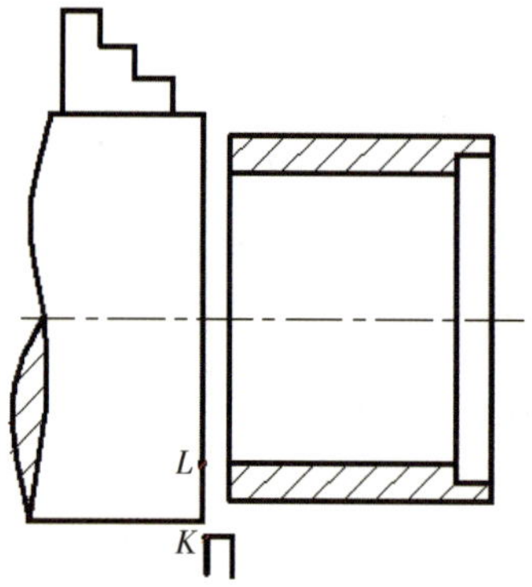	选用 3 号刀，快速定位 *K* 点（47,-64.5）（工件总长 60 mm+ 切槽刀宽度 4 mm+ 留余量 0.5 mm=64.5 mm）→进给 *L* 点（36，-64.5）
车后侧端面（控总长）		

续表

工步内容	工步简图	刀路分析与基点位置
车内孔	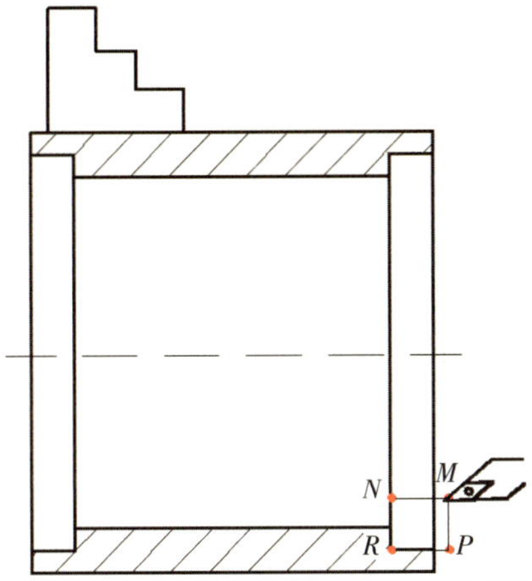	选用 2 号刀，快速定位 *M* 点（32，2）→进给 *N* 点（40，2），→ *R* 点（40，-5）→ *N* 点（32，-5）→返回到起刀点 *M*

3. 火箭中箭身的数控加工程序（表 3-1-4、3-1-5）

表 3-1-4 火箭中箭身左端数控加工程序及说明

程序	说明
%3101；	主程序名
N10 M03 S800 T0101 G95；	主轴以 800 r/min 正转，调用 1 号刀，转进给
N20 G00 X52 Z0；	快速定位，准备车端面
N30 G01 X-0.5 F0.1；	车端面
N40 Z2；	退刀，离开端面
N50 G00 X80 Z50；	快速到安全点
N60 T0100；	取消一号刀补
N70 T0202；	调用第 2 号车刀
N80 G00 X32 Z2；	快速定位到循环起点 *A*
N90 G71 U1 R0.5 P100 Q170 X-0.5 Z0.1 F0.2；	粗车背吃刀量为 1 mm，退刀量为 0.5 mm。精车余量：X-0.5 Z0.1。加工循环轨迹由 N100~N150 指定，粗加工进给量为 0.2 mm/r
N100 G01 X38 F1；	
N110 S1000；	
N120 Z0 F0.1；	进给至 *B* 点
N130 X40 Z-1；	倒角
N140 Z-5；	进给至 *C* 点
N150 X37；	进给至 *D* 点
N160 X35 Z-6；	倒角
N170 Z-64.5；	进给至 *E* 点
N180 X32；	退回 *F* 点
N190 G00 X80 Z50 ；	退刀至 *A* 点
N200 M00；	程序暂停
N210 M03 S800 T0101 G95；	主轴以 800 r/min 正转，调用一号刀，转进给
N220 G00 X52 Z2；	快速定位循环起点

续表

程序	说明
N230 G80 X48 Z-64.5 F0.2;	粗车 φ48 的外圆
N240 X45.5 ;	粗车 φ45 的外圆，留精车余量 0.5 mm
N250 G00 Z0 ;	准备精车外圆
N260 G01 X43 F0.1;	准备精车外圆
N270 G01 X45 Z-1 ;	倒角
N280 Z-64.5;	精车 φ45 的外圆
N290 X52 ;	
N300 G00 X50 Z80;	退刀到安全点
N310 M00;	主程序结束并返回
N320 M03 S400 T0303 G95;	主轴以 800 r/min 正转，调用三号刀，转进给
N330 G00 X50 Z10;	快速定位至安全点
N340 G00 Z-64.5;	保证总长，加上刀宽 4 mm，留余量 0.5 mm
N350 G01 X30 F0.1;	切断
N360 G00 X52;	退刀
N370 G00 X80 Z50;	快速退刀至安全位置
N380 M30;	主程序结束并复位

表 3-1-5　火箭中箭身右端数控加工程序及说明

程序	说明
%3102;	主程序名
N10 M03 S800 T0101 G95;	主轴以 800 r/min 正转，调用第一把车刀，转进给
N20 G00 X52 Z0;	快速定位，准备车端面
N30 G01 X0 F0.1;	车端面，控制总长
N40 Z2;	退刀，离开端面
N50 G00 X80 Z50;	快速到安全点
N60 T0100;	取消一号刀补
N70 T0202;	调用第二把内孔车刀
N80 G00 X32 Z2;	快速定位到循环起点 *M*
N90 G71 U1 R0.5 P100 Q160 X-0.5 Z0.1 F0.2;	粗车背吃刀量为 1 mm，退刀量为 0.5 mm。精车余量：X-0.5 Z0.1。加工循环轨迹由 N100~N150 指定，粗加工进给量为 0.2 mm/r
N100 S1000;	进给至 *P* 点
N110 G01 X42 F1;	进给至 *P* 点
N120 X40 Z-1 F0.1;	倒角
N130 Z-5;	加工 φ40 内孔，加工至 *R* 点
N140 X37;	
N150 X35 Z-6;	倒角
N160 X32;	退刀
N170 G00 X80 Z50 ;	快速退刀至安全位置
N180 M30;	主程序结束并复位

任务评价

具体评价项目及标准见表 3–1–6。

表 3–1–6 火箭中箭身检测评分表

零件名称				姓名		
检测项目		检测位置	配分	评分标准	检测结果	扣分
外圆	1	$\phi45^{0}_{-0.05}$	10	每超差 0.01 mm 扣 2 分		
	2	$\phi40^{+0.1}_{0}$（两处）	20	每超差 0.01 mm 扣 2 分		
	3	$\phi35^{+0.1}_{0}$	10	每超差 0.01 mm 扣 2 分		
长度	1	5（2 处）	10	超差不得分		
	2	60 ± 0.05	10	超差不得分		
表面粗糙度	1	$Ra3.2$	5	超差不得分		
	2	其余 $Ra6.3$	5	超差不得分		
职业素养	1. 安全文明生产 （1）无违规操作情况 （2）无撞刀及其他事故 2. 机床维护与环保 3. 纪律与态度		30	违规操作、撞刀、出现事故、不按要求维护和保养机床的扣 5 ~ 10 分 / 次；违反纪律、学习不积极、没有团队协作精神的扣 2 分 / 次		
最终得分						

加油站

在数控车床上加工套类零件时会产生加工误差。套类零件加工中容易出现的问题、产生的原因以及可以采取的预防和消除措施见表 3–1–7。

表 3–1–7 套类零件加工质量分析

问题现象	产生原因	预防和消除
内孔尺寸精度差	1. 测量不准确或测量方法有误； 2. 刀具角度不合理或安装不正确； 3. 刀柄与孔壁相碰； 4. 工件产生热胀冷缩	1. 仔细测量，改正测量方法； 2. 重新刃磨刀具，并正确安装； 3. 选择合适宽度的刀柄； 4. 加注充分的冷却液
内孔表面粗糙度差	1. 刀具角度不合理，切屑流向加工表面，拉毛已加工表面； 2. 刀尖低于工件中心； 3. 切削用量选择不当； 4. 刀具磨损； 5. 刀杆过长或刚度不够产生振动	1. 重新刃磨刀具，换用正刃倾角车刀； 2. 正确装刀； 3. 选择合适的切削用量，适当降低切削速度，减小进给量； 4. 重磨刀刃或换新刀； 5. 减少刀杆伸出长度，加粗刀杆，减少切削速度
内孔不圆	1. 孔壁太薄，装夹产生变形； 2. 工件加工余量与材料组织不均匀； 3. 刀杆刚性差； 4. 主轴间隙过大或轴颈不圆； 5. 工件旋转不平衡	1. 尽可能选择合理装夹方式； 2. 精车前去除不均匀加工余量； 3. 选择合适的切削用量或调整刀杆伸出长度； 4. 调整主轴间隙，修复轴颈圆度； 5. 进行及时的平衡校正

学后测评

一、判断题

1. 钻孔时，孔径与转速成反比，钻头越大，转速越低。（　）

2. 用小麻花钻钻孔时，可以直接用钻头钻孔，用钻头钻孔。（　）

3. 车床上钻较大孔时（一般指直径大于 30 mm 以上），先钻底孔再用扩孔，底孔一般为孔径的 0.5 ~ 0.7 倍。（　）

4. 为了增加内孔车刀刚性目的并防止振动，刀杆伸出长度尽可能短一些，一般比工件孔深长 5 ~ 10 mm。（　）

5. 加工内轮廓和外轮廓，用 G71 编程，循环起点和各参数设定是一样。（　）

任务拓展

加工如图 3-1-18 所示零件，毛坯尺寸为 $\phi 40\times 70$ mm，材料为 45 钢。

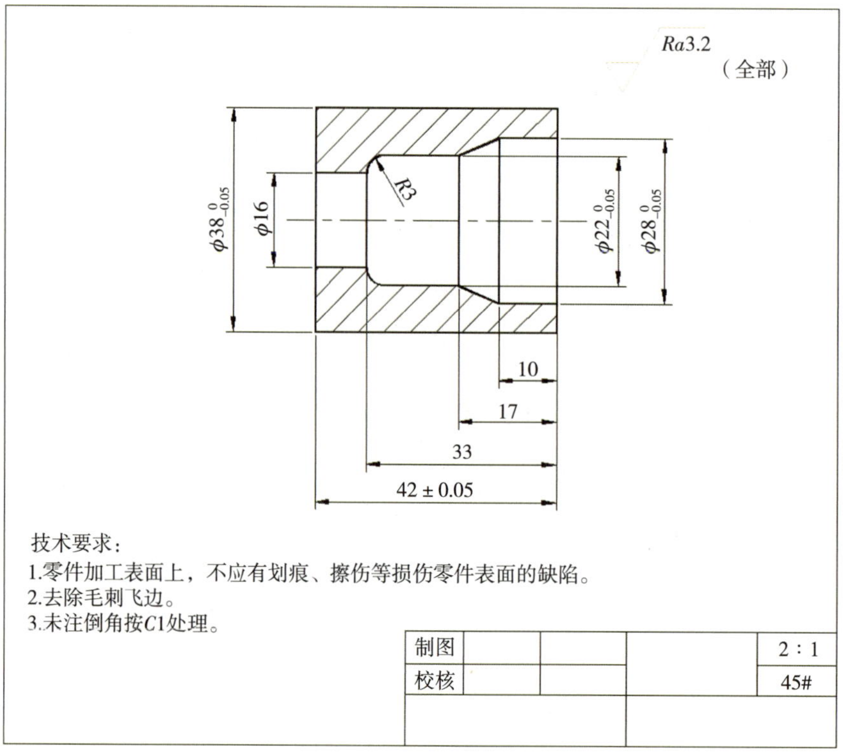

图 3-1-18　任务拓展零件图

任务二 火箭上箭身的加工

火箭上箭身模型介绍如图 3–2–1 所示。

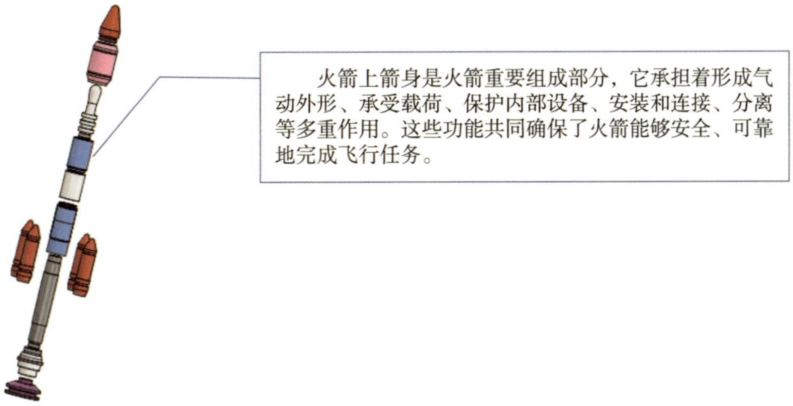

图 3–2–1 火箭模型图

任务描述与分析

加工如图 3–2–2 所示零件，毛坯尺寸为 $\phi50\times90$ mm，材料为 45 钢，数量为 1 件。

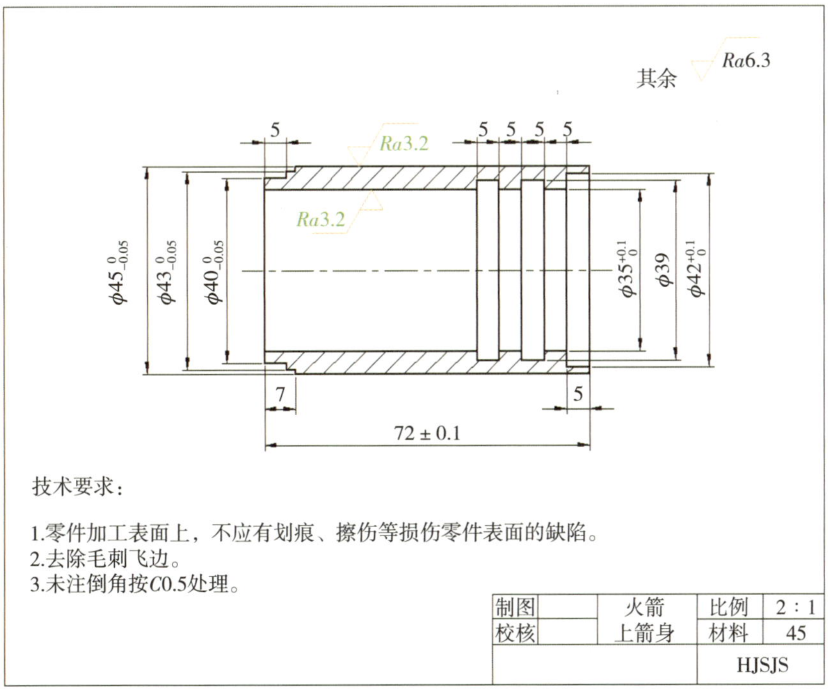

图 3–2–2 火箭上箭身零件图

知识指南

内槽加工是数控车削加工学习的难点，由于内槽的用途不同，对加工需要达到的精度要求也不相同。

一、内槽的种类与工艺要求特点

内槽分为退刀槽、密封槽、轴向定位槽、通油槽，如图 3-2-3 所示。不同工艺结构的槽加工精度的要求并不相同。一般情况下，退刀槽、密封槽的尺寸精度要求较低；轴向定位槽、阀体中的通油槽尺寸精度要求高，以保证能与阀芯进行良好的配合工作；密封槽的形状一般较复杂尺寸精度要求高；轴向定位槽宽度窄，轴向定位精度要求高，以保证内弹性挡圈实现轴承的轴向定位。

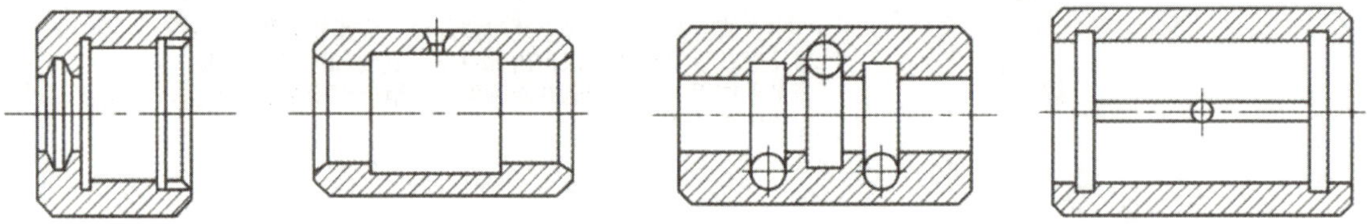

（a）梯形内槽和退刀槽　（b）较长的内槽　（c）通气内槽　（d）油槽内槽

图 3-2-3　内槽的分类

内切槽刀对刀

二、内槽车刀

内槽车刀与切断刀的几何形状相似，只是装夹方向相反，在数控加工中同样需要正确判断刀尖方位。制备内槽刀需要控制后刀面与工件的干扰，一般磨制两个主后角或刃磨圆弧形主后面，同时应保证刀头伸出长度大于槽深。可以根据孔的尺寸将刀具制备成整体式或机加式内孔槽刀。

三、内槽加工注意事项

（1）内槽刀安装时，刀尖应与内孔轴线等高或略高 0.01 d，（d 为工件加工内槽的直径），并且主切削刃与轴线平行。

（2）内槽加工面临排出铁屑困难的情况，选择的刀具刀杆应尽可能地粗，以保证刀具的刚度。

（3）一般对于宽度不大要求加工精度不高的内孔槽，可选用等宽的内槽刀进行加工。

（4）较长内槽先进行径向切削，最后沿内槽轮廓进行精加工。

（5）内槽加工编程应保证轨迹短，效率高，同时需要注意刀具不能与工件或夹具发生碰撞。

任务实施

子程序及应用

1. 火箭上箭身工艺分析（表 3-2-1）

表 3-2-1　火箭上箭身加工工艺分析

项目内容	分析说明
设备选用	CNC-K400 华中系统 808D
刀具选择	ϕ30 麻花钻 主偏角为 75° 的机夹车刀，刀号 T0101 主偏角 93° 的内孔车刀，刀号 T0202 内孔切槽刀（刀宽 4 mm），刀号 T0303 外切槽刀（刀宽 4 mm），刀号 T0404
量具选用	游标卡尺（0 ~ 125 mm） 外径千分尺（25 ~ 50 mm） 内径百分表（18 ~ 35 mm、35 ~ 50 mm）

续表

项目内容	分析说明
切削用量的选用	背吃刀量：粗车时为 1 mm，精车时为 0.5 mm； 进给量：粗车时 f=0.2 mm/r，精车时 f=0.1 mm/r，车槽时 f=0.08 mm/r； 主轴转速：粗车时 n=800 r/min，粗车时 n=1000 r/min， 车槽时 n=300 r/min
坐标原点的选取	本零件分两次调头装夹车削完成，先完成右侧内孔、内槽及 $\phi45$ 外圆的加工，再调头夹 $\phi45$ 外圆车左侧 $\phi40$、$\phi43$ 外圆台阶，所以该零件的坐标原点有两个，一个为零件右端面与轴线的交点，另一个为零件左端面与轴线的交点。
加工工步	1. 夹毛坯 $\phi50$ 外圆，伸出约 78 mm，平端面； 2. 钻孔 $\phi30$ 的孔，长 76.5 mm； 3. 完成右端 $\phi35$、$\phi42$ 内孔的粗、精加工，完成 $\phi39$ 内槽的加工，以及外圆 $\phi45$ 的粗、精加工； 4. 切断工件，注意总长尺寸； 5. 夹 $\phi45$ 外圆，用铜皮包裹，找正夹紧，平端面，保证总长尺寸，完成左端 $\phi40$、$\phi43$ 外圆的粗、精加工。
编程用功能指令	编程采用 G00、G01、G80、G71 指令

2. 加工工序单与进给路线（表 3-2-2）

表 3-2-2　火箭上箭身加工工序单与进给路线

工步内容	工步简图	刀路分析与基点位置
平端面	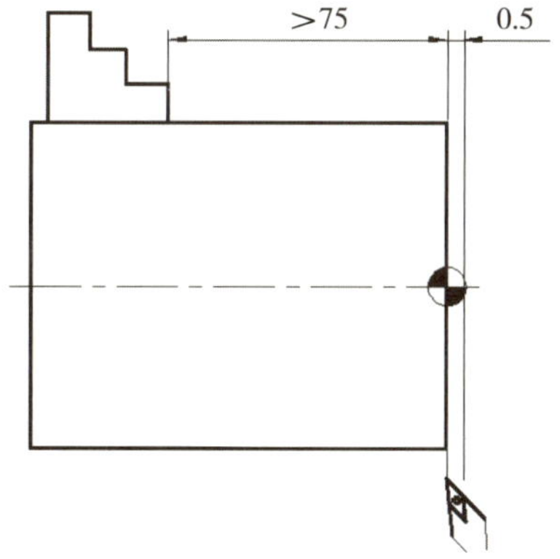	端面车削余量 0.5 mm 左右
钻孔	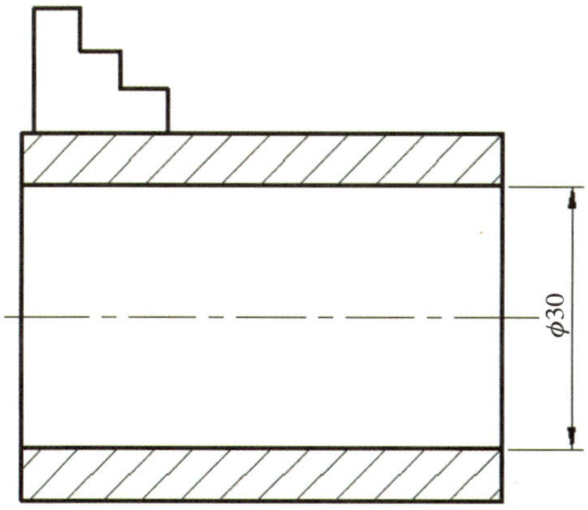	用 A3 中心孔钻中心孔→用麻花钻钻孔（深度大于 75 mm）。

续表

工步内容	工步简图	刀路分析与基点位置
车内孔	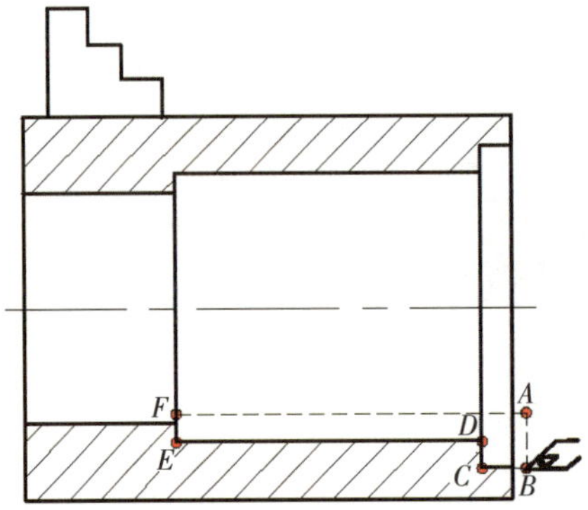	选用2号刀，快速定位A点（28,2）→进给B点（40,2）→C点（42,-5）→D点（35,-5）→E点（35,-77）→F点（32,-75）→返回到起刀点A
车内槽	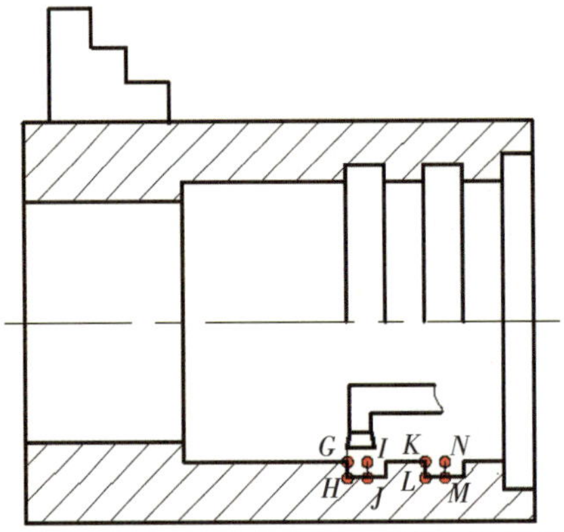	选用3号刀，快速定位G点（32,-25）→进给H点（39,-25）→退到G点→移动到L点（32,-24）→J点（39,-24） 快速定位K点（32,-15）→进给I点（39,-15），→退到K点→移动到N点（32,-14）→M点（39,-14）
车外圆	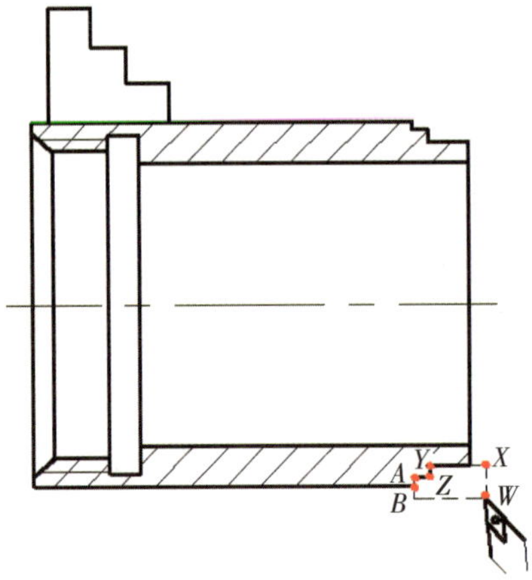	选用1号刀，快速定位P点（52,2）→进给M点（45,2）→N点（45，-76.5）→R点（52,-76.5）→返回到起刀P点。
切断	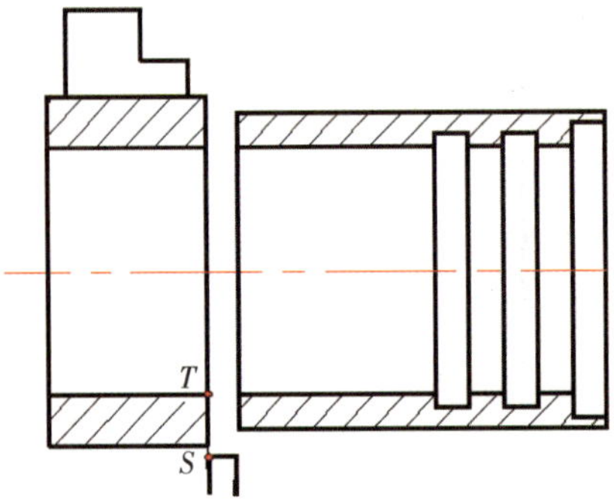	选用4号刀，快速定位S点（52,-76.5）（工件总长72 mm+切槽刀宽度4 mm+留余量0.5 mm=76.5 mm）→进给T点（36,-76.5），切断
车左端外圆（控总长）		

续表

工步内容	工步简图	刀路分析与基点位置
车外圆	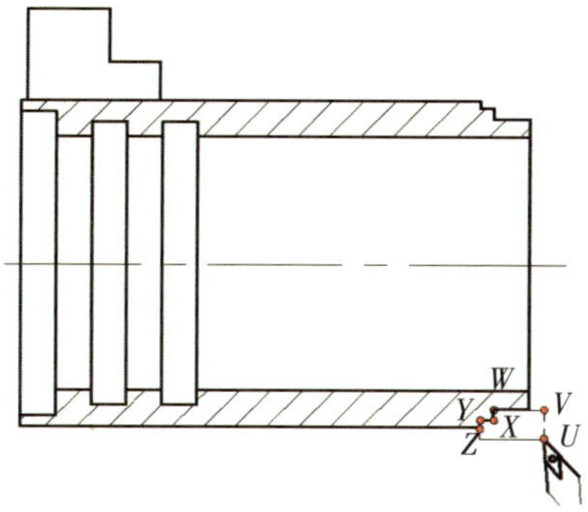	选用1号刀，快速定 *U* 点（47,2）→进给 *V* 点（40,2）→加工至 *W* 点（40,–5）→ *X* 点（43，–5）→ *Y* 点（43，–7）→ *Z* 点 (45,–7) →返回到起刀点 *U*

3. 火箭上箭身的数控加工程序（表 3–2–3、3–2–4）

表 3–2–3　火箭上箭身左端数控加工程序及说明

程序	说明
%3201；	主程序名
N10 M03 S800 T0101 G95;	主轴以 800 r/min 正转，转进给，调用 1 号刀
N20 G00 X52 Z0；	快速定位，准备车端面
N30 G01 X–0.5 F0.1；	车端面
N40 Z2；	退刀，离开端面
N50 G00 X80 Z50；	快速到安全点
N60 T0100；	取消一号刀补
N70 T0202；	调用第二把内孔车刀
N80 G00 X28 Z2；	快速定位到循环起点 *A*
N90 G71 U1 R0.5 P110 Q170 X–0.5 Z0.1 F0.2；	粗车背吃刀量为 1 mm，退刀量为 0.5 mm。精车余量：X–0.5 Z0.1。加工循环轨迹由 N100~N170 指定，粗加工进给量为 0.2 mm/r
N100 S1000;	
N110 G01 X42 F0.1；	进给至 *B* 点
N120 Z0 F0.1；	
N130 X40 Z–1；	倒角
N140 Z–5;	进给至 *C* 点
N150 X37 ；	进给至 *D* 点
N160 X35 Z–6;	
N170 Z–77;	进给至 *E* 点
N180 X32;	退回 *F* 点
N190 G00 X80 Z50 ；	进给至 *A* 点
N200 M00;	程序暂停
N210 T0303;	调用三号刀（用左刀尖对刀）
N220 G00 X30 Z2；	快速定位循环起点
N230 G01 Z–25 F0.2；	
N240 X32；	移动至 *G* 点

续表

程序	说明
N250 X39 F0.1;	进给至 H 点
N260 G00 X34.5;	退刀
N270 Z-24;	移动至 I 点
N280 G01 X39 F0.1;	进给至 J 点
N290 G00 X32 ;	退刀
N300 Z-15;	移动至 K 点
N310 G01 X39 F0.1;	进给至 L 点
N320 G00 X32 ;	退刀
N330 Z-14;	移动至 N 点
N340 G01 X39 F0.1;	进给至 M 点
N350 G00 X31;	退刀
N360 Z2;	
N370 G00 X100 Z50;	退刀至安全点
N380 M00;	程序暂停
N390 M03 S800 T0101 G95;	主轴以 800 r/min 正转，转进给，调用一号刀
N400 G00 X52 Z2;	定位到循环起点 P
N410 G80 X47.5 Z-77 F0.2;	粗加工 ϕ45 的外圆，第一刀
N420 X45.5;	粗加工 ϕ45 的外圆，第二刀留精 0.5 mm
N430 G01 Z0 F0.1;	
N440 X43 ;	
N450 X45 Z-1;	倒角
N460 Z-77 ;	粗加工 ϕ45 的外圆至 N 点
N470 G00 X100 Z50;	快速退刀至安全位置
N480 M30;	主程序结束并复位

表 3-2-4　火箭上箭身右端数控加工程序及说明

程序	说明
%3202;	主程序名
N10 M03 S800 T0101 G95;	主轴以 800 r/min 正转，调用第一把车刀，转进给
N20 G00 X52 Z0;	快速定位，准备车端面
N30 G01 X38 F0.1;	车端面，控制总长
N40 Z2;	退刀，离开端面
N50 G00 X47;	定位到循环起点
N60 G71 U1 R0.5 P80 Q160 X0.5 Z0.1 F0.2;	粗车背吃刀量为 1 mm，退刀量为 0.5 mm。精车余量：X0.5 Z0.1。加工循环轨迹由 N80~N160 指定，粗加工进给量为 0.2 mm/r
N70 S1000;	
N80 G01 X38 F0.1;	
N90 Z0;	

续表

程序	说明
N100 X40 Z-1 ;	倒角
N110 Z-5;	进给至 *W* 点
N120 X41 ;	
N130 X43 Z-6;	倒角
N140 Z-7;	进给至 *Y* 点
N150 X45 Z-8;	倒角
N160 X50	
N170 G00 X80 Z50 ;	返回到安全点
N180 M30;	程序停止并返回到主程序

任务评价

具体评价项目及标准见表 3-2-5。

表 3-2-5 火箭上箭身检测评分表

零件名称				姓名		
检测项目		检测位置	配分	评分标准	检测结果	扣分
外圆	1	$\phi45^{0}_{-0.05}$	5	每超差 0.01 mm 扣 2 分		
	2	$\phi43^{0}_{-0.05}$	5	每超差 0.01 mm 扣 2 分		
	3	$\phi40^{0}_{-0.05}$	5	每超差 0.01 mm 扣 2 分		
内孔	1	$\phi35^{+0.01}_{0}$	10	每超差 0.01 mm 扣 2 分		
	2	$\phi39$	10	每超差 0.01 mm 扣 2 分		
	3	$\phi42+0.10$	5	每超差 0.01 mm 扣 2 分		
长度	1	5（2 处）	10	每超差不得分		
	2	7	5	超差不得分		
	3	72 ± 0.1	5	超差不得分		
表面粗糙度	1	*Ra*3.2	5	超差不得分		
	2	其余 *Ra*6.3	5	超差不得分		
职业素养	1. 安全文明生产 （1）无违规操作情况 （2）无撞刀及其他事故 2. 机床维护与环保 3. 纪律与态度		30	违规操作、撞刀、出现事故、不按要求维护和保养机床的扣 5 ~ 10 分 / 次；违反纪律、学习不积极、没有团队协作精神的扣 2 分 / 次		
最终得分						

加油站

在数控车床上加工槽时会产生加工误差，如槽宽及槽深达不到要求，槽底表面粗糙度达不到要求等。加工中出现的问题、产生的原因以及可以采取的预防和消除的措施见表 3-2-6。

表 3-2-6　槽加工质量分析

问题现象	产生原因	预防方法
槽底有振纹	1. 切槽刀刚性不足； 2. 刀具伸出较长	1. 换刚性好的切槽刀； 2. 减少伸出长度，增加装夹刚性
槽底面粗糙度超差	刀具磨钝	重新磨刀，更换刀片
槽宽尺寸不正确	1. 切槽刀宽有误差； 2. 程序中终点坐标错误	1. 修改刀宽参数； 2. 修改程序
槽底直径不正确	1. 对刀不正确； 2. 刀具磨损	1. 重新对刀； 2. 修改磨损值进行补偿

学后测评

一、判断题

1. 内槽刀与切断刀几何形状相似，只是装夹方向相反，数控加工中需要正确判断刀尖方位。(　　)
2. 加工较长内槽时，先进行径向切削，最后沿内槽轮廓进行精加工。(　　)
3. 内槽加工排屑困难的情况下，选择的刀具刀杆应尽可能地细。(　　)

任务拓展

加工如图 3-2-4 所示零件，毛坯尺寸为 $\phi40\times70$ mm，材料为 45 钢。

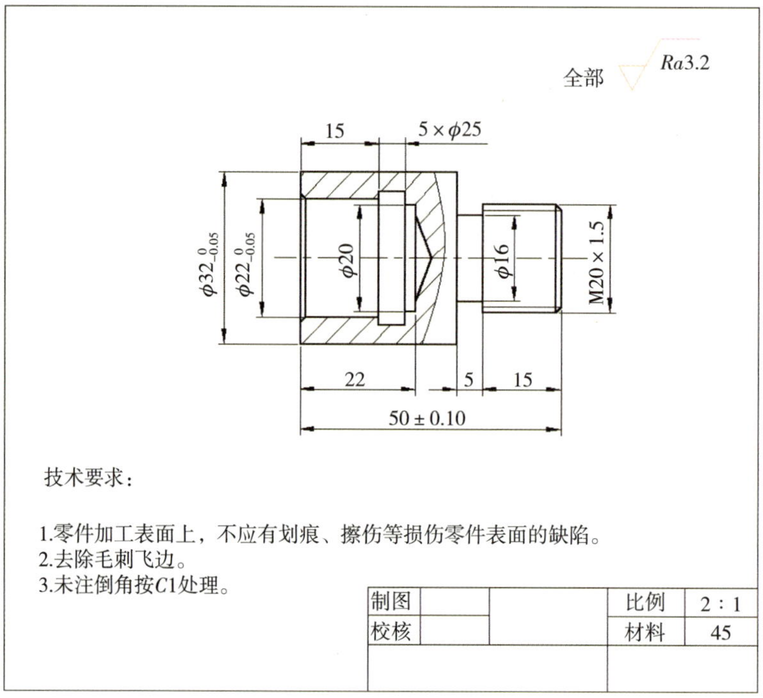

图 3-2-4　任务拓展零件图

任务三　火箭下箭身的加工

火箭下箭身模型介绍如图 3-3-1 所示。

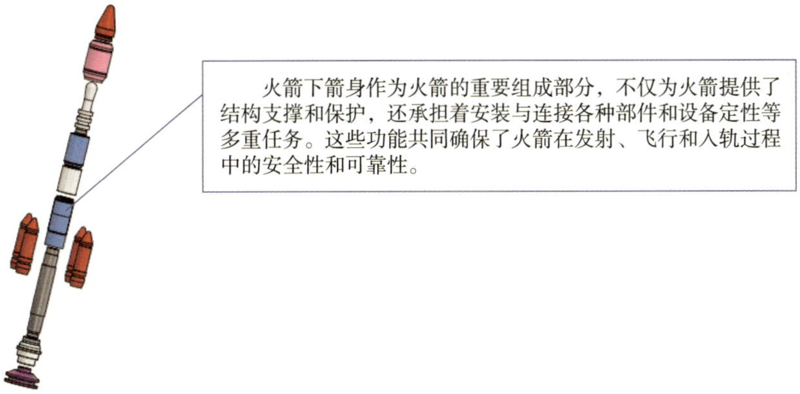

图 3-3-1　火箭模型图

任务描述与分析

加工如图 3-3-2 所示零件，毛坯尺寸为 $\phi50\times105$ mm，材料为 45 钢，数量为 1 件。

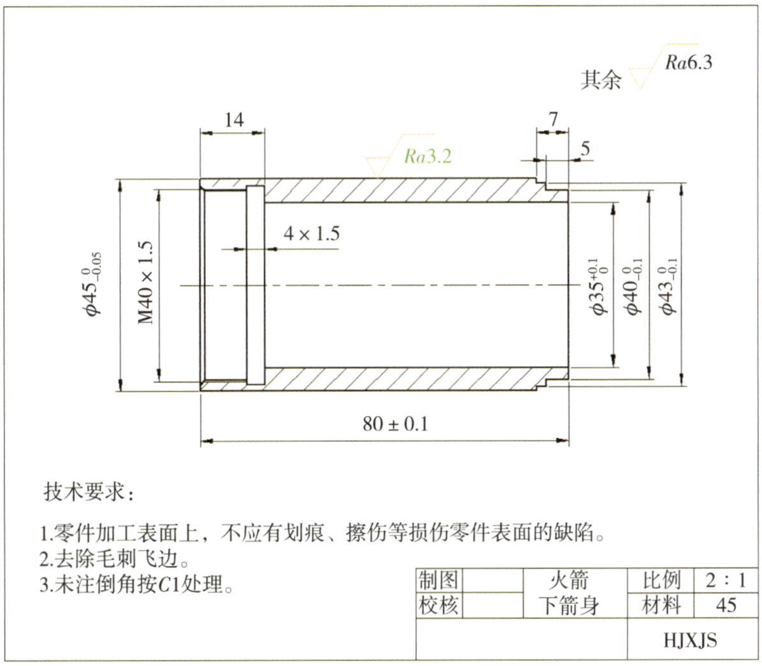

图 3-3-2　火箭下箭身零件图

知识指南

一、内螺纹加工

1. 内螺纹车刀的类型

三角形内螺纹工件形状常见的有三种，即通孔、不通孔和台阶孔，如图 3-3-3 所示。其中通孔内螺纹容易加工。在加工内螺纹时，由于车削的方法和工件形状的不同，因此所选用的螺纹车刀也不相同。

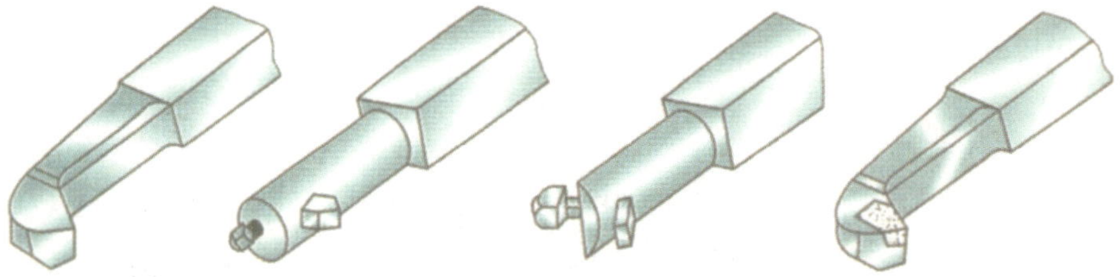

图 3-3-3　常见内螺纹车刀

最常见的内螺纹车刀如图 3-3-3 所示，数控车削加工中经常采用机夹可转位式螺纹车刀。

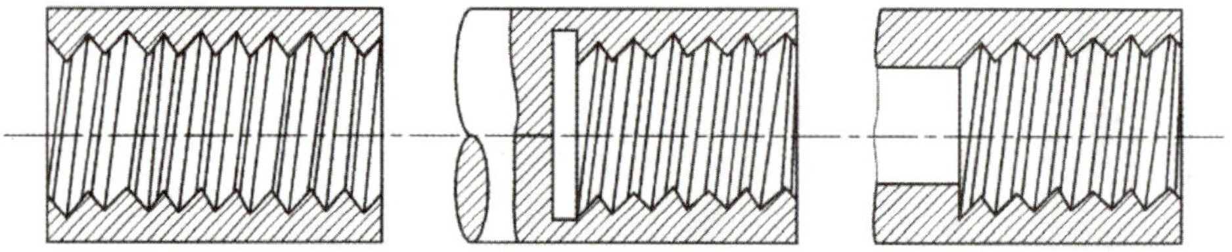

（a）通孔内螺纹　（b）盲孔内螺纹　（c）阶梯孔内螺纹

图 3-3-4　常见螺纹内孔

据内、外螺纹的加工需要，螺纹车刀可分为外螺纹车刀和内螺纹车刀。根据机夹式螺纹车刀刀片的制造形式，螺纹车刀又可分为带修光刃的和不带修光刃的，内、外螺纹车刀的刀片规格相同。如图 3-3-5 所示为带修光刃的机夹式螺纹车刀，这种螺纹车刀的加工精度较高，但这类螺纹车刀用于加工左旋螺纹和右旋螺纹的刀片不是同一种，如图 3-3-6 所示。

不带修光刃的机夹式螺纹车刀如图 3-3-7 所示，其左旋螺纹和右旋螺纹的加工刀片为同一种刀片。

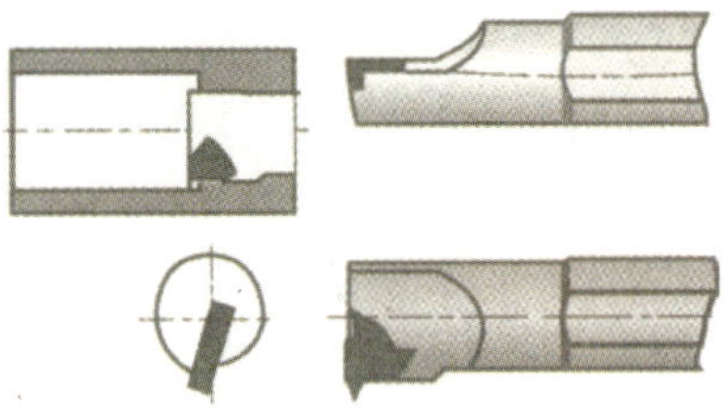

图 3-3-5　带修光刃的螺纹车刀

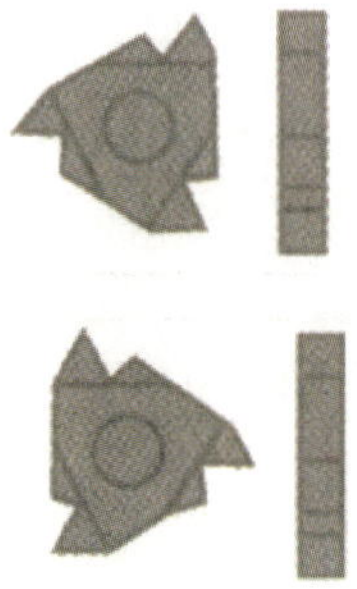

图 3-3-6　左旋和右旋螺纹刀片

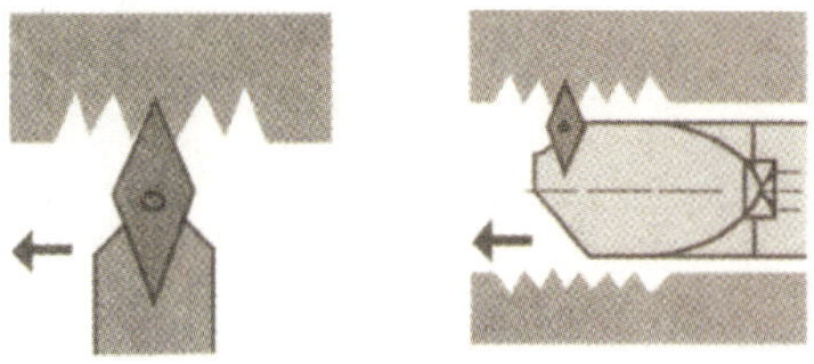

图 3-3-7　不带修光刃的螺纹车刀

2. 内螺纹车刀的装夹

（1）刀柄的伸出长度应大于内螺纹长度约 10 ~ 20 mm。

（2）刀尖应与工件轴心线等高。如果装得过高，车削时容易引起振动，使螺纹表面产生振纹；如果装得过低，刀头下部会与工件发生摩擦，车刀切不进去。

（3）应将螺纹对刀样板侧面靠平工件端面，刀尖部分进入样板的槽内进行对刀，如图 3-3-8 所示，同时调整并夹紧刀具。

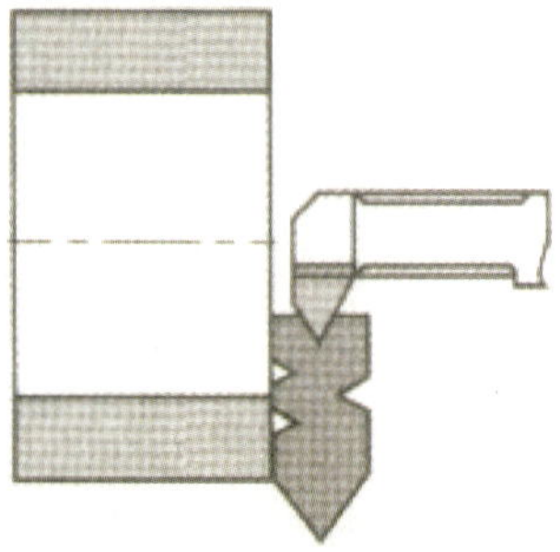

图 3-3-8　内螺纹车刀对刀

3. 内螺纹车削前内孔尺寸确定

一般塑性材料加工时，内孔直径 $D=d-1.05P$，脆性材料内孔尺寸比塑性材料小 0.05 ~ 0.1 mm。

二、内螺纹的测量

一般采用如图 3–3–9 所示螺纹塞规进行综合测量。测量时，若螺纹塞规通端能顺利拧入工件，止端拧不进工件，则说明螺纹合格。检查不通孔螺纹时，塞规通端拧进的长度应达到图样要求的长度。

图 3–3–9　螺纹塞规

三、内螺纹加工示例

加工如图 3–3–10 所示零件，外圆、$\phi 26$ 内孔已经加工成型，具体加工内槽与 M30 × 1.5 螺纹。加工程序见表 3–3–1。

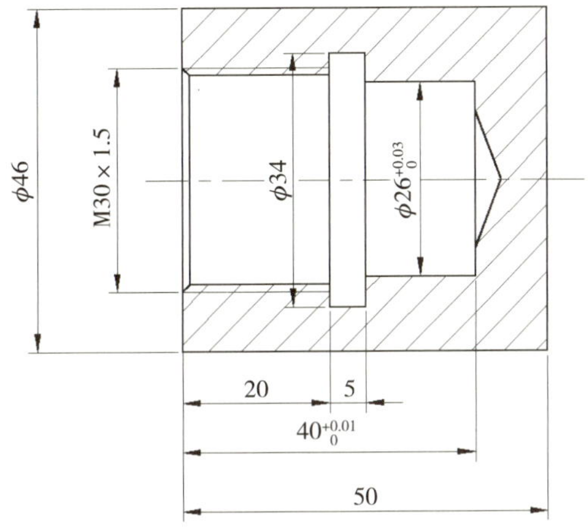

图 3–3–10　内螺纹加工示例

内螺纹刀对刀

表 3–3–1　内槽及内螺纹加工程序

程序	说明
%3301;	程序名
N10 T0101;	选 1 号刀，执行 1 号刀补
N20 M03 S800;	主轴正转，转速为 500 r/min
N30 G00 X100 Z100;	快速到达程序起点
N40 G00 X28 Z2;	定位于内孔附近
N50 G00 Z–25;	定位于切槽起点
N60 G01 X34 F0.15;	切槽加工
N70 G04 P2;	光整槽底
N80 G01 X28 F0.3;	退刀
N90 G00 Z2;	退刀
N100 X100 Z100;	定位换刀点
N110 T0202 S450;	换 2 号刀，执行 2 号刀补
N120 G00 X26 Z3;	螺纹加工循环起点
N130 G82 X29 Z –22.5 F1.5;	螺纹加工至 $\phi 29$

续表

程序	说明
N140 X29.4；	螺纹加工至 ϕ29.4
N150 X29.6；	螺纹加工至 ϕ29.6
N160 X29.8；	螺纹加工至 ϕ29.8
N170 X29.9；	螺纹加工至 ϕ29.9
N180 X30；	螺纹加工至 ϕ30
N190 G00 X100 Z100;	快速退刀至安全位置
N200 M30;	主程序结束并复位
N210 X29.8；	螺纹加工至 ϕ29.8
N220 X29.9；	螺纹加工至 ϕ29.9
N230 X30；	螺纹加工至 ϕ30
N240 G00 X100 Z100；	快速退刀至安全位置
N250 M30；	主程序结束并复位

任务实施

1. 火箭下箭身加工工艺分析（表 3–3–2）

表 3–3–2　火箭下箭身加工工艺分析

项目内容	分析说明
设备选用	CNC–K400 华中系统 808D
刀具选择	ϕ30 麻花钻 主偏角为 75° 的机夹车刀，刀号 T0101 主偏角 93° 的内孔车刀，刀号 T0202 内孔切槽刀（刀宽 4 mm），刀号 T0303 内螺纹刀，刀号 T0404 外切槽刀，刀号 T0505
量具选用	游标卡尺（0 ～ 125 mm） 外径千分尺（25 ～ 50 mm） 内径百分表（18 ～ 35 mm、35 ～ 50 mm）
切削用量的选用	背吃刀量：粗车时为 1 mm，精车时为 0.5 mm 进给量：粗车时 f=0.2 mm/r，精车时 f=0.1 mm/r 主轴转速：粗车时 n=800 r/min，精车时 n=1000 r/min 车槽时 n=300 r/min，螺纹切削时 n=400 r/min
坐标原点的选取	本零件分两次调头装夹车削完成，先完成左侧内孔、内槽、内螺纹及 ϕ45 外圆的加工，再调头夹 ϕ45 外圆车右侧 ϕ40、ϕ43 外圆台阶，所以该零件的坐标原点有两个，一个为零件右端面与轴线的交点，另一个为零件左端面与轴线的交点
加工工步	1. 夹毛坯 ϕ50 外圆，伸出约 85 mm，平端面； 2. 钻孔 ϕ30 孔，长 85 mm； 3. 完成左端 ϕ35、ϕ38.5 内孔的粗、精加工，完成 ϕ41 内槽，M40 × 1.5 的内螺纹的加工以及外圆 ϕ45 的粗、精加工； 4. 切断工件，注意总长尺寸； 5. 夹 ϕ45 外圆，用铜皮包裹，找正夹紧，平端面，保证总长尺寸，完成左端 ϕ40、ϕ43 外圆的粗、精加工

项目内容	分析说明
编程用功能指令	编程采用 G00、G01、G80、G71、G82 指令

2. 加工工序单与进给路线（表 3–3–3）

表 3–3–3　火箭下箭身加工工序单与进给路线

工步内容	工步简图	刀路分析与基点位置
平端面	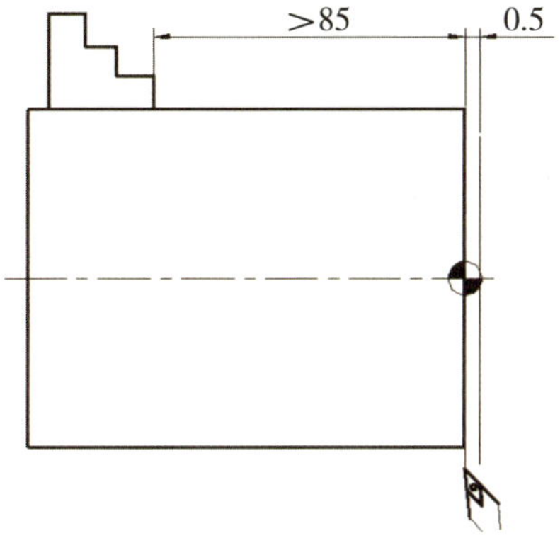	端面车削余量 0.5 mm 左右
钻孔	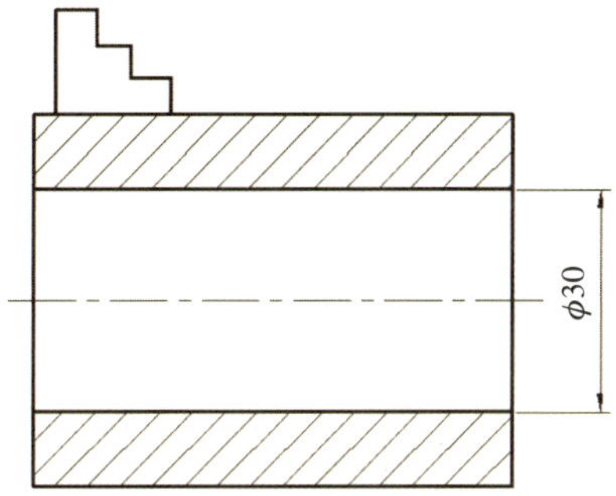	用 A3 中心孔钻中心孔→用麻花钻钻孔（深度大于 85 mm）
车内孔	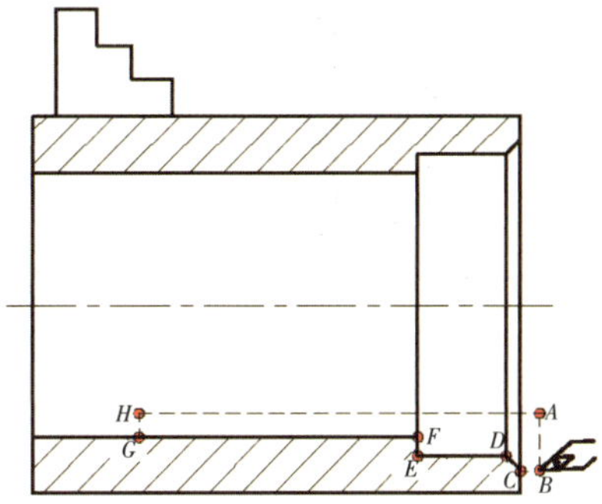	选用 2 号刀，快速定位 A 点（32，2）→进给 B 点（41.5，2）→进给 C 点（41.5，0）→倒角 D 点（38.5，-1.5）→进给 E 点（38.5，-14）→进给 F 点（35，-14 ）→进给 G 点（35，-85 ）→退刀至 H 点（32，-85 ）→返回到起刀点 A
车内槽	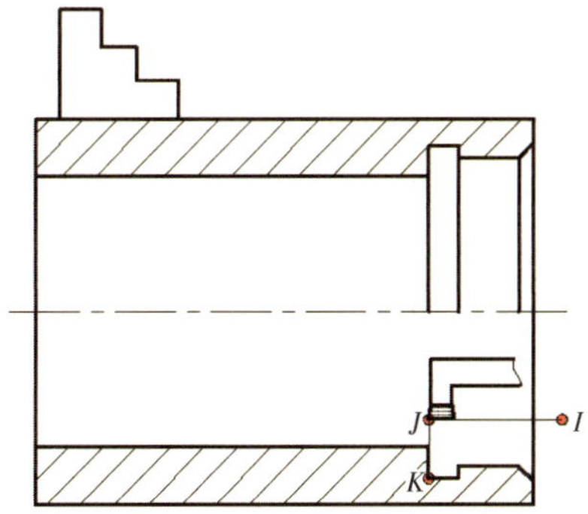	选用 3 号刀，快速定位 I 点（32，2）→进刀至 J 点（32，-14）→进给至 K 点（41，-14）→退刀至 J 点→快退至 I 点

续表

工步内容	工步简图	刀路分析与基点位置
车内螺纹	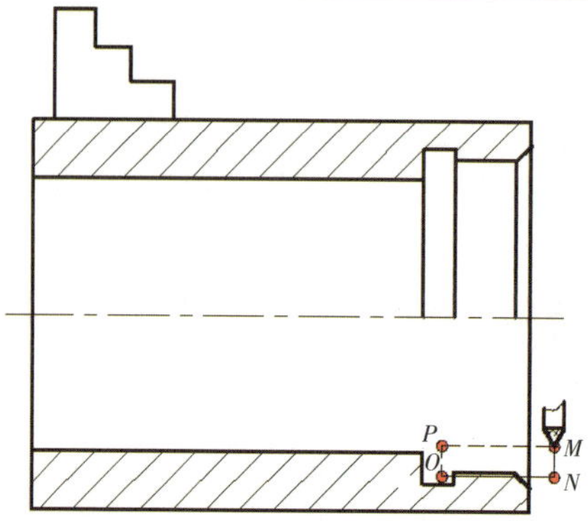	选用4号刀，快速定位*M*点（37，2）→进给*N*点（40，2）→加工螺纹至*O*点（40，-12.5）→退刀至*P*点（37，-12.5）→返回到起刀*M*点
车外圆	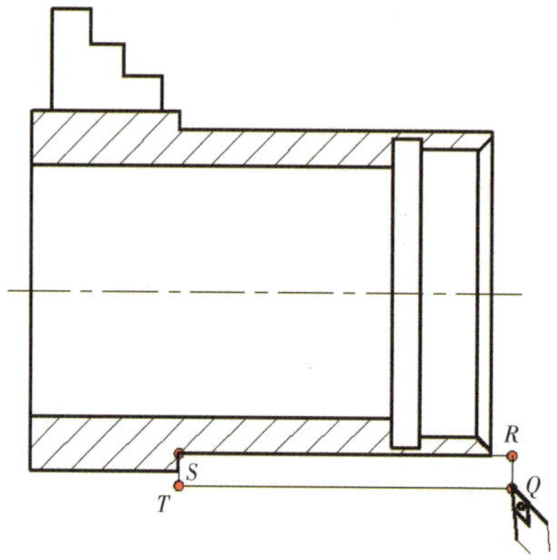	选用1号刀，快速定位*Q*点（47，2）→进刀至*R*点（45，2）→进给至*S*点（45，-85）→退刀至*T*点（52，-85）→返回到起刀*Q*点
切断	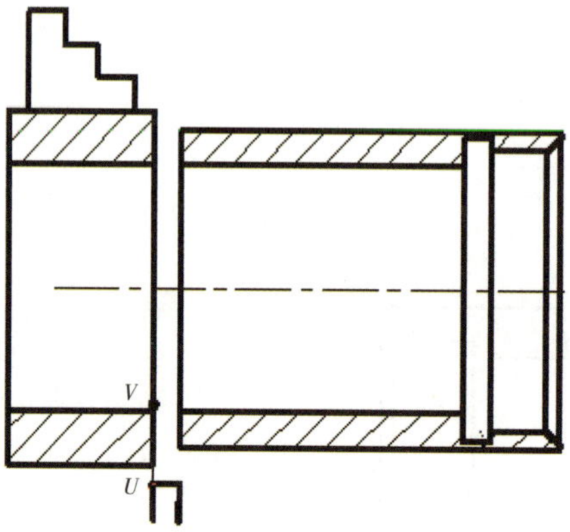	选用5号刀，快速定位*U*点（52，-84.5）（工件总长80 mm+切槽刀宽度4 mm+留余量0.5 mm=84.5 mm）→进给*V*点（36，-84.5），切断
车右端外圆（控总长）		
车外圆	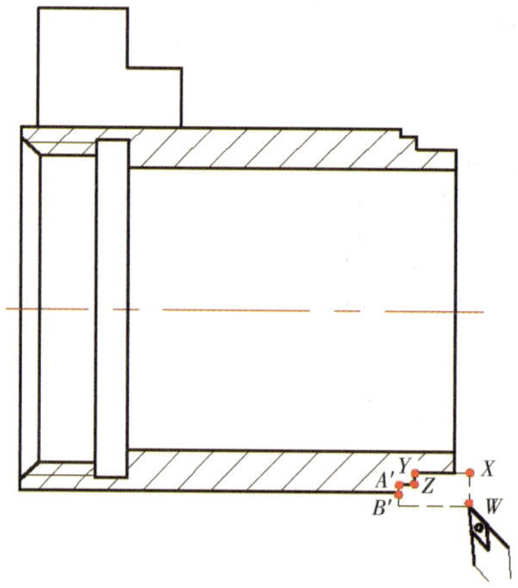	选用1号刀，快速定*W*点（47，2）→进给*X*点（40，2），→加工至*Y*点（40，-5）→*Z*点（43，-5）→*A′*点（43，-7）→*B′*点（45，-7）→返回到起刀点*W*

3. 火箭下箭身数控加工程序（表 3–3–4、表 3–3–5）

表 3–3–4 火箭下箭身左端数控加工程序及说明

程序	说明
%3301；	主程序名
N10 M03 S800 T0101 G95;	主轴以 800 r/min 正转，转进给
N20 G00 X52 Z0；	快速定位，准备车端面
N30 G01 X–0.5 F0.1；	车端面
N40 Z2；	退刀，离开端面
N50 G00 X80 Z50；	快速到安全点
N60 T0100；	取消一号刀补
N70 T0202；	调用第二把内孔车刀
N80 G00 X28 Z2；	快速定位到循环起点 *A*
N90 G71 U1 R0.5 P110 Q170 X–0.5 Z0.1 F0.2；	粗车背吃刀量为 1 mm，退刀量为 0.5 mm，精车余量：X–0.5 Z0.1。加工循环轨迹由 N110~N170 指定，粗加工进给量为 0.2 mm/r
N100 S1000;	精车转速为 100 r/min
N110 G01 X43 F0.1；	进给至 *B* 点
N120 Z0；	进给至 *C* 点
N130 X38.5 Z–1.5 ；	倒角至 *D* 点
N140 Z–14；	进给至 *E* 点
N150 X35；	进给至 *F* 点
N160 Z–85；	进给至 *G* 点
N170 X32；	退回 *H* 点
N180 G00 X80 Z50 ；	退到安全点
N190 M00；	程序暂停
N200 M03 S300 T0303 G95；	主轴以 300 r/min 正转，转进给，调用三号刀（用左刀尖对刀）
N210 G00 X30 Z2；	快速定位起点 *I*
N220 G01 Z–14 F0.5；	
N230 X34.5 ；	进给至 *J* 点
N240 X41 F0.1；	进给至 *K* 点
N250 G01 X34.5 F0.5；	退刀
N260 G00 Z2；	
N270 G00 X100 Z50；	退刀到安全点
N280 M00；	程序结束
N290 M03 S400 T0404 G95；	主轴以 400 r/min 正转，转进给，调用四号螺纹刀
N300 G00 X37 Z2；	快速移动至循环起点 *M*
N310 G82 X39 Z–12.5 F1.5 ；	螺纹加工至 ϕ39
N320 X39.5；	螺纹加工至 ϕ39.5
N330 X39.8；	螺纹加工至 ϕ39.8
N340 X40；	螺纹加工至 ϕ40
N350 G00 X100 Z50；	退刀到安全点

续表

程序	说明
N360 M00;	程序暂停
N370 M03 S800 T0101 G95;	主轴以 800 r/min 正转，转进给，调用一号外圆车刀
N380 G00 X50 Z2;	快速定位到循环起点 *Q*
N390 G80 X47.5 Z–85 F0.2;	
N400 X45.5;	粗车留精车余量 0.5 mm
N410 G00 Z0;	
N420 G01 X43 F1;	
N430 X45 Z–1 F0.2;	倒角
N440 Z–85;	进给至 *S* 点
N450 X47;	退刀
N460 G00 X100 Z50;	退刀至安全点
N470 M00;	程序暂停
N480 M03 S400 T0505 G95;	主轴以 400 r/min 正转，转进给，调用五号外圆车刀
N490 G00 X100 Z50;	
N500 G01 X52 F1;	
N510 Z–85 ;	刀具移动至 *U* 点
N520 X32 F0.1 ;	进给到 *V* 点
N530 X47 F1;	退刀
N540 G00 X100 Z50;	退刀至安全点
N550 M30;	程序结束并返回到主程序

表 3–3–5　火箭下箭身右端数控加工程序及说明

程序	说明
%3302;	主程序名
N10 M03 S800 T0101 G95;	主轴以 800 r/min 正转，调用第一把车刀，转进给
N20 G00 X52 Z0;	快速定位，准备车端面
N30 G01 X0 F0.1;	车端面，控制总长
N40 Z2;	退刀，离开端面
N50 G00 X47;	快速到安全点
N60 G71 U1 R0.5 P80 Q140 X0.5 Z0.1 F0.2;	粗车背吃刀量为 1 mm，退刀量为 0.5 mm。精车余量：X0.5 Z0.1。加工循环轨迹由 N80~N140 指定，粗加工进给量为 0.2 mm/r
N70 S1000;	精车转速为 1000 r/min
N80 G01 X38 F0.1;	
N90 X40 Z–1 ;	倒角
N100 Z–5;	加工到 *Y* 点
N110 X42;	
N120 X43 Z–6 ;	倒角
N130 Z–7;	加工至 *A'*

续表

程序	说明
N140 X47；	退刀
N150 G00 X100 Z50；	返回到安全点
N160 M30；	程序停止并返回到主程序

任务评价

具体评价项目及标准见表 3-3-6。

表 3-3-6 火箭下箭身检测评分表

零件名称				姓名		
检测项目		检测位置	配分	评分标准	检测结果	扣分
外圆	1	$\phi45^{0}_{-0.05}$	5	每超差 0.01 mm 扣 2 分		
	2	$\phi43^{0}_{-0.1}$	5	每超差 0.01 mm 扣 2 分		
	3	$\phi40^{0}_{-0.1}$	5	每超差 0.01 mm 扣 2 分		
长度	1	5	5	超差不得分		
	2	7	5	超差不得分		
	3	80 ± 0.1	10	每超差 0.01 mm 扣 2 分		
内孔	1	$\phi35^{+0.1}_{0}$	10	每超差 0.01 mm 扣 2 分		
螺纹	1	M40 × 1.5	15	不合格不得分		
表面粗糙度	1	Ra3.2	5	超差不得分		
	2	其余 Ra6.3	5	超差不得分		
检测项目		检测位置	配分	评分标准	检测结果	扣分
职业素养	1. 安全文明生产 （1）无违规操作情况 （2）无撞刀及其他事故 2. 机床维护与环保 3. 纪律与态度		30	违规操作、撞刀、出现事故、不按要求维护和保养机床的扣 5 ~ 10 分 / 次；违反纪律、学习不积极、没有团队协作精神的扣 2 分 / 次		
最终得分						

学后测评

一、判断题

1. 内螺纹刀尖与工件轴心线等高，如果装得过高，车削时容易引起振动，装得过低，刀头下部会与工件发生摩擦，车刀切不进去。（　　）

2. 测量内螺纹时，若螺纹塞规通端能顺利拧入工件，止端拧不进工件，则说明螺纹合格。（　　）

任务拓展

加工如图 3-3-9 所示零件，毛坯尺寸为 $\phi55\times75$ mm，材料为 45 钢。

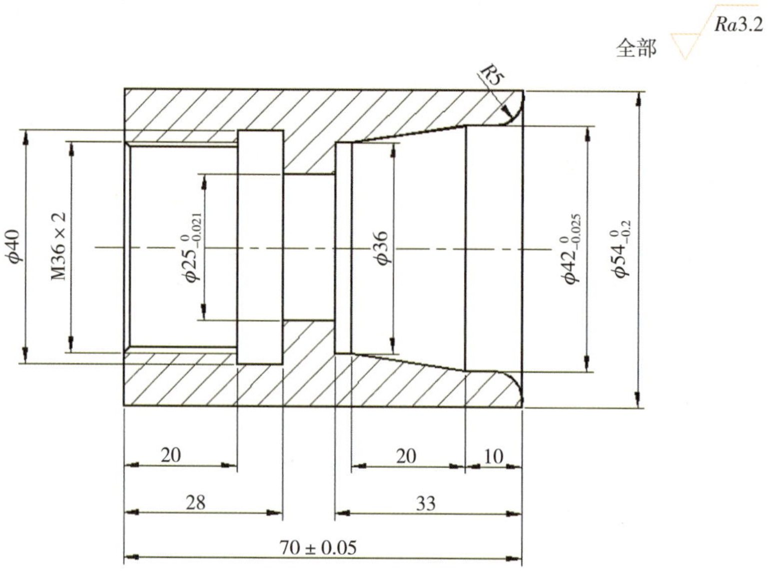

技术要求：

1.零件加工表面上，不应有划痕、擦伤等损伤零件表面的缺陷。
2.去除毛刺飞边。
3.未注倒角按C1处理。

制图			比例	2∶1
校核			材料	45

图 3-3-9　任务拓展零件图

模块四　综合零件的加工

本项目教学内容是根据2019年新制定的《车工国家职业技能标准》进行设计的，《车工国家职业技能标准》中的工作内容可选择普通车床或数控车床来完成，详见附录II。

知识目标

1. 熟练掌握车工中级职业技能考证相关工艺理论知识。
2. 掌握数控车工中级技能竞赛相关工艺理论知识。

能力目标

1. 能分析和制定车工中级职业技能考证模拟件的加工工艺方案。
2. 能分析和制定车工技能竞赛模拟件的加工工艺方案。
2. 能根据车工中级职业技能考证、技能竞赛模拟件的加工要求，准备刀具、量具、工具、夹具并正确使用。
3. 能独立编写车工中级职业技能考证、技能竞赛模拟件的加工程序。
4. 能独立操作机床，按图样要求完成零件加工，并分析零件质量。

素养目标

1. 养成严格执行与职业活动相关的、保证工作安全和防止意外的规章制度的素养。
2. 养成吃苦耐劳、爱岗敬业、攻坚克难的工匠品质。

任务一　火箭底座的加工

火箭底座模型介绍如图4-1-1所示。

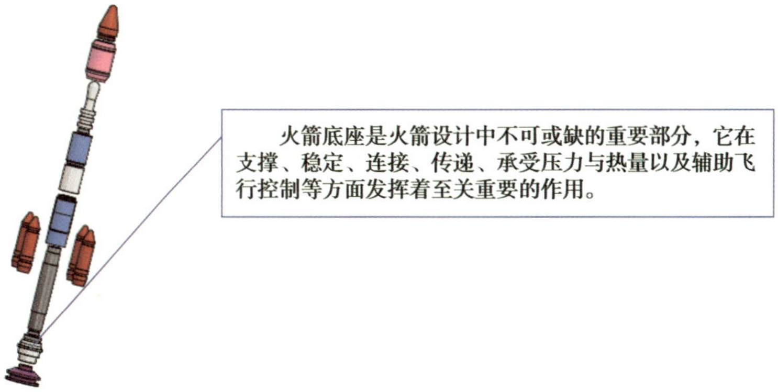

图4-1-1　火箭模型图

任务描述与分析

加工如图 4-1-2 所示零件，毛坯尺寸为 $\phi 60 \times 65$ mm，材料为 45 钢，数量为 1 件。

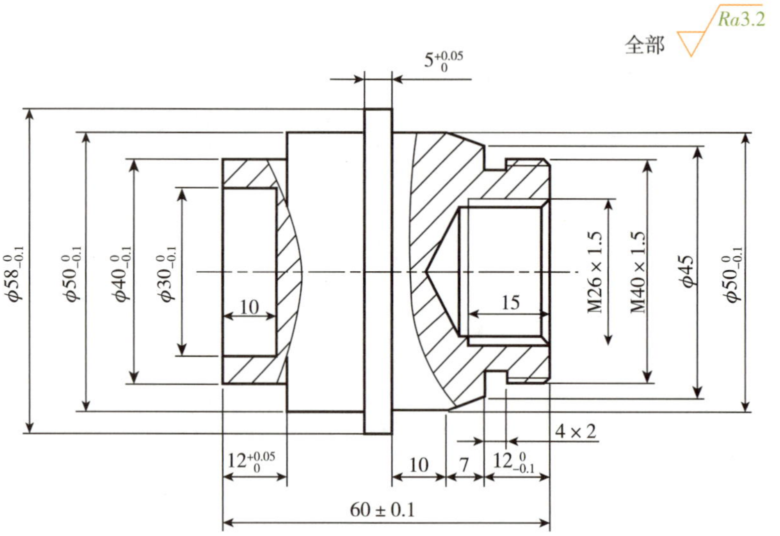

技术要求：

1.零件加工表面上，不应有划痕、擦伤等损伤零件表面的缺陷。
2.去除毛刺飞边。
3.未注倒角按C0.5处理。

制图		火箭底座	比例	2∶1
校核			材料	45
			HJDZ	

图 4-1-2 火箭底座零件图

知识指南

一、机械加工精度的概念

在实际生产中，任何加工方法所得到的实际参数都不会绝对准确，从零件的功能看，只要加工误差在零件图要求的公差范围内，就认为保证了加工精度。

机械加工精度是指零件加工后的实际几何参数（尺寸、形状和位置）与理想几何参数相符合的程度，它们之间的差异称为加工误差。加工误差的大小反映了加工精度的高低，误差越大，加工精度越低，误差越小，加工精度越高。

加工精度包括三个方面内容：

（1）尺寸精度指加工后零件的实际尺寸与零件尺寸的公差带中心的相符合程度。

（2）形状精度指加工后的零件表面的实际几何形状与理想的几何形状的相符合程度。

（3）位置精度指加工后零件有关表面之间的实际位置与理想位置相符合程度。

二、影响加工精度的因素

工艺系统中的各组成部分，包括机床、刀具、夹具的制造误差、安装误差、使用中的磨损都直接影响工件的加工精度。也就是说，在加工过程中工艺系统会产生各种误差，从而改变刀具和工件在切削运动过程中的相互位置关系而影响零件的加工精度。这些误差与工艺系统本身的结构状态和切削过程有关，产生加工误差的主要因素有以下几种。

1. 系统的几何误差

（1）加工原理误差。

（2）机床的几何误差。

（3）刀具的制造误差及磨损。

（4）夹具误差。

（5）定位误差。

2. 工艺系统的受力变形

由机床、夹具、工件、刀具所组成的工艺系统是一个弹性系统，在加工过程中由于切削力、传动力、惯性力、夹紧力以及重力的作用，会产生弹性变形，从而破坏了刀具与工件之间的准确位置，产生加工误差。如车削细长轴时（图 4–1–3），在切削力的作用下，工件因弹性变形而出现“让刀”现象。随着刀具的进给，在工件的全长上切削深度将会由多变少，然后再由少变多，结果使零件产生腰鼓形。

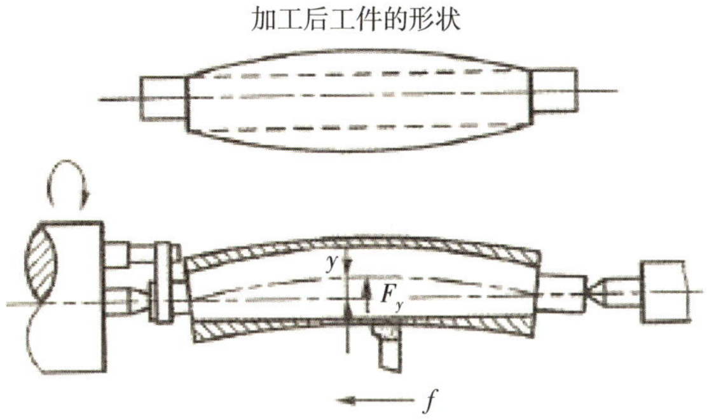

图 4–1–3　细长轴车削时受力变形

3. 工艺系统的热变形

机械加工中，工艺系统在各种热源的作用下产生一定的热变形。由于工艺系统热源分布的不均匀性及各环节结构、材料的不同，使工艺系统各部分的变形产生差异，从而破坏了刀具与工件的准确位置及运动关系，产生加工误差，尤其对于精密加工，热变形引起的加工误差占总误差的一半以上。

此外，还应注意改善机床结构，减小其热变形。首先考虑结构的对称性。一方面传动元件（轴承、齿轮等）在箱体内安装应尽量对称，使其传给箱壁的热量均衡，变形相近；另一方面，有些零件（如箱体）应尽量采用热对称结构，以便受热均匀，还应注意合理选材。对精度要求高的零件尽量选用膨胀系数小的材料。

4. 调整误差

零件加工的每一个工序中，为了获得被加工表面的形状、尺寸和位置精度，总得对机床、夹具和刀具进行这样或那样的调整。任何调整工作必然会带来一些原始误差，这种原始误差即调整误差。

调整误差与调整方法有关，调整方法主要有：

（1）试切法调整。试切法调整就是对被加工零件进行“试切—测量—调整—再试切”，直至达到所要求的精度。它的调整误差来源有：测量误差；微量进给时，机构灵敏度所引起的误差；最小切削深度影响。

（2）用定程机构调整。

（3）用样件或样板调整

5. 工件残余应力引起的误差

内应力产生的原因主要有：毛坯制造中产生的内应力；冷校正产生的内应力；切削加工产生的内应力。

减小或消除内应力的措施有：

（1）采用适当的热处理工序。

（2）给工件足够的变形时间。

（3）零件结构要合理，结构要简单，壁厚要均匀。

三、数控机床产生误差的独特性

在数控机床上所产生的加工误差，与在普通机床上产生的加工误差，其来源有许多共同之处，但也有独特之处，如伺服进给系统的跟踪误差、检测系统中的采样延滞误差等，这些都是普通机床加工时所没有的。所以在数控加工中，除了要控制在普通机床上加工时常出现的那一类误差源以外，还要有效地抑制数控加工时才可能出现的误差源。这些误差源对加工精度的影响及抑制的途径主要有以下几个方面：

（1）对机床重复定位精度的影响。

（2）检测装置的影响。

（3）刀具误差的影响。

抑制数控机床产生误差的途径有硬件补偿和软件补偿，过去一般多采用硬件补偿的方法。如加工中心采用螺距误差补偿功能。随着微电子、控制、监测技术的发展，出现了新的软件补偿技术，它的特征是应用数控系统通信的补偿控制单元和相应的软件，以实现误差的补偿，其原理是利用坐标的附加移动来修正误差。

四、提高加工精度的工艺措施

保证和提高加工精度的方法，大致可概括为以下几种：减小原始误差法、补偿原始误差法、转移原始误差法、均分原始误差法、均化原始误差法、“就地加工”法。

1. 减少原始误差

这种方法是生产中应用较广的一种基本方法。它是在查明产生加工误差的主要因素之后，设法消除或减少这些因素。如细长轴的车削，现在采用了大走刀反向车削法，基本消除了轴向切削力引起的弯曲变形。若辅之以弹簧顶尖，则可进一步消除热变形引起的热伸长的影响。

2. 补偿原始误差

误差补偿法，是人为地造出一种新的误差，去抵消原来工艺系统中的原始误差。当原始误差是负值时人为的误差就取正值，反之，取负值，并尽量使两者大小相等；或者利用一种原始误差去抵消另一种原始误差，也是尽量使两者大小相等，方向相反，从而达到减少加工误差，提高加工精度的目的。

3. 转移原始误差

误差转移法实质上是转移工艺系统的几何误差、受力变形和热变形等。误差转移法的实例很多，如当机床精度达不到零件加工要求时，常常不是一味提高机床精度，而是从工艺上或夹具上想办法，创造条件，使机床的几何误差转移到不影响加工精度的方面去。如磨削主轴锥孔保证其和轴颈的同轴度，不是靠机床主轴的回转精度来保证，而是靠夹具保证。当机床主轴与工件之间用浮动联接以后，机床主轴的原始误差就被转移掉了。

4. 均分原始误差

在加工中，由于毛坯或上道工序误差（以下统称“原始误差”）的存在，往往造成本工序的加工误差，或者由于工件材料性能改变，或者上道工序的工艺改变（如毛坯精化后，把原来的切削加工工序取消），引起原始误差发生较大的变化，这种原始误差的变化，对本工序的影响主要有两种情况：

（1）误差复映，引起本工序误差。

（2）定位误差扩大，引起本工序误差。

解决这个问题，最好是采用分组调整均分误差的办法。这种办法的实质就是把原始误差按其大小均分为 n 组，每组毛坯误差范围就缩小为原来的 $1/n$，然后按各组分别调整加工。

5. 均化原始误差

对配合精度要求很高的轴和孔，常采用研磨工艺。研具本身并不要求具有高精度，但它能在和工件做相对运动过程中对工件进行微量切削，高点逐渐被磨掉（当然，模具也被工件磨去一部分），最终使工件达到很高的精度。这种表面间的摩擦和磨损的过程，就是误差不断减少的过程。这就是误差均化法。它的实质就是利用有密切联系的表面相互比较，相互检查从对比中找出差异，然后进行相互修正或互为基准加工，使工件被加工表面的误差不断缩小。在生产中，许多精密基准件（如平板、直尺、角度规、端齿分度盘等）都是利用误差均化法加工出来的。

6. “就地加工”法

在加工和装配中有些精度问题，牵涉零件或部件间的相互关系，相当复杂，若一味地提高零部件本身精度，有时不仅困难，甚至不可能，若采用“就地加工”法（也称自身加工修配法）的方法，就可能很方便地解决看起来非常困难的精度问题。“就地加工”法在机械零件加工中常用来作为保证零件加工精度的有效措施。

五、表面质量

机械加工表面质量，是指零件在机械加工后表面层的微观几何形状误差和物理、化学及力学性能。产品的工作性能、可靠性、寿命在很大程度上取决于主要零件的表面质量。

加工表面几何特性包括表面粗糙度、表面波度、表面加工纹理几个方面。表面粗糙度是构成加工表面几何特征的基本单元。

用金属切削刀具加工工件表面时，表面粗糙度主要受几何因素、物理因素和机械加工工艺因素三个方面的作用和影响。

1. 几何因素

从几何的角度考虑，刀具的形状和几何角度，特别是刀尖圆弧半径、主偏角、副偏角和切削用量中的进给量等对表面粗糙度有较大的影响。

2. 物理因素

从切削过程的物理实质考虑，刀具的刃口圆角及后面的挤压与摩擦使金属材料发生塑性变形，严重恶化了表面粗糙度。在加工塑性材料而形成带状切屑时，在前刀面上容易形成硬度很高的积屑瘤。它可以代替前刀面和切削刃进行切削，使刀具的几何角度、背吃刀量发生变化。积屑瘤的轮廓很不规则，因而使工件表面上出现深浅和宽窄都不断变化的刀痕。有些积屑瘤嵌入工件表面，更增加了表面粗糙度。切削加工时的振动，使工件表面粗糙度参数值增大。

3. 工艺因素

从工艺的角度考虑其对工件表面粗糙度的影响，主要有与切削刀具有关的因素、与工件材质有关的因素和与加工条件有关的因素等。

任务实施

1. 火箭底座工艺分析（表 4–1–1）

表 4–1–1　火箭底座的加工工艺分析

项目内容	分析说明
设备选用	CNC–K400 华中系统 808D
刀具选择	ϕ20 麻花钻 主偏角为 75° 的机夹车刀，刀号 T0101 主偏角为 93° 的内孔车刀，刀号 T0202 切槽刀（刀宽 4 mm），刀号 T0303 外螺纹刀，刀号 T0404 内螺纹刀，刀号 T0505
量具选用	游标卡尺（0 ~ 125 mm） 外径千分尺（25 ~ 50 mm） 内径百分表（18 ~ 35 mm）
切削用量的选用	背吃刀量：粗车时为 1 mm，精车时为 0.5 mm 进给量：粗车时 f=0.2 mm/r，精车时 f=0.1 mm/r 主轴转速：粗车时 n=800 r/min，精车时 n=1000 r/min，螺纹加工时 n=400 r/min
坐标原点的选取	本零件分两次调头装夹车削完成，先完成左侧内孔及外圆台阶加工，再调头夹 ϕ50 外圆车左侧，加工右端外圆、外螺纹、内孔、内螺纹。所以该零件的坐标原点有两个，一个为零件右端面与轴线的交点，另一个为零件左端面与轴线的交点
加工工步	1. 夹毛坯 ϕ60 外圆，伸出长度约 34 mm，平端； 2. 粗、精加工左端 ϕ30 内孔； 3. 粗、精加工左端外圆 ϕ58、ϕ50、ϕ40 并倒角； 4. 夹 ϕ50 外圆，用铜皮包裹，找正夹紧，平端面，保证总长尺寸。完成右端外圆、外沟槽、外螺纹的加工，完成 ϕ40、ϕ35 内螺纹的加工
编程用功能指令	编程采用 G00、G01、G71、G82 指令

2. 相关计算

外螺纹大径和小径计算：

（1）螺纹大径：$d_{大}=d-0.13P=40-0.13\times1.5=39.805$（mm）

（2）螺纹小径：$d_{小}=d-1.0825P=40-1.0825\times1.5=38.376$（mm）

内螺纹大径和小径计算：

（1）螺纹小径：$D_{小}=d-1.0825P=26-1.0825\times1.5\approx24.38$（mm）

（2）螺纹大径：$D_{大}=d-0.13P=26-0.13\times1.5\approx25.805$（mm）

3. 火箭底座数控加工程序（表 4–1–2、表 4–1–3）

表 4–1–2　火箭底座左端数控加工程序及说明

程序	说明
%4101	主程序名
N10 M03 S800 T0101 G95;	主轴以 800 r/min 正转，转进给，调用 1 号刀
N20 G00 X62 Z0;	快速定位，准备车端面
N30 G01 X–0.5 F0.1;	车端面

续表

程序	说明
N40 Z2；	退刀，离开端面
N50 G0 X100 Z50；	退刀安全点
N60 T0202；	换二号刀
N70 G0 X20 Z2；	快速定位循环起点
N80 G71 U1 R0.5 P100 Q140 X–0.5 Z0.1 F0.2；	粗车背吃刀量为 1 mm，退刀量为 0.5 mm。精车余量：X–0.5 Z0.1。加工循环轨迹由 N100~N140 指定，粗加工进给量为 0.2 mm/r
N90 S1000;	精车转速为 1000 r/min
N100 G01 X32 F1；	
N110 G01 Z0 F0.1；	
N120 X30 Z–1 ；	倒角
N130 Z–10；	加工加工 ϕ20 的内孔
N140 X28；	退刀
N150 Z2；	
N160 G00 X100 Z100；	退回安全点
N170 M00；	程序暂停
N180 T0101；	换一号刀
N190 G00 X62 Z2；	循环起点
N200 G71 U1 R0.5 P100 Q160 X–0.5 Z0.1 F0.2；	粗车背吃刀量为 1 mm，退刀量为 0.5 mm。精车余量：X–0.5 Z0.1。加工循环轨迹由 N190~N270 指定，粗加工进给量为 0.2 mm/r
N190 S1000;	精加工转速为 1000 r/min
N200 G01 X38 F1；	
N210 X40 Z–1 F0.1；	倒角
N220 Z–12；	加工 ϕ40 的外圆
N230 X48；	
N240 X50 Z–13；	倒角
N250 Z–26；	加工 ϕ50 的外圆
N260 X56；	
N270 X58 Z–27；	倒角
N280 Z–34；	退刀
N290 G00 X100 Z50；	回到安全点
N300 M30；	程序结束，并返回到起点

表 4–1–3　火箭底座右端数控加工程序及说明

程序	说明
%4102；	主程序名
N10 M03 S800 T0101 G95；	主轴以 800 r/min 正转，调用第一把车刀，转进给
N20 G00 X62 Z0；	快速定位，准备车端面
N30 G01 X0 F0.1；	车端面，控制总长

续表

程序	说明
N40 Z2;	退刀，离开端面
N50 G00 X62 ;	快速到循环起点
N60 G71 U1 R0.5 P70 Q160 X-0.5 Z0.1 F0.2;	粗车背吃刀量为 1 mm，退刀量为 0.5 mm。精车余量：X-0.5 Z0.1。加工循环轨迹由 N70~N160 指定，粗加工进给量为 0.2 mm/r
N70 S1000;	精车转速为 1000 r/min
N80 G01 X36 F1;	
N90 X39.805 Z-2 F0.1;	倒角
N100 Z-12 ;	加工 ϕ40 的外圆
N110 X45;	
N120 X50 Z-19;	加工锥度
N130 Z-29;	加工 ϕ50 的外圆
N140 X56;	
N150 X58 Z-30;	倒角
N160 G00 X62;	
N170 X100 Z50;	退刀
N180 M00;	程序暂停
N190 M03 S800 T0202 G95;	主轴以 800 r/min 正转，调用第二把车刀，转进给
N200 G0 X22 Z2;	快速定位循环起点
N210 G71 U1 R0.5 P230 Q270 X-0.5 Z0.1 F0.2;	粗车背吃刀量为 1mm，退刀量为 0.5 mm。精车余量：X-0.5 Z0.1。加工循环轨迹由 N230~N270 指定，粗加工进给量为 0.2 mm/r
N220 S1000;	经车转速为 1000 r/min
N230 G01 X20.38 F0.1;	
N240 Z0;	
N250 X24.38 Z-2;	倒角
N260 Z-20;	加工内螺纹底孔
N270 X22;	退刀
N280 G0 X100 Z50;	退刀至安全点
N290 M00;	程序暂时
N300 M03 S400 T0505 G95;	主轴以 400 r/min 正转，调用第五把外螺纹车刀，转进给
N310 G00 X22 Z2;	螺纹加工起点
N320 G82 X25 Z-17 F1.5;	加工螺纹至 ϕ25
N330 X25.5;	加工螺纹至 ϕ25.5
N340 X25.7;	加工螺纹至 ϕ25.7
N350 X25.8;	加工螺纹至 ϕ25.8
N360 G0 X100 Z50;	快速退刀至安全点
N370 M00;	程序暂停
N380 M03 S400 T0303 G95;	主轴以 400 r/min 正转，调用第三把切槽刀
N390 G0 X50 Z50;	

续表

程序	说明
N400 Z-12;	
N410 G01 X36 F0.1;	切槽
N420 G01 X45 F1;	退刀
N430 G00 X80 Z50;	
N440 M00;	程序暂停
N450 M03 S400 T0404 G95;	主轴以 400 r/min 正转，调用第四把外螺纹刀
N460 G00 X43 Z2;	螺纹加工起点
N470 G82 X39 Z-10.5 F1.5;	加工螺纹至 $\phi39$
N480 X38.5 ;	加工螺纹至 $\phi38.5$
N490 X38.3;	加工螺纹至 $\phi38.3$
N500 M30;	程序结束并返回到主程序

任务评价

具体评价项目及标准见表 4-1-4。

表 4-1-4 火箭底座检测评分表

零件名称				姓名		
检测项目		检测位置	配分	评分标准	检测结果	扣分
外圆	1	$\phi58^{0}_{-0.1}$	5	每超差 0.01 mm 扣 2 分		
	2	$\phi50^{0}_{-0.1}$（两处）	10	每超差 0.01 mm 扣 2 分		
	3	$\phi40^{0}_{-0.1}$	5	每超差 0.01 mm 扣 2 分		
螺纹	4	M40 × 1.5（外）	10	不合格不得分		
	5	M26 × 1.5（内）	10	不合格不得分		
长度	6	4 × 2（±0.1）	5	超差不得分		
	7	$12^{+0.05}_{0}$	5	每超差 0.01mm 扣 1 分		
	8	$12^{0}_{-0.1}$	3	每超差 0.01 mm 扣 1 分		
	9	$5^{+0.05}_{0}$	4	每超差 0.01 mm 扣 1 分		
	10	60 ± 0.1	3	每超差 0.01 mm 扣 1 分		
表面粗糙度	11	$Ra3.2$	5	超差不得分		
		其余 $Ra6.3$	5	超差不得分		
职业素养	1. 安全文明生产 （1）无违规操作情况 （2）无撞刀及其他事故 2. 机床维护与环保 3. 纪律与态度		30	违规操作、撞刀、出现事故、不按要求维护和保养机床的扣 5 ~ 10 分 / 次；违反纪律、学习不积极、没有团队协作精神的扣 2 分 / 次		
最终得分						

学后测评

一、判断题

1. 加工精度包括尺寸精度、形状精度和位置精度。 (　　)

2. 用试切法调整误差，就是对工件进行“试切—测量—调整—再试切”，直至达到所要求的精度。它的调整误差来源有：测量误差；微量进给时，机构灵敏度所引起的误差；最小切削深度影响。(　　)

3. 在车削细长轴时，在切削力的作用下，工件因弹性变形而出现“让刀现象”，可以忽略不考虑。 (　　)

任务拓展

加工如图 4-1-4 所示套类零件，毛坯尺寸为 $\phi50\times55$ mm，材料为 45 钢。

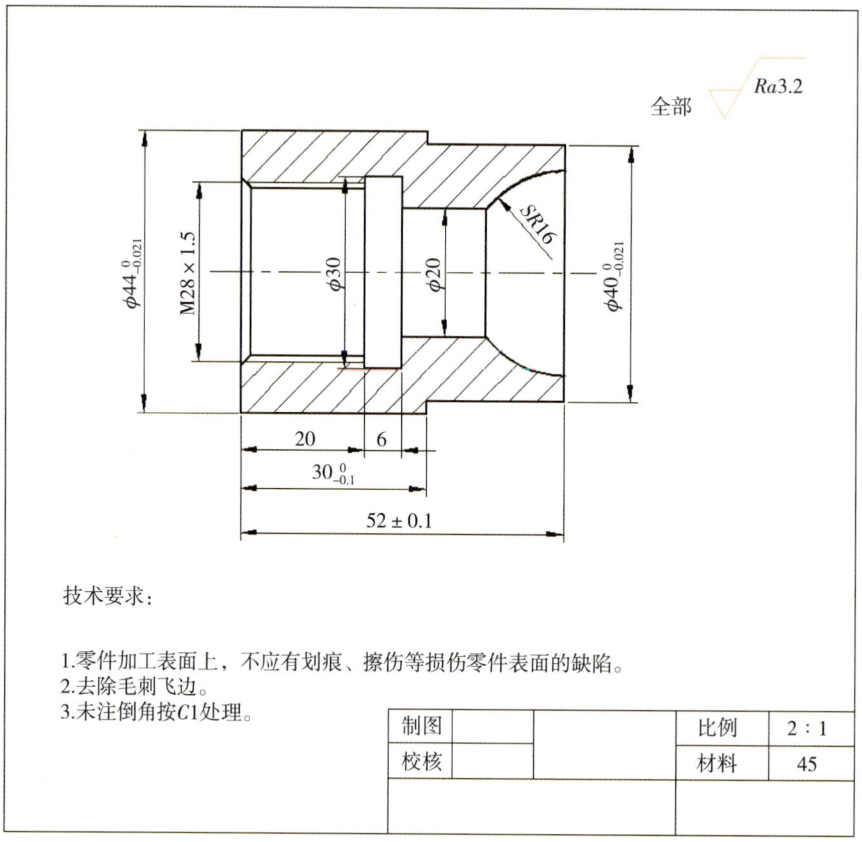

图 4-1-4　套类零件图

任务二 火箭心轴的加工

火箭心轴模型介绍如图 4-2-1 所示。

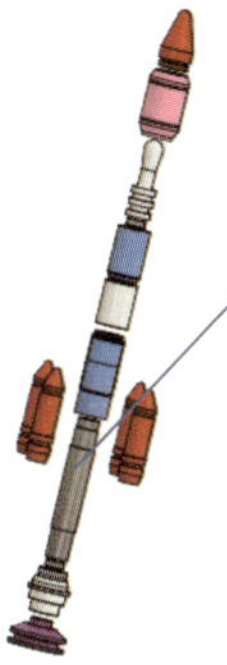

火箭心轴为旋转部件提供稳定的支撑和准确的定位，确保其在高速旋转时不会偏离预定的轨迹，减少旋转部件与支撑结构之间的摩擦和磨损，从而，延长设备的使用寿命。

火箭心轴的加工

图 4-2-1 火箭模型图

任务描述与分析

加工如图 4-2-2 所示零件，毛坯尺寸为 $\phi60\times211$ mm，材料为 45 钢，数量为 1 件。

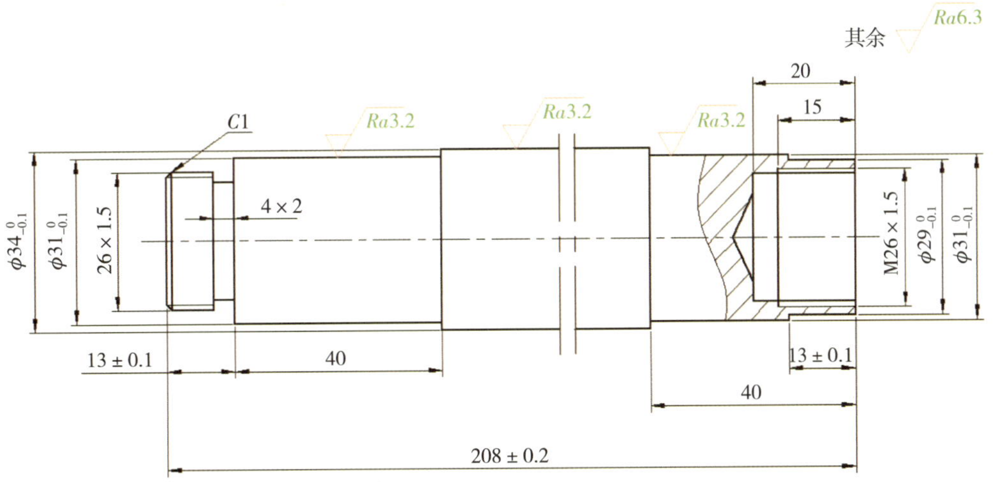

技术要求：

1.零件加工表面上，不应有划痕、擦伤等损伤零件表面的缺陷。
2.去除毛刺飞边。
3.未注倒角按C0.5处理。

制图		火箭心轴	比例	2：1
校核			材料	45
			HJXZ	

图 4-2-2 火箭心轴零件图

知识指南

一、加工余量的概念

加工余量是指加工过程中所切去的金属层厚度，余量有总加工余量和工序余量之分。由毛坯转变为零件的过程中，在某加工表面上切除金属层的总厚度，称为该表面的总加工余量（简称工序余量）。一般情况下，总加工余量并非一次切除，而是分在各工序中逐渐切除。故每道工序所切除的金属层厚度称为该工序加工余量（简称工序余量）。工序余量是相邻两工序的工序尺寸之差，毛坯余量是毛坯尺寸与零件图样的设计尺寸之差。

由于工序尺寸有公差，故实际切除的余量大小不等。

如图 4-2-3 所示为工序余量与工序尺寸的关系。

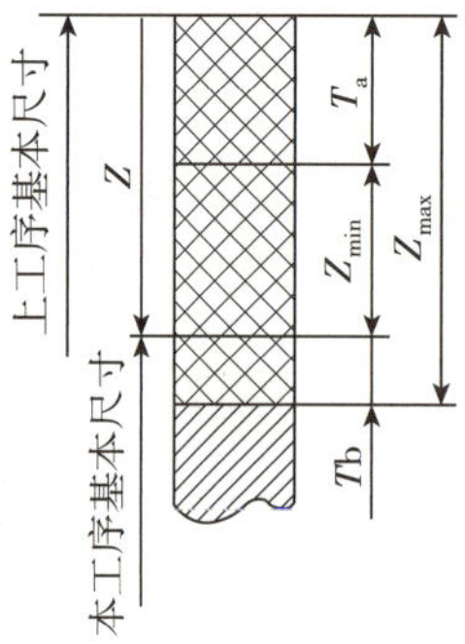

（a）被包容面（轴）

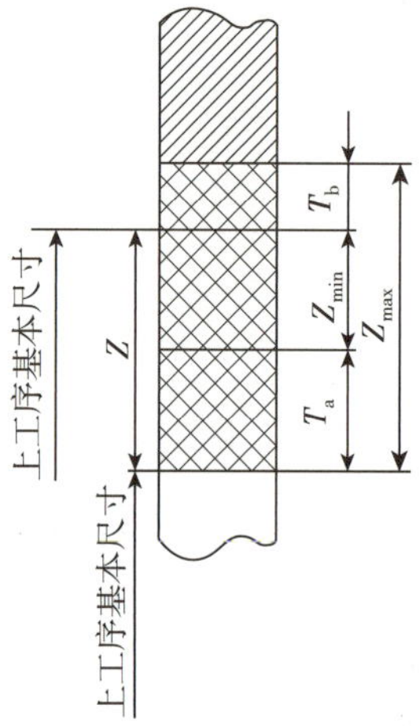

（b）包容面（孔）

图 4-2-3　工序余量与工序尺寸及其公差的关系

由图 4-2-3 可知，工序余量的基本尺寸（简称基本余量或公称余量）Z 可按下式计算：

对于被包容面：Z= 上工序基本尺寸 - 本工序基本尺寸

对于包容面：Z= 本工序基本尺寸 - 上工序基本尺寸

为了便于加工，工序尺寸都按“入体原则”标注极限偏差，即被包容面的工序尺寸取上偏差为零；包容面的工序尺寸取下偏差为零；毛坯尺寸则按双向布置上、下偏差。

工序余量和工序尺寸及其公差的计算公式：

$$Z = Z_{min}+T_a$$

$$Z_{max}=Z+T_b= Z_{min}+T_a+T_b$$

式中，Z_{min}——最小工序余量；

Z_{max}——最大工序余量；

T_a——上工序尺寸的公差；

T_b——本工序尺寸的公差。

由于毛坯尺寸、零件尺寸和各道工序的工序尺寸都存在误差，所以无论是总加工余量，还是工序加工余量都是一个变动值，出现了最大和最小加工余量，它们与工序尺寸及其公差的关系可用图 4–2–4 说明。由图可以看出，公称加工余量为前工序和本工序尺寸之差，最小加工余量为前工序尺寸的最小值和本工序尺寸的最大值之差；最大加工余量为前工序尺寸的最大值和本工序尺寸的最小值之差。工序加工余量的变动范围（最大加工余量与最小加工余量之差）等于前工序的工序尺寸公差之和。

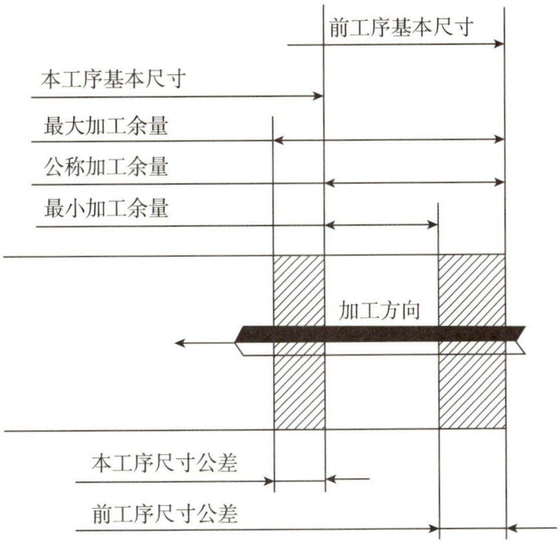

图 4–2–4　工序加工余量及其公差

二、影响加工余量的因素

在确定工序的具体内容时，其工作之一就是合理地确定工序加工余量。加工余量的大小对零件的加工质量和制造的经济性均有较大的影响。加工余量过大，必然增加机械加工的劳动量、降低生产率，增加原材料、设备、工具及电力等的消耗。加工余量过小，又不能确保切除上工序形成的各种误差和表面缺陷，影响零件的质量，甚至产生废品。由图 4–2–4 可知，工序加工余量（又称公称值）除可用相邻工序的工序尺寸表示外，还可以用另外一种方法表示，即工序加工余量等于最小加工余量与前工序尺寸公差之和。

影响工序加工余量的因素可归纳为下列几点：

（1）前工序的工序尺寸公差（T_a）。

（2）前工序形成的表面粗糙度和表面缺陷层深度（$Ra + Da$）。

（3）前工序形成的形状误差和位置误差（Δx、Δw）。

（4）本工序的装夹误差（ε_b）。

三、确定加工余量的方法

确定加工余量的方法有以下三种。

1. 查表修正法

根据生产实践和试验研究，已将毛坯余量和各种工序的工序余量数据写于手册。确定加工余量时，可从手册中获得所需数据，然后结合工厂的实际情况进行修正。查表时应注意表中的数据为公称值，对称表面（轴孔等）的加工余量是双边余量，非对称表面的加工余量是单边的，这种方法目前应用最广。

2. 经验估计法

此法是根据实践经验确定加工余量。为防止加工余量不足而产生废品，往往估计的数值总是偏大，因而这种方法只适用于单件、小批生产。

3. 分析计算法

这是根据加工余量计算公式和一定的试验资料，通过计算确定加工余量的一种方法。采用这种方法确定的加工余量比较经济合理，但必须有比较全面可靠的试验资料及先进的计算手段方可进行，故目前应用较少。

在确定加工余量时，总加工余量和工序加工余量要分别确定，总加工余量的大小与选择的毛坯制造精度有关。用查表法确定工序加工余量时，粗加工工序的加工余量不应查表确定，而是用总加工余量减去各工序余量求得，同时要对求得的粗加工工序余量进行分析。若过小，要增加总加工余量；过大，应适当减少总加工余量，以免造成浪费。

任务实施

1. 火箭心轴工艺分析（表 4–2–1）

表 4–2–1　火箭心轴加工工艺分析

项目内容	分析说明
设备选用	CNC–K400 华中系统 808D
刀具选择	ϕ20 麻花钻 主偏角为 75° 的机夹车刀，刀号 T0101 切槽刀（刀宽 4 mm），刀号 T0202 外螺纹刀，刀号 T0303 93° 的内孔车刀，刀号 T0404 内螺纹刀，刀号 T0505
量具选用	游标卡尺（0 ~ 125 mm） 外径千分尺（25 ~ 50 mm） 内径百分表（18 ~ 35 mm） M26 × 1.5 mm 的螺纹环规和螺纹塞规
切削用量的选用	背吃刀量：粗车时为 1 mm，精车时为 0.5 mm 进给量：粗车时 f=0.2 mm/r，精车时 f=0.1 mm/r 主轴转速：粗车时 n=800 r/min，精车时 n=1000 r/min，螺纹加工时 n=400 r/min
坐标原点的选取	本零件分两次调头装夹车削完成，先完成左侧外圆台阶和外螺纹的加工，再调头夹 ϕ34 外圆车左侧，加工右端外圆、内孔、内螺纹。所以该零件的坐标原点有两个，一个为零件右端面与轴线的交点，另一个为零件左端面与轴线的交点
加工工步	1. 夹毛坯 ϕ40 外圆，采用一夹一顶，伸出长度约 175 mm，平端面； 2. 粗、精加工左端外圆 ϕ34、ϕ31、ϕ25.8 并倒角，加工 4 × 2 的螺纹退刀槽； 3. 车 M26 × 1.5 mm 的外螺纹； 4. 夹 ϕ34 外圆，用铜皮包裹，找正夹紧，平端面，保证总长尺寸； 5. 完成右端外圆 ϕ31、ϕ29、内螺纹 M26 × 1.5 mm 的加工
编程用功能指令	编程采用 G00、G01、G71、G82 指令

2. 相关计算

外螺纹大径和小径计算：

（1）螺纹大径：$d_{大}=d-0.13P=26-0.195=25.805$（mm）

（2）螺纹小径：$d_{小}=d-1.0825P=26-1.623\approx 24.37$（mm）

内螺纹大径和小径计算：

（1）螺纹小径：$D_{小}=d-1.0825P=26-1.0825\times 1.5\approx 24.38$（mm）

（2）螺纹大径：$D_{大}=d-0.13P=26-0.13\times 1.5\approx 25.805$（mm）

3. 火箭心轴数控加工程序（表 4-2-2、4-2-3）

表 4-2-2 火箭心轴左端数控加工程序及说明

程序	说明
%4201;	主程序名
N10 M03 S800 T0101 G95;	主轴以 800 r/min 正转，转进给，调用 1 号刀
N20 G00 X42 Z0;	快速定位，准备车端面
N30 G01 X-0.5 F0.1;	车端面
N40 Z2;	退刀，离开端面
N50 G00 X42;	刀具回循环起点
N60 G71 U2 R1 P80 Q180 X0.5 Z0 F0.2;	粗车背吃刀量为 2 mm，退刀量为 1 mm。精车余量：X0.5 mm，Z0 mm。加工循环轨迹由 N80~N180 指定，粗加工进给量为 0.2 mm/r
N70 S1000;	精车转速为 1000 r/min
N80 G01 X24 F1;	
N90 G01 Z0 F0.1;	
N100 X25.8 Z-2;	倒角
N110 Z-13 ;	加工 ϕ25.8 的外圆
N120 X30;	
N130 X31 Z-14;	倒角
N140 Z-53;	加工 ϕ31 的外圆
N150 X32;	
N160 X34 Z-54;	倒角
N170 Z-170;	加工 ϕ34 的外圆
N180 X40;	退刀
N190 G00 X100 Z50;	退刀至安全点
N200 M00;	程序暂停
N210 T0202;	选 2 号刀，执行 2 号刀补，刀宽 4 mm
N220 M03 S300;	主轴正转，转速为 300 r/min
N230 G00 X100 Z50;	快速到达安全点
N240 G00 X42 Z2;	定位于切槽起刀点
N250 Z-13;	快进到长度 Z-13 切槽的起刀点处
N260 G01 X22 F0.1;	槽底直径 ϕ22
N270 G04 P4;	刀具在槽底暂停 4S
N280 G00 X42;	刀具往 X 正向快速退出
N290 Z100;	刀具往 Z 正向退到安全位置
N300 M03 S400 T0303;	主轴正转，转速为 400 r/min，换 3 号刀，执行 3 号刀补

续表

程序	说明
N310 G00 X28 Z2；	定位于螺纹起刀点
N320 G82 X25 Z-12.5 F1.5；	加工螺纹至 ϕ25（第一刀）
N330 X24.4；	加工螺纹至 ϕ24.4（第二刀）
N340 X24.2；	加工螺纹至 ϕ24.2（第三刀）
N350 X24.05；	加工螺纹至 ϕ24.05（第四刀）
N360 G00 X100 Z50；	退刀至安全点
N370 M30；	程序结束并复位

表 4-2-3　火箭心轴右端数控加工程序及说明

程序	说明
%4202；	主程序名
N10 M03 S800 T0101 G95；	主轴以 800r/min 正转，调用第一把车刀，转进给
N20 G00 X42 Z0；	快速定位，准备车端面
N30 G01 X0 F0.1；	车端面，控制总长
N40 Z2；	退刀，离开端面
N50 G00 X42 ；	快速到安全点
N60 G71 U1 R0.5 P70 Q160 X-0.5 Z0.1 F0.2；	粗车背吃刀量为 1 mm，退刀量为 0.5 mm。精车余量：X-0.5 Z0.1。加工循环轨迹由 N70~N150 指定，粗加工进给量为 0.2 mm/r
N70 S1000；	精车转速为 1000 r/min
N80 G01 X28 F1；	
N90 X29 Z-1 F0.1；	倒角
N100 Z-13；	加工 ϕ29 的外圆
N110 X30；	
N120 X31 Z-14；	倒角
N130 Z-40；	加工 ϕ31 的外圆
N140 X32；	
N150 X34 Z-41；	倒角
N160 G00 X42；	
N170 X100 Z50；	退刀
N180 M00；	程序暂停
N190 M03 S800 T0202 G95；	主轴以 800 r/min 正转，调用第四把车刀，转进给
N200 G00 X22 Z2；	快速定位循环起点
N210 G71 U1 R0.5 P230 Q270 X-0.5 Z0.1 F0.2；	粗车背吃刀量为 1 mm，退刀量为 0.5 mm。精车余量：X-0.5 Z0.5。加工循环轨迹由 N230~N270 指定，粗加工进给量为 0.2 mm/r
N220 S1000；	精车转速为 1000 r/min
N230 G01 X20.38 F0.1；	
N240 Z0；	
N250 X24.38 Z-2；	倒角

续表

程序	说明
N260 Z-20;	加工内螺纹底孔
N270 X22;	退刀
N280 G0 X100 Z50;	退刀至安全点
N290 M00;	程序暂时
N300 M03 S400 T0505 G95;	主轴以 400 r/min 正转，调用第五把外螺纹车刀，转进给
N310 G00 X22 Z2;	螺纹加工起点
N320 G82 X25 Z-17 F1.5;	加工螺纹至 $\phi25$
N330 X25.5;	加工螺纹至 $\phi25.5$
N340 X25.7;	加工螺纹至 $\phi25.7$
N350 X25.8;	加工螺纹至 $\phi25.8$
N360 G00 X100 Z50;	快速退刀至安全点
N370 M30;	程序结束并返回到主程序

任务评价

具体评价项目及标准见表 4-2-4。

表 4-2-4 火箭心轴检测评分表

零件名称				姓名		
检测项目		检测位置	配分	评分标准	检测结果	扣分
外圆	1	$\phi34^{0}_{-0.1}$	5	每超差 0.01 mm 扣 2 分		
	2	$\phi31^{0}_{-0.1}$（两处）	10	每超差 0.01 mm 扣 2 分		
	3	$\phi29^{0}_{-0.1}$	5	每超差 0.01 mm 扣 2 分		
螺纹	4	M26×1.5（外）	10	不合格不给分		
	5	M26×1.5（内）	10	不合格不给分		
长度	6	4×2（±0.1）	3	超差不得分		
	7	C1	3	超差不得分		
	8	13±0.1（两处）	3	超差不得分		
	9	40（两处）	3	超差不得分		
	10	208±0.2	3	超差不得分		
表面粗糙度	11	*Ra*3.2	10	超差不得分		
	12	其余 *Ra*6.3	5	超差不得分		
职业素养	1. 安全文明生产 （1）无违规操作情况 （2）无撞刀及其他事故 2. 机床维护与环保 3. 纪律与态度		30	违规操作、撞刀、出现事故、不按要求维护和保养机床的扣 5 ~ 10 分 / 次；违反纪律、学习不积极、没有团队协作精神的扣 2 分 / 次		
最终得分						

学后测评

一、判断题

1. 确定加工余量的方法有以下三种：查表修正法、经验估计法、分析计算法。 (　　)
2. 切削速度大，刀具容易产生积屑瘤。 (　　)
3. 砂轮的硬度取决于磨粒的硬度。 (　　)

任务拓展

加工如图 4–2–5 所示零件，毛坯尺寸为 $\phi50\times85$ mm，材料为 45 钢。

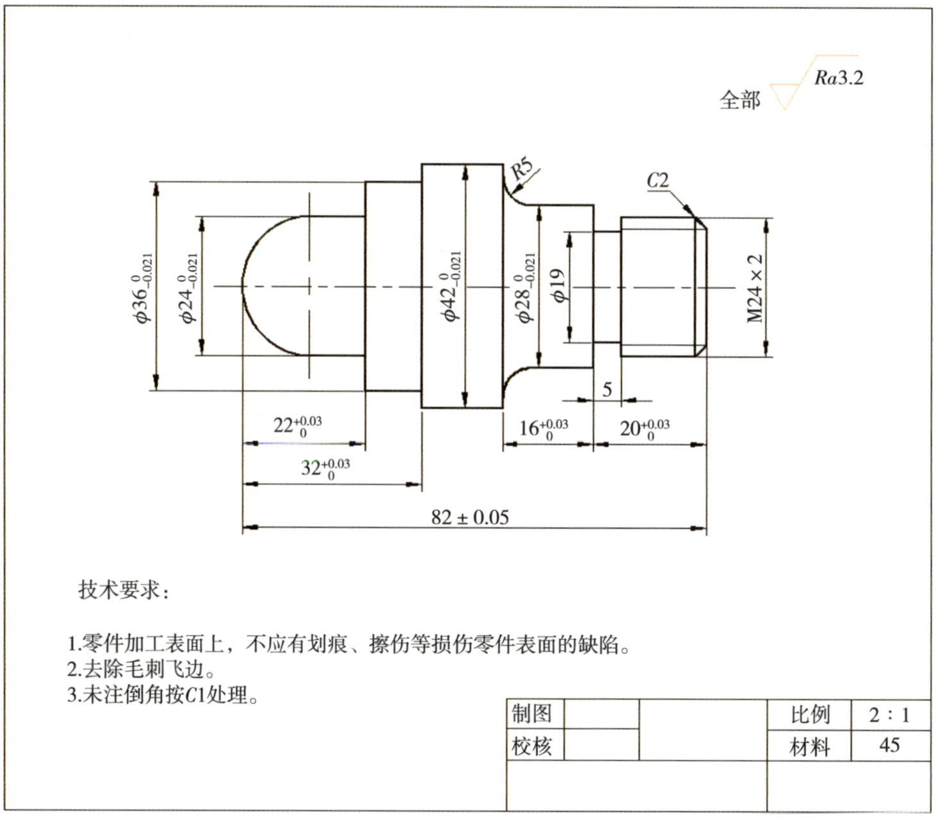

图 4–2–5　轴类零件图

任务三　火箭箭仓的加工

火箭箭仓模型介绍如图 4–3–1 所示。

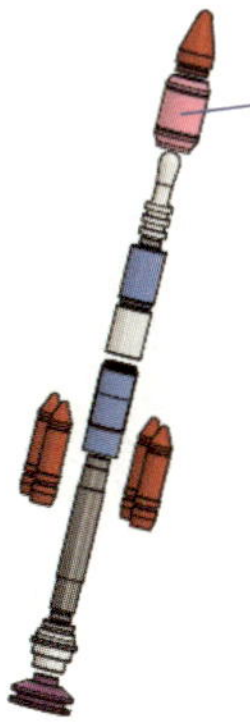

火箭箭仓在火箭的发射和飞行过程中发挥着至关重要的作用。它不仅存储了火箭所需的推进剂并承受了来自火箭其他部分的重量和载荷，还安装了控制系统和其他设备以确保火箭的稳定飞行和姿态控制。同时，箭仓的结构设计也充分考虑到了火箭在飞行中的稳定性和安全性需求。

图 4-3-1　火箭模型图

任务描述与分析

加工如图 4-3-2 所示零件，毛坯尺寸为 $\phi60 \times 93$ mm，材料为 45 钢，数量为 1 件。

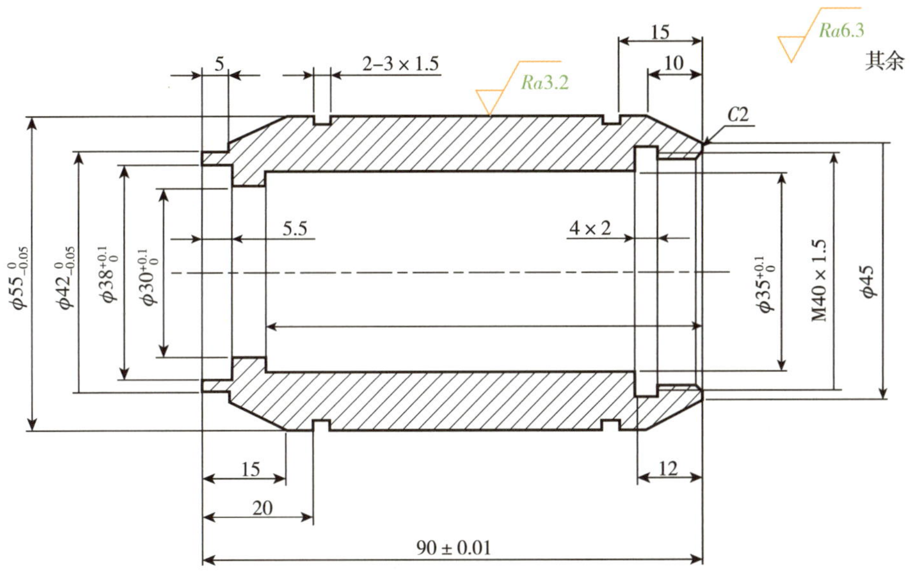

技术要求：

1.零件加工表面上，不应有划痕、擦伤等损伤零件表面的缺陷。
2.去除毛刺飞边。
3.未注倒角按C0.5处理。

制图		火箭箭仓	比例	2 : 1
校核			材料	45
			HJJC	

图 4-3-2　火箭箭仓零件图

任务实施

1. 火箭箭仓工艺分析（表 4–3–1）

表 4–3–1　火箭箭仓加工工艺分析

项目内容	分析说明
设备选用	CNC–K400 华中系统 808D
刀具选择	ϕ20 麻花钻 主偏角为 75° 机夹车刀，刀号 T0101 主偏角 93° 内孔车刀，刀号 T0202 外切槽刀（刀宽 3 mm），刀号 T0303 内切槽刀（刀宽 4 mm），刀号 T0404 内螺纹刀，刀号 T0505
量具选用	游标卡尺（0 ～ 125 mm） 外径千分尺（25 ～ 50 mm） 内径百分表（18 ～ 35 mm，35 ～ 50 mm） M40 × 1.5 mm 的螺纹塞规
切削用量的选用	背吃刀量：粗车时为 1 mm，精车时为 0.5 mm 进给量：粗车时 f=0.2 mm/r，精车时 f=0.1 mm/r 主轴转速：粗车时 n=800 r/min，精车时 n=1000 r/min，车槽时 n=300 r/min，螺纹加工时 n=400 r/min
坐标原点的选取	本零件分两次调头装夹车削完成，先完成右侧内孔、内槽和内螺纹加工，再加工右端外圆、锥度。调头夹 ϕ55 外圆车右侧，加工左端外圆、内孔，再加工外圆和锥度。所以该零件的坐标原点有两个，一个为零件右端面与轴线的交点，另一个为零件左端面与轴线的交点
加工工步	1. 夹毛坯 ϕ60 外圆，伸出长度约 72 mm，平端面； 2. 用 ϕ20 的麻花钻钻通孔； 3. 粗、精加工右端内孔 ϕ35，车内槽和内螺纹； 4. 粗、精加工 ϕ55 外圆、锥度以及外沟槽； 5. 掉头装夹 ϕ55 外圆，用铜皮包裹，找正夹紧，平端面，保证总长尺寸； 6. 粗、精加工左端内孔 ϕ30、ϕ38； 7. 粗、精加工锥度以及外沟槽
编程用功能指令	编程采用 G00、G01、G71、G82 指令

2. 相关计算

内螺纹大径和小径计算：

（1）螺纹小径：$D_{小}=d-1.0825P=40-1.0825\times1.5\approx38.38$（mm）

（2）螺纹大径：$D_{大}=d-0.13P=40-0.13\times1.5\approx39.805$（mm）

3. 编写火箭箭仓加工程序（表 4–3–2 和表 4–3–3）

表 4–3–2　火箭箭仓右端加工程序

程序	说明
%4301;	程序名
N10 M03 S800 T0202 G95;	主轴正转，转速为 800 r/min，选 2 号内孔车刀
N20 G00 X100 Z50;	快速到达安全点
N30 G00 X28 Z2;	定位于起刀点

续表

程序	说明
N40 G71 U1 R0.5 P60 Q130 X-0.5 Z0 F0.2;	粗车背吃刀量为 1 mm，退刀量为 0.5 mm。精车余量：X-0.5 mm，Z0 mm。加工循环轨迹由 N50~N130 指定，粗加工进给量为 0.2 mm/r
N50 S1000;	精车转速 1000 r/min
N60 G00 X42.4；	精加工轮廓起点，精加工进给量为 0.1 mm/r
N70 G01 Z0 F0.1；	
N80 X38.38 Z-2；	倒角
N90 Z-12；	加工螺纹底孔
N100 X34；	
N110 X35 Z-13；	倒角
N120 Z-78.5；	加工 ϕ35 内孔
N130 G00 X42；	精加工轮廓终点
N140 G00 X50 Z50；	退刀至安全点
N150 M00；	程序暂停
N160 M03 S300 T0404；	主轴正转，转速为 300 r/min，选 4 号内切槽刀
N170 G00 X100 Z100；	快速到达安全点
N180 G00 X42 Z2；	定位于切槽起刀点
N190 Z-12；	快进到长度 Z-12 切槽的起刀点处
N200 G01 X42 F0.1；	槽底直径 ϕ42
N210 G04 P4；	刀具在槽底暂停 4S
N220 G00 X30；	刀具往 *X* 正向快速退出
N90 Z100；	刀具往 *Z* 正向退到安全位置
N230 M03 S400 T0505；	主轴正转，转速为 300 r/min，换 5 号内螺纹刀
N240 G00 X34 Z2；	定位于螺纹起刀点
N250 G82 X39.3 Z-9.5 F1.5；	加工螺纹（第一刀）
N260 X39.8 ；	加工螺纹（第二刀）
N270 X40；	加工螺纹（第三刀）
N280 X40；	加工螺纹（第四刀）
N290 G00 X50 Z50;	退刀至安全点
N300 M00；	程序结束并复位
N310 M03 S800 T0101；	主轴正转，转速为 800 r/min，选 1 号外圆车刀
N320 G00 X100 Z100；	快速到达安全点
N330 G00 X62 Z2；	定位于起刀点
N340 G71 U1 R0.5 P360 Q400 X0.5 Z0 F0.2；	粗车背吃刀量为 1 mm，退刀量为 0.5 mm。精车余量：X0.5 mm，Z0 mm。加工循环轨迹由 N360~N400 指定，粗加工进给量为 0.2 mm/r
N350 S1000；	精车转速为 1000 r/min
N360 G00 X45；	精加工轮廓起点
N370 G01 Z0 F0.2；	
N380 X55 Z-10 ；	加工锥度

续表

程序	说明
N390 Z-71;	加工 ϕ55 的外圆
N400 X60;	精加工轮廓终点
N410 G00 X80 Z100;	退刀至安全点
N420 T0303;	选 3 号刀，外切槽刀
N430 Z-18;	快进到长度 Z-18 切槽的起刀点处
N440 G01 X52 F0.1;	槽底直径 ϕ52 mm
N450 G04 P4;	刀具在槽底暂停 4S
N460 G00 X60;	刀具往 *X* 正向快速退出
N470 Z-70;	快进到长度 Z-70 切槽的起刀点处
N480 G01 X52 F0.1;	槽底直径 ϕ52
N490 G04 P4;	刀具在槽底暂停 4S
N500 G00 X60;	刀具往 *X* 正向快速退出
N510 G00 Z80;	刀具往 *Z* 正向退到安全位置
N520 M30;	程序结束并复位

表 4-3-3　火箭箭仓左端加工程序

程序	说明
%4302;	程序名
N10 M03 S800;	主轴正转，转速为 800 r/min，
N20 T0101;	1 号内孔车刀，执行 1 号刀补
N30 G00 X100 Z100;	快速到达安全点
N40 G00 X28 Z2;	定位于起刀点
N50 G71 U1 R0.5 P60 Q100 X-0.5 Z0 F0.2;	粗车背吃刀量为 2 mm，退刀量为 1 mm。精车余量：X-0.5 mm，Z0 mm。加工循环轨迹由 N70~N140 指定，粗加工进给量为 0.2 mm/r
N60 S1000;	精车转速为 1000 r/min
N70 G00 X39;	精加工轮廓起点
N80 G01 Z0 F0.1;	
N90 X38 Z-1;	倒角
N100 Z-5.5;	加工 ϕ38 的外圆
N110 X31;	
N120 X30 Z-6.5;	倒角
N130 Z-12;	加工 ϕ30 的外圆
N140 X28;	精加工轮廓终点
N150 G00 X80 Z100;	退刀至安全点
N160 M30;	程序结束并复位
N170 M03 S800 T0101;	主轴正转，转速为 800 r/min，1 号外圆车刀
N180 G00 X100 Z100;	快速到达安全点
N190 G00 X62 Z2;	定位于起刀点

程序	说明
N200 G71 U1 R0.5 P60 Q110 X0.5 Z0 F0.2;	粗车背吃刀量为 1 mm，退刀量为 0.5 mm。精车余量：X0.5 mm Z0 mm，加工循环轨迹由 N180~N250 指定，粗加工进给量为 0.2 mm/r
N180 G00 X41；	精加工轮廓起点，精加工进给量为 0.2mm/r
N190 G01 Z0 F0.1；	
N200 X42 Z–1；	倒角
N210 Z–5；	加工 $\phi42$ 的外圆
N220 X45；	
N230 X55 Z–15；	加工锥度
N240 Z–20；	加工 $\phi55$ 的外圆
N250 X62；	精加工轮廓终点
N260 G00 X80 Z100；	退刀至安全点
N270 M30；	程序结束并复位

任务评价

具体评价项目及标准见表 4–3–4。

表 4–3–4 火箭箭仓检测评分表

零件名称				姓名		
检测项目		检测位置	配分	评分标准	检测结果	扣分
外圆	1	$\phi55^{0}_{-0.05}$	5	每超差 0.01 mm 扣 2 分		
	2	$\phi42^{0}_{-0.05}$	5	每超差 0.01 mm 扣 2 分		
	3	$\phi38^{0.1}_{0}$	5	每超差 0.01 mm 扣 2 分		
	4	$\phi30^{0.1}_{0}$	5	每超差 0.01 mm 扣 2 分		
	5	$\phi35^{0.1}_{0}$	5	每超差 0.01 mm 扣 2 分		
	6	$\phi45$	3	每超差 0.01 mm 扣 2 分		
螺纹	7	M40 × 1.5	10	不合格不得分		
长度	8	10、12	4	超差不得分		
	9	15、5	3	超差不得分		
	10	5.5、20	3	超差不得分		
	11	90 ± 0.01	4	超差不得分		
	12	4 × 2	3	超差不得分		
表面粗糙度	13	*Ra*3.2	10	超差不得分		
	14	其余 *Ra*6.3	5	超差不得分		
职业素养	1. 安全文明生产 （1）无违规操作情况 （2）无撞刀及其他事故 2. 机床维护与环保 3. 纪律与态度		30	违规操作、撞刀、出现事故、不按要求维护和保养机床的扣 5 ~ 10 分 / 次；违反纪律、学习不积极、没有团队协作精神的扣 2 分 / 次		
最终得分						

学后测评

一、选择题

1. 图样中所注的尺寸，为机件的（　　）完工尺寸。

　A. 第一道工序　　B. 第二道工序

　C. 最后一道工序　　D. 中间检查工序

2. 以下不属于三爪卡盘的特点的是（　　）。

　A. 找正方便　　B. 夹紧力大

　C. 装夹效率高　　D. 自定心好

3. 精车时加工余量较小，为提高生产率，应选用较大的（　　）。

　A. 进给量　　B. 切削深度

　C. 切削速度　　D. 进给速度

4. 车削时，走刀次数决定于（　　）。

　A. 切削深度　　B. 进给量

　C. 进给速度　　D. 主轴转速

任务拓展

加工如图 4-3-3 所示套类零件，毛坯尺寸为 $\phi50\times85$ mm，材料为 45 钢。

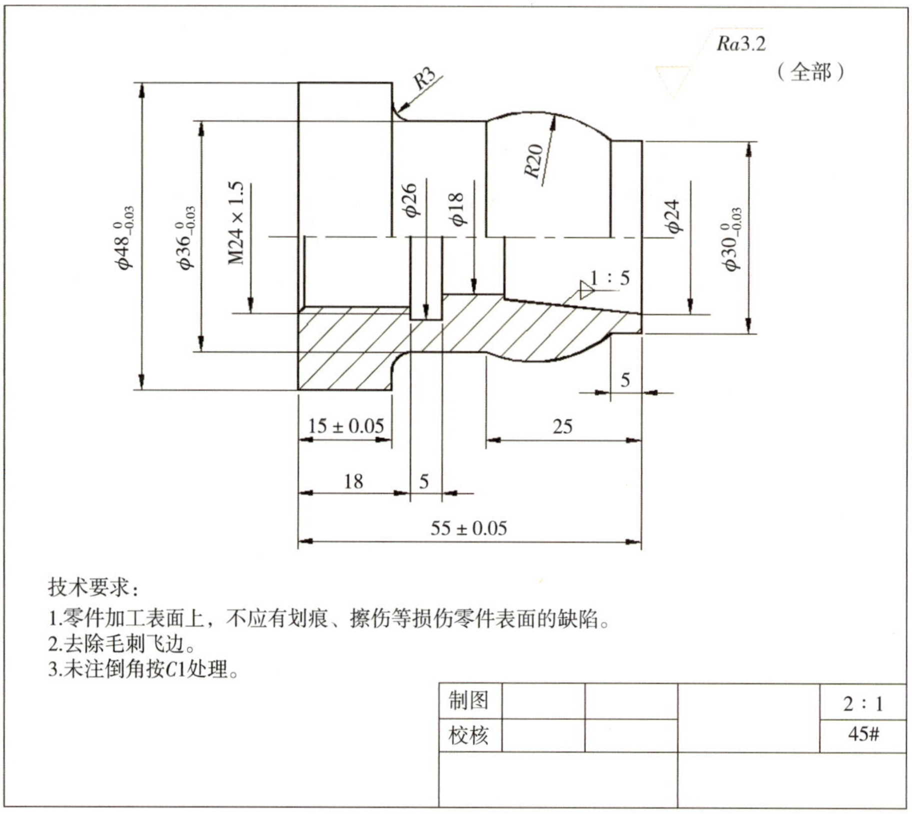

图 4-3-3　套类零件图

任务四 中级技能训练件一

中级技能训练件一的加工

任务描述与分析

如图 4–4–1 所示，利用数控车床完成中级技能训练件一的加工，毛坯尺寸为 $\phi50\times102$ mm，材料为 45 钢，数量 1 件。该零件由外轮廓、外沟槽、内螺纹及内孔组成，要求在编程时，不仅要正确选择编程指令，还必须合理编写加工工艺及切削用量。

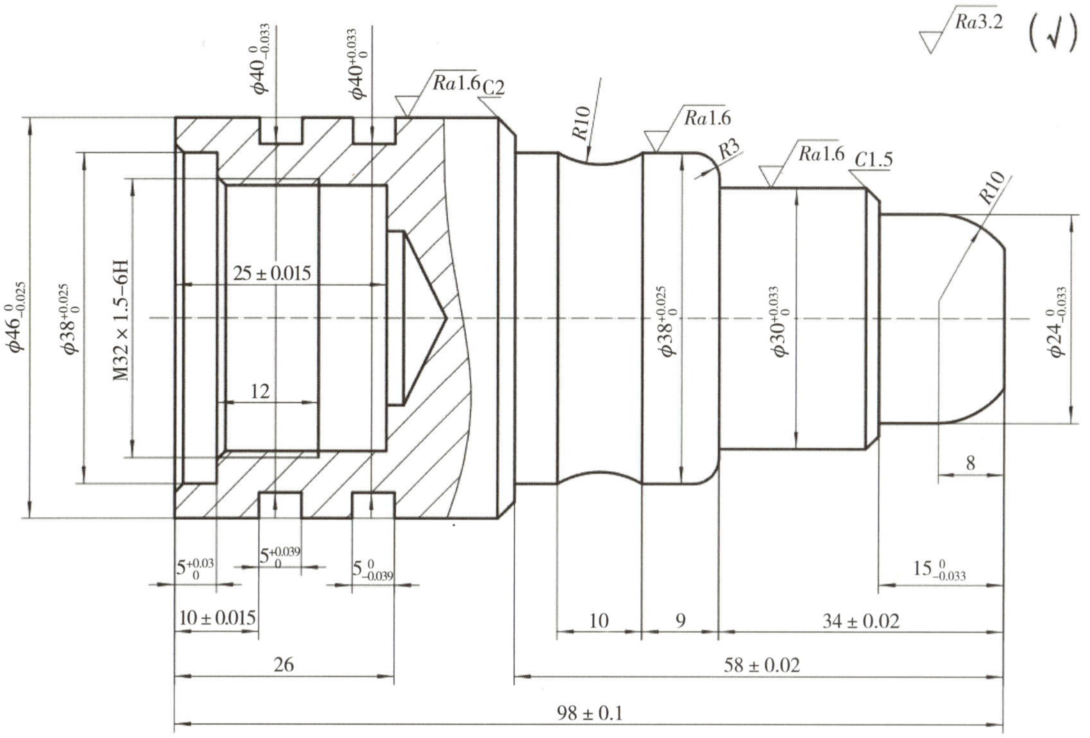

图 4–4–1 中级技能训练件一

任务实施

1. 确定工件加工步骤（表 4–4–1）

表 4–4–1 技能考证训练件一加工步骤

工序	工序简图	加工内容
一	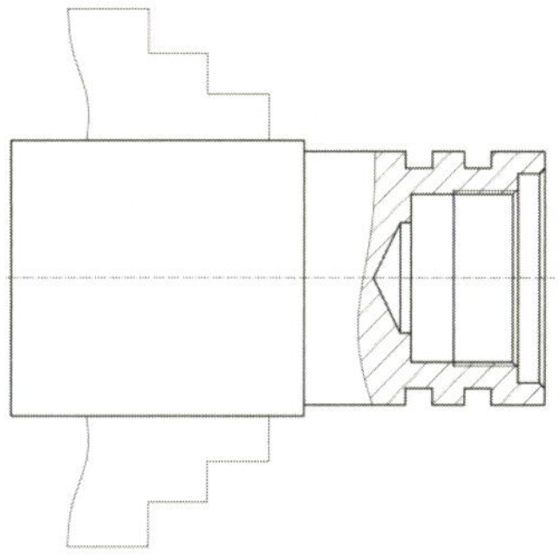	1. 三爪卡盘夹持毛坯外圆，工件伸出卡盘约 50 mm，找正夹紧，平端面，钻 $\phi20\times30$ mm 孔； 2. 粗车外轮廓，留 0.5 mm 精车余量； 3. 精车件外轮廓至图纸尺寸要求； 4. 粗车内轮廓，留 0.5 mm 精车余量； 5. 精车件内轮廓至图纸尺寸要求； 6. 车削 M32 × 1.5–6H 内螺纹

续表

工序	工序简图	加工内容
二	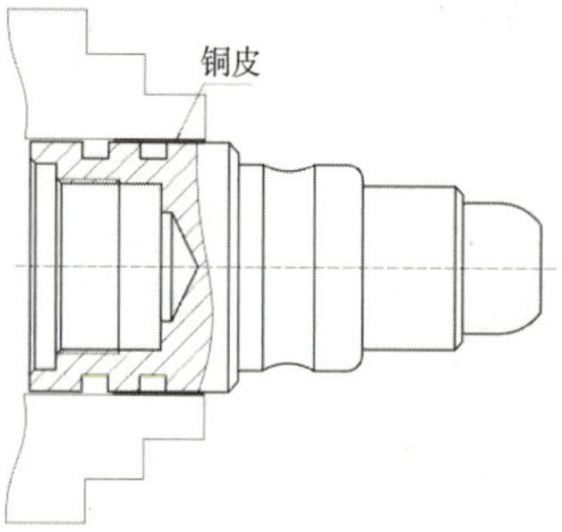	1. 三爪卡盘夹持 $\phi 46$ 外圆垫铜皮，找正夹紧，平端面控制总长 98 ± 0.1 mm； 2. 粗车外轮廓，留 0.5 mm 精车余量； 3. 精车件外轮廓至图纸尺寸要求

2. 选择刀具、量具（表 4–4–2）

表 4–4–2　刀具、量具选择

序号		名称	规格	数量	备注
1	量具	外径千分尺	0~25 mm	1	
2		外径千分尺	25~50 mm	1	
3		游标卡尺	0~150 mm	1	
4		螺纹塞规	M32 × 1.5–6H	1	
5		内径百分表	18~35 mm	1	
6	刀具	端面车刀		1	
7		外圆车刀	副偏角大于 30°	2	
8		内螺纹车刀	牙型角 60°	1	
9		切槽车刀	刀宽 3 mm	1	
10		内孔车刀	孔径 $\phi 18$，长 50 mm	1	
11		锥柄钻头	$\phi 20$	1	
12	其他辅具	1. 垫刀片若干、油石等			
13		2. 铜皮（厚 0.2 mm，宽 25 mm，长 60 mm）			
14		3. 其他车工常用辅具			

3. 编制工艺过程卡（表 4–4–3）

表 4–4–3　加工工艺过程卡

机械加工工艺过程卡							
零件图号		毛坯	种类	棒料	备注		
产品名称			规格	$\phi 50 \times 102$			
工序号	工序内容			设备	工艺装备		
10	锯床下料			锯床	液压平口钳、游标卡尺		
20	粗、精车削左端外圆、沟槽、内孔及内螺纹至图纸尺寸			数控车床	三爪卡盘、外径千分尺、内径百分表、螺纹塞规		
30	调头夹持左端 $\phi 46$ 外圆并校正，控制总长 98 mm			数控车床	三爪卡盘		
工序号	工序内容			设备	工艺装备		
40	粗精车右端外轮廓至图纸尺寸			数控车床	三爪卡盘、游标卡尺、外径千分尺、R 规		
50	清洁工件，去毛刺，装配			数控车床			
编制		审核		批准		共　页	第　页

4. 编制工序卡（表 4–4–4）

表 4–4–4 加工工序卡

数控加工工序卡片			产品名称或代号		零件名称	材料	零件图号
工序号	程序编号		夹具名称		使用设备	车间	
20							
工步号	程序名	工步内容	刀具号	刀具	主轴转速	进给速度	背吃刀量
1	O4401	平端面	T0101	外圆车刀	1000	0.1	1
2		钻孔		ϕ20 麻花钻	400		
3		粗加工左端外圆，留 0.5 mm 精车余量	T0101	外圆车刀	800	0.2	2
4		精加工左端外圆至图纸尺寸	T0101	外圆车刀	1200	0.1	0.5
5	O4402	粗加工左端外沟槽，留 0.5 mm 精车余量	T0202	切槽刀	500	0.15	2
6		精加工左端外沟槽至图纸尺寸	T0202	切槽刀	600	0.1	0.5
7	O4403	粗加工左端内孔，留 0.5 mm 精车余量	T0303	内孔车刀	800	0.2	1
8		精加工左端内孔至图纸尺寸	T0303	内孔车刀	1000	0.1	0.5
9	O4404	车螺纹 M32 × 1.5–6H	T0404	内螺纹刀	600		
10		锐边去毛刺、倒角					
11	O4405	粗加工右端外圆，留 0.5 mm 精车余量	T0101	外圆车刀	800	0.2	2
12		精加工右端外圆至图纸尺寸	T0101	外圆车刀	1200	0.1	0.5
13		锐边去毛刺、倒角					

5. 程序编制与录入（表 4–4–5）

表 4–4–5 技能测试件一加工参考程序

程序	说明
车削件左端外圆 T0101-- 硬质合金外圆尖刀，用于粗精加工外圆	
%4401	程序名
N10 M03 S800 G95;	主轴正转，转速为 800 r/min，转进给
N20 T0101;	选择 1 号刀，执行 1 号刀补
N30 G00 X52 Z2;	刀具快速定位至 G71 循环起点
N40 G71 U2 R1 P60 Q120 X0.5 Z0.1 F0.2;	G71 切削循环粗、精车外轮廓（N60–N100）
N50 S1200;	精加工转速为 1200 r/min
N60 G00 X45;	
N70 G01 Z0 F0.1;	
N80 X46 Z–0.5;	
N90 Z–42;	
N100 X52;	
N110 G00 X100;	刀具快速定位至安全换刀点
N120 Z100;	
N130 M30	程序结束，并返回至程序起点

续表

程序	说明
车削左端沟槽 T0202-- 硬质合金机夹切槽刀，刀头宽 3 mm，用于加工外沟槽	
%4402 N10 M03 S500 G95; N20 T0202; N30 G00 X48 Z-13; N40 G75 X40 Z-15 R0.5 Q1 I2 F0.1; N50 G00 X48 Z-24; N60 G75 X40 Z-26 R0.5 Q1 I2 F0.1; N70 G00 X100; N80 Z100; N90 M30	程序名 主轴正转，转速为 500 r/min，转进给 选择 2 号刀，执行 2 号刀补 刀具快速定位至第一个沟槽循环起点 G75 加工第一个沟槽 刀具快速定位至第二个沟槽循环起点 G75 加工第二个沟槽 刀具快速定位至安全换刀点 程序结束，并返回至程序起点
车削左端内孔 T0303--90° 硬质合金内孔车刀，用于粗精加工内孔	
%4403 N10 M03 S800 G95; N20 T0303; N30 G00 X20 Z2; N40 G71 U1 R1 P60 Q120 X-0.5 Z0.1 F0.2; N50 S1000; N60 G00 X40; N70 G01 Z0 F0.1; N80 X38 Z-1; N90 Z-5; N100 X30.5 C1; N110 Z-25; N120 X20; N130 G00 Z100; N140 X100; N150 M30	程序名 主轴正转，转速为 800 r/min，转进给 选择 2 号刀，执行 2 号刀补 刀具快速定位至 G71 循环起点 G71 切削循环粗、精车内轮廓（N60–N120） 精加工内孔转速为 1000 r/min 刀具快速定位至安全换刀点 程序结束，并返回至程序起点
车削左端内螺纹 T0404--60° 硬质合金内螺纹车刀，用于加工内螺纹	
%O4404 N10 M03 S600 G95; N20 T0404; N30 G00 X28 Z2; N40 G82 X31 Z-17 F1.5; N50 X31.4; N60 X31.7; N70 X31.9; N80 X32; N90 X32; N100 G00 Z100; N110 X100; N120 M30	程序名 主轴正转，转速为 600 r/min，转进给 选择 4 号刀，执行 4 号刀补 刀具快速定位至内螺纹循环起点 螺纹切削第一次进给 螺纹切削第二次进给 螺纹切削第三次进给 螺纹切削第四次进给 螺纹切削第五次进给 刀具快速定位至安全换刀点 程序结束，并返回至程序起点
车削件右端外圆 T0101-- 硬质合金外圆尖刀，用于粗精加工外圆	

续表

程序	说明
%4405	程序名
N10 M03 S800 G95;	主轴正转，转速为 800 r/min，转进给
N20 T0101;	选择 1 号刀，执行 1 号刀补
N30 G00 X52 Z2;	刀具快速定位至 G71 循环起点
N40 G71 U2 R1 P60 Q190 X0.5 Z0.1 F0.2;	G71 切削循环粗、精车外轮廓（N60–N190）
N50 S1200;	精加工转速为 1200 r/min
N60 G00 X16;	
N70 G01 Z0 F0.1;	
N80 G03 X24 Z–8 R10;	
N90 G01 Z–15;	
N100 X30 C1.5;	
N110 Z–34;	
N120 X32;	
N130 G03 X38 Z–37 R3;	
N140 G01 Z–43;	
N150 G02 X38 Z–53 R10;	
N160 G01 Z–58;	
N170 X42;	
N180 X48 Z–61;	
N190 X52;	
N200 G00 X100;	刀具快速定位至安全换刀点
N210 Z100;	
N220 M30	程序结束，并返回至程序起点

任务评价

具体评价项目及标准见表 4–4–6。

表 4–4–6　技能训练件一检测评分表

零件名称				姓名		
检测项目		检测位置	配分	评分标准	检测结果	扣分
外圆	1	$\phi\,46^{0}_{-0.025}$	4	每超差 0.01 mm 扣 2 分		
	2	$\phi\,40^{+0.033}_{0}$	4	每超差 0.01 mm 扣 2 分		
	3	$\phi\,40^{0}_{-0.033}$	4	每超差 0.01 mm 扣 2 分		
	4	$\phi\,38^{+0.025}_{0}$	4	每超差 0.01 mm 扣 2 分		
	5	$\phi\,24^{0}_{-0.033}$	4	每超差 0.01 mm 扣 2 分		
	6	$\phi\,30^{+0.033}_{0}$	4	每超差 0.01 mm 扣 2 分		
	7	$\phi\,38^{+0.025}_{0}$	4	每超差 0.01 mm 扣 2 分		
长度	8	25 ± 0.015	3	每超差 0.01 mm 扣 1 分		
	9	10 ± 0.015	3	每超差 0.01 mm 扣 1 分		
	10	$5^{+0.03}_{0}$	3	每超差 0.01 mm 扣 1 分		
	11	$5^{0}_{-0.039}$	3	每超差 0.01 mm 扣 1 分		
	12	$5^{+0.039}_{0}$	3	每超差 0.01 mm 扣 1 分		

续表

零件名称				姓名		
检测项目		检测位置	配分	评分标准	检测结果	扣分
长度	13	$15^{0}_{-0.033}$	3	每超差 0.01 mm 扣 1 分		
	14	34 ± 0.02	3	每超差 0.01 mm 扣 1 分		
	15	58 ± 0.02	3	每超差 0.01 mm 扣 1 分		
	16	98 ± 0.1	3	每超差 0.01 mm 扣 1 分		
	17	26	3	每超差 0.01 mm 扣 1 分		
	18	12	3	每超差 0.01mm 扣 1 分		
螺纹	19	M32 × 1.5-6H	10	超差不得分		
倒角	20	未注倒角 *C*1（两处）	1	超差不得分		
	21	*C*2	1	超差不得分		
	22	*C*1.5	2	超差不得分		
圆弧	23	*R*10（两处）	1	超差不得分		
粗糙度	24	*Ra*1.6	2	超差不得分		
	25	*Ra*3.2	2	超差不得分		
职业素养	1. 安全文明生产 （1）无违规操作情况 （2）无撞刀及其他事故 2. 机床维护与环保 3. 纪律与态度		20	违规操作、撞刀、出现事故、不按要求维护和保养机床的扣 5 ~ 10 分 / 次；违反纪律、学习不积极、没有团队协作精神的扣 2 分 / 次		
最终得分						

职业技能鉴定理论测试

一、选择题：（以下备选答案中其中一个为正确答案，请将其代号填入括号内）

1. 图样中螺纹的底径线用（　　）绘制。

A. 粗实线　　B. 细点划线　　C. 细实线　　D. 虚线

2. 装配图的读图方法，首先看（　　），了解部件的名称。

A. 零件图　　B. 明细表　　C. 标题栏　　D. 技术文件

3. 公差代号 H7 的孔和代号（　　）的轴组成过渡配合。

A. f6　　B. g6　　C. m6　　D. u6

4. 轴类零件的调质处理热处理工序应安排在（　　）。

A. 粗加工前　　B. 粗加工后，精加工前

C. 精加工后　　D. 渗碳后

5. 刀具半径尺寸补偿指令的起点不能写在（　　）程序段中。

A. G00　　B. G02/G03　　C. G01

6. 工艺基准除了测量基准、装配基准以外，还包括（　　）。

A. 定位基准　　B. 粗基准　　C. 精基准　　D. 设计基准

7. 程序中的主轴功能，也称为（　　）。

A. G 指令　　B. M 指令　　C. T 指令　　D. S 指令

8. 车床上的卡盘、中心架等属于（　　）夹具。

A. 通用　　B. 专用　　C. 组合　　D. 标准

9. 切削用量中（　　）对刀具磨损的影响最大。

A. 切削速度　　B. 进给量　　C. 进给速度　　D. 背吃刀量

10. 刀具上切屑流过的表面称为（　　）。

A. 前刀面　　B. 后刀面　　C. 副后刀面　　D. 侧面

11. 标准麻花钻的顶角大小为（　　）。

A. 90°　　B. 100°　　C. 118°　　D. 120°

12. 传动螺纹一般都采用（　　）。

A. 普通螺纹　　B. 管螺纹　　C. 梯形螺纹　　D. 矩形螺纹

13. 数控机床有不同的运动方式，需要考虑工件与刀具相对运动关系及坐标方向，采用（　　）的原则编写程序。

A. 刀具不动，工件移动

B. 工件不动，刀具移动

C. 根据实际情况而定

D. 铣削加工时刀具不动，工件移动；车削加工时刀具移动，工件不动

14. 数控车床的开机操作步骤应该是（　　）。

A. 开电源，开急停开关，开 CNC 系统电源

B. 开电源，开 CNC 系统电源，开急停开关

C. 开 CNC 系统电源，开电源，开急停开关

D. 都不对

15. 闭环控制系统的位置检测装置安装在（　　）。

A. 传动丝杠上　　B. 伺服电机轴端　　C. 机床移动部件上　　D. 数控装置上

16. 工件的（　　）个自由度都得到限制，工件在夹具中只有唯一的位置，这种定位称为完全定位。

A. 4　　B. 5　　C. 6　　D. 7

17. 将图样中所表示物体部分结构用大于原图形所采用的比例画出的图形称为（　　）。

A. 局部剖视图　　B. 局部视图　　C. 局部放大图　　D. 移出剖视图

18. 限位开关在电路中起的作用是（　　）。

A. 短路保护　　B. 过载保护　　C. 欠压保护　　D. 行程控制

19. 刀具路径轨迹模拟时，必须在（　　）方式下进行。

A. 点动　　B. 快点　　C. 自动　　D. 手摇脉冲

20. 在自动加工过程中，出现紧急情况，可按（　　）键中断加工。

A. 复位　　B. 急停　　C. 进给保持　　D. 三者均可

二、判断题：（请将判断的结果填入题前的括号中，正确的填“√”，错误的填“×”）

1. 螺纹指令 G82 是以每分钟的速度加工螺纹。（　　）

2. 同一工件，无论用数控机床加工还是用普通机床加工，其工序都一样。（　　）

3. 在执行 G00 指令时，刀具路径不一定为一直线。（　　）

4. 刀具补偿功能包括刀补的建立、刀补的执行和刀补的取消三个阶段。（　　）

5. 数控机床的进给路线不但是作为编程轨迹计算的依据，而且还会影响工件的加工精度和表面粗糙度。（　　）

6. 数控机床中 MDI 是机床诊断智能化的英文缩写。（　　）

7. 按数控系统操作面板上的 RESET 键后就能消除报警信息。（　　）

8. 常用的固体润滑剂有石墨、二硫化钼、锂基润滑脂。（　　）

9. 使用千分尺前，应做归零检验。（　　）

10. 在程序中 F 只能表示进给速度。（　　）

11. 在程序中，X、Z 表示绝对地址，U、W 表示相对坐标地址。（　　）

12. 高速钢车刀在低温时以机械磨损为主。（　　）

13. 职业道德的实质内容是建立全新的社会主义劳动关系。（　　）

14. 安装内孔加工刀具时，应尽可能使刀尖齐平或稍高于工件中心。（　　）

15. 在切削用量中，对刀具耐用度影响最大的是切削速度，其次是切削深度，影响最小的是进给量。（　　）

任务五　中级技能训练件二

中级技能训练件二的加工

任务描述与分析

如图 4-5-1 所示，利用数控车床完成中级技能训练件二的加工，毛坯尺寸为 $\phi50\times103$ mm，材料为 45 钢，数量 1 件。该零件由外轮廓、外沟槽、内螺纹及内孔组成，要求在编程时，不仅要正确选择编程指令，还必须合理编写加工工艺及切削用量。

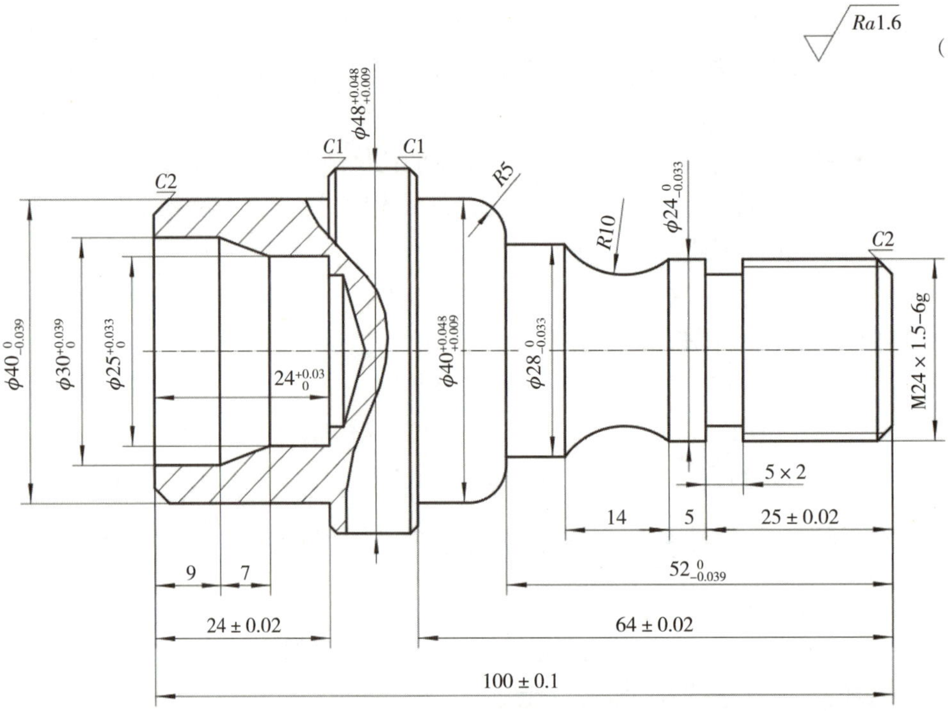

图 4-5-1　中级技能训练件二

任务实施

1. 确定工件加工步骤（表 4–5–1）

表 4–5–1　技能考证训练件二加工步骤

工序	工序简图	加工内容
一	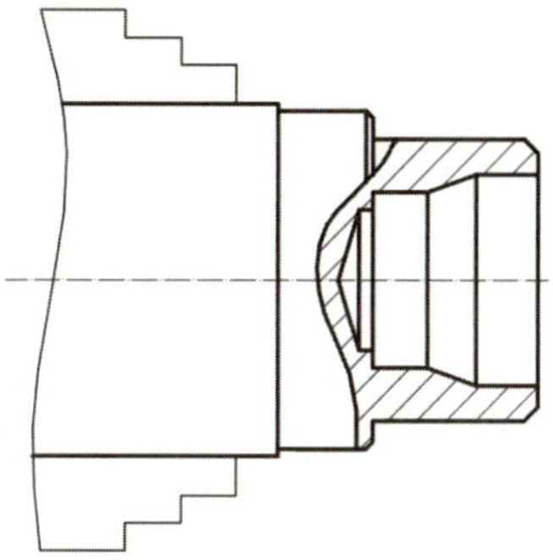	1. 三爪卡盘夹持毛坯外圆，工件伸出卡盘约 50 mm，找正夹紧，平端面，钻 $\phi20\times30$ mm 孔； 2. 粗车外轮廓，留 0.5 mm 精车余量； 3. 精车件外轮廓至图纸尺寸要求； 4. 粗车内轮廓，留 0.5 mm 精车余量； 5. 精车件内轮廓至图纸尺寸要求
二	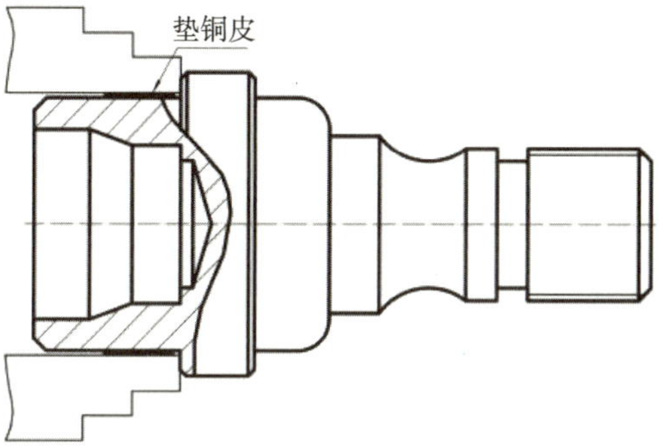	1. 三爪卡盘夹持 $\phi46$ 外圆垫铜皮，找正夹紧，平端面控制总长 98 ± 0.1 mm； 2. 粗车外轮廓，留 0.5 mm 精车余量； 3. 精车件外轮廓至图纸尺寸要求； 4. 粗、精车外沟槽； 5. 车削 M24 × 1.5–6g 外螺纹

2. 选择刀具、量具（表 4–5–2）

表 4–5–2　刀具、量具表

序号	名称	规格	数量	备注
1	外径千分尺	0~25 mm	1	
2	外径千分尺	25~50 mm	1	
3	游标卡尺	0~150 mm	1	
4	螺纹千分尺	0~25 mm	1	
5	内径表	18~35 mm	1	
6	刀具	端面车刀	1	
7		外圆车刀	2	副偏角大于 30°
8		外螺纹车刀 60°	1	
9		切槽车刀	1	刀宽 3 mm
10		内孔车刀	1	孔径 $\phi18$，长 36 mm
11		钻头	1	$\phi20$
12	其他辅具	1. 垫刀片若干、油石等		
13		2. 铜皮（厚 0.2 mm，宽 25 mm，长 60 mm）		
14		3. 其他车工常用辅具		

3. 编制工艺过程卡（表 4–5–3）

表 4–5–3 加工工艺过程卡

机械加工工艺过程卡							
零件图号		毛坯	种类	棒料		备注	
产品名称			规格	$\phi50\times102$			
工序号	工序内容			设备		工艺装备	
10	锯床下料			锯床		液压平口钳、游标卡尺	
20	粗、精车削左端外圆、内孔至图纸尺寸			数控车床		三爪卡盘、外径千分尺、内径百分表	
30	调头夹持左端 $\phi40$ 外圆并校正，控制总长 100 mm			数控车床		三爪卡盘、游标卡尺	
40	粗精车右端外轮廓、外沟槽及外螺纹至图纸尺寸			数控车床		三爪卡盘、游标卡尺、外径千分尺、螺纹环规、R 规	
工序号	工序内容			设备		工艺装备	
50	清洁工件，去毛刺，装配			数控车床			
编制		审核		批准		共　页	第　页

4. 编制工序卡（表 4–5–4）

表 4–5–4 加工工序卡

数控加工工序卡片				产品名称或代号			零件名称	材料	零件图号
工序号		程序编号	夹具名称			使用设备		车间	
20									
工步号	程序名	工步内容		刀具号	刀具		主轴转速	进给速度	背吃刀量
1		平端面		T0101	外圆车刀		1000	0.1	1
2		钻孔		$\phi20$ 麻花钻	400				
3	04501	粗加工左端外圆，留 0.5 mm 精车余量		T0101	外圆车刀		800	0.2	2
4		精加工左端外圆至图纸尺寸		T0101	外圆车刀		1200	0.1	0.5
7	04502	粗加工左端内孔，留 0.5 mm 精车余量		T0202	内孔车刀		800	0.2	1
8		精加工左端内孔至图纸尺寸		T0202	内孔车刀		1000	0.1	0.5
10		锐边去毛刺、倒角							
工序号		程序编号	夹具名称			使用设备		车间	
40									
工步号	程序名	工步内容		刀具号	刀具		主轴转速	进给速度	背吃刀量
11	04503	粗加工右端外圆，留 0.5mm 精车余量	T0101	外圆车刀	800	0.2	2		
12		精加工右端外圆至图纸尺寸	T0101	外圆车刀	1200	0.1	0.5		
13	04504	粗精加工右端退刀槽	T0303	切槽车刀	500	0.1			
14	04505	加工右端外螺纹	T0404	外螺纹车刀	600	0.5			
15		锐边去毛刺、倒角							

5. 程序编制与录入（表 4–5–5）

表 4–5–5 技能测试件二加工参考程序

程序	说明
车削件左端外圆 T0101-- 硬质合金外圆尖刀，用于粗精加工外圆	
% 4501	程序名
N10 M03 S800 G95；	主轴正转，转速为 800 r/min，转进给
N20 T0101；	选择 1 号刀，执行 1 号刀补
N30 G00 X52 Z2；	刀具快速定位至 G71 循环起点
N40 G71 U2 R1 P60 Q120 X0.5 Z0.1 F0.2；	G71 切削循环粗、精车外轮廓（N60–N100）
N50 S1200；	精加工转速为 1200 r/min
N60 G00 X36；	
N70 G01 Z0 F0.1；	
N80 X40 Z–2；	
N90 Z–24；	
N100 X52；	
N110 G00 X100；	刀具快速定位至安全换刀点
N120 Z100；	
N130 M30	程序结束，并返回至程序起点
车削左端内孔 T0202--90° 硬质合金内孔车刀，用于粗精加工内孔	
%4502	程序名
N10 M03 S800 G95；	主轴正转，转速为 800 r/min，转进给
N20 T0202；	选择 2 号刀，执行 2 号刀补
N30 G00 X20 Z2；	刀具快速定位至 G71 循环起点
N40 G71 U1 R1 P60 Q120 X–0.5 Z0.1 F0.2；	G71 切削循环粗、精车内轮廓（N60–N120）
N50 S1000；	精加工内孔转速为 1000 r/min
N60 G00 X31；	
N70 G01 Z0 F0.1；	
N80 X30 Z–0.5；	
N90 Z–9；	
N100 X25 Z–16；	
N110 Z–24；	
N120 X20；	
N130 G00 Z100；	刀具快速定位至安全换刀点
N140 X100；	
N150 M30	程序结束，并返回至程序起点
车削件右端外圆 T0101-- 硬质合金外圆尖刀，用于粗精加工外圆	
%4503	程序名
N10 M03 S800 G95；	主轴正转，转速为 800 r/min，转进给
N20 T0101；	选择 1 号刀，执行 1 号刀补
N30 G00 X52 Z2；	刀具快速定位至 G71 循环起点
N40 G71 U2 R1 P60 Q190 X0.5 Z0.1 F0.2；	G71 切削循环粗、精车外轮廓（N60–N190）
N50 S1200；	精加工转速为 1200 r/min
N60 G00 X20；	
N70 G01 Z0 F0.1；	
N80 X23.8 Z–2；	
N90 Z–25；	

续表

程序	说明
N100 X24; N110 Z-30; N120 G02 X28 Z-44 R10; N130 G01 Z-52; N140 X30; N150 G03 X40 Z-57 R5; N160 G01 Z-64; N170 X46; N180 X50 Z-66; N190 X52; N200 G00 X100; N210 Z100; N220 M30	 刀具快速定位至安全换刀点 程序结束，并返回至程序起点
车削左端沟槽 T0303-- 硬质合金机夹切槽刀，刀头宽 3 mm，用于加工外沟槽	
%4504 N10 M03 S500 G95; N20 T0303; N30 G00 X26 Z-23; N40 G75 X20 Z-25 R0.5 Q1 I2 F0.1; N50 G00 X100; N60 Z100; N70 M30	程序名 主轴正转，转速为 500 r/min，转进给 选择 3 号刀，执行 3 号刀补 刀具快速定位至沟槽循环起点 G75 加工沟槽 刀具快速定位至安全换刀点 程序结束，并返回至程序起点
车削左端内螺纹 T0404--60° 硬质合金外螺纹车刀，用于加工外螺纹	
%4505 N10 M03 S600 G95; N20 T0404; N30 G00 X26 Z2; N40 G82 X23 Z-21 F1.5; N50 X22.6; N60 X22.3; N70 X22.1; N80 X22.05; N90 X22.05; N100 G00 X100; N110 Z100; N120 M30	程序名 主轴正转，转速为 600 r/min，转进给 选择 4 号刀，执行 4 号刀补 刀具快速定位至内螺纹循环起点 螺纹切削第一次进给 螺纹切削第二次进给 螺纹切削第三次进给 螺纹切削第四次进给 螺纹切削第五次进给 刀具快速定位至安全换刀点 程序结束，并返回至程序起点

任务评价

按表 4-5-6 内容进行检测。

表 4-5-6 技能训练件 2 检测评分表

零件名称				姓名		
检测项目		检测位置	配分	评分标准	检测结果	扣分
外圆	1	$\phi48^{+0.048}_{+0.009}$	5	每超差 0.01 mm 扣 2 分		
	2	$\phi40^{0}_{-0.039}$	5	每超差 0.01 mm 扣 2 分		
	3	$\phi30^{+0.039}_{0}$	5	每超差 0.01 mm 扣 2 分		
	4	$\phi25^{+0.033}_{0}$	5	每超差 0.01 mm 扣 2 分		
	5	$\phi40^{+0.048}_{+0.009}$	5	每超差 0.01 mm 扣 2 分		
	6	$\phi28^{0}_{-0.033}$	5	每超差 0.01 mm 扣 2 分		
	7	$\phi24^{0}_{-0.033}$	5	每超差 0.01 mm 扣 2 分		
长度	8	24 ± 0.02	3	每超差 0.01 mm 扣 1 分		
	9	25 ± 0.02	3	每超差 0.01 mm 扣 1 分		
	10	24+0.030	3	每超差 0.01 mm 扣 1 分		
	11	5+0.0390	3	每超差 0.01 mm 扣 1 分		
	12	520–0.039	3	每超差 0.01 mm 扣 1 分		
	13	64 ± 0.02	3	每超差 0.01 mm 扣 1 分		
	14	100 ± 0.1	3	每超差 0.01 mm 扣 1 分		
	15	9	2	超差不得分		
	16	7	2	超差不得分		
圆弧	17	*R*10	2	超差不得分		
	18	*R*5	2	超差不得分		
螺纹	19	M24 × 1.5–6g	8	超差不得分		
倒角	20	*C*2（两处）	2	超差不得分		
	21	*C*1（两处）	2	超差不得分		
粗糙度	22	*Ra*1.6	4	超差不得分		
职业素养	1. 安全文明生产 （1）无违规操作情况 （2）无撞刀及其他事故 2. 机床维护与环保 3. 纪律与态度		20	违规操作、撞刀、出现事故、不按要求维护和保养机床的扣 5 ~ 10 分 / 次；违反纪律、学习不积极、没有团队协作精神的扣 2 分 / 次		
最终得分						

职业技能鉴定理论测试

一、选择题：（以下四个备选答案中其中一个为正确答案，请将其代号填入括号内）

1. 职业道德基本规范不包括（　　）。

A. 爱岗敬业　忠于职守　　B. 诚实守信　办事公道

C. 发展个人爱好　　D. 遵纪守法　廉洁奉公

2. （　　）就是要求把自己职业范围内的工作做好。

A. 爱岗敬业　　B. 奉献社会　　C. 办事公道　　D. 忠于职守

3. 具有高度责任心应做到（　　）。

A. 责任心强，不辞辛苦，不怕麻烦　　B. 不徇私情，不谋私利

C. 讲信誉，重形象　　D. 光明磊落，表里如一

4. 不爱护设备的做法是（　　）。

A. 定期拆装设备　　B. 正确使用设备　　C. 保持设备清洁　　D. 及时保养设备

5. 保持工作环境清洁有序不正确的是（　　）。

A. 整洁的工作环境可以振奋职工精神　　B. 优化工作环境

C. 工作结束后再清除油污　　D. 毛坯、半成品按规定堆放整齐

6. 不属于形位公差代号的是（　　）。

A. 形位公差特征项目符号　　B. 形位公差框格和指引线

C. 形位公差数值　　D. 基本尺寸

7. 45 钢的含碳量为（　　）%。

A. 0.0045　　B. 0.045　　C. 0.45　　D. 4.5

8. 车削特点是刀具沿着所要形成的工件表面，以一定的背吃刀量和（　　）对回转工件进行切削。

A. 切削速度　　B. 进给量　　C. 运动　　D. 方向

9. 千分尺微分筒转动一周，测微螺杆移动（　　）mm。

A. 0.1　　B. 0.01　　C. 1　　D. 0.5

10. 用百分表测量时，测量杆与工件表面应（　　）。

A. 垂直　　B. 平行　　C. 相切　　D. 相交

11. 轴类零件加工顺序安排时应按照（　　）的原则。

A. 先粗车后精车　　B. 先精车后粗车　　C. 先内后外　　D. 基准后行

12. 图样上符号⊥是（　　），公差叫（　　）。

A. 位置，垂直度　　B. 形状，直线度　　C. 尺寸，偏差　　D. 形状，圆柱度

13. 偏心轴的结构特点是两轴线（　　）而不重合。

A. 垂直　　B. 平行　　C. 相交　　D. 相切

14. CA6140 型车床尾座锁紧装置有（　　）和位置紧固装置。

A. 压板锁紧装置　　B. 偏心锁紧装置　　C. 套筒锁紧装置　　D. 螺纹锁紧装置

15. 通过分析装配视图，掌握该部件的形体结构，彻底了解（　　）的组成情况，弄懂各零件的相互位置、传动关系及部件的工作原理，想象出各主要零件的结构形状。

A. 零部件　　B. 装配体　　C. 位置精度　　D. 相互位置

16. 螺纹加工循环指令中 I 为锥螺纹始点与终点的半径（　　）。

A. 和　　B. 差　　C. 积　　D. 平方

17. 程序段“G82 X50 Z-35 I2.5 F2.0；”表示圆锥螺纹加工循环，螺纹大小端半径差为（　　）mm，进刀距离为 35 mm，螺距为（　　）mm，方向为（　　）。

A. 2.5、4、负　　B. 2.0、2、正　　C. 2.5、2、负　　D. 35、2、正

18. 单一固定循环是将一个固定循环，例如切入→切削→退刀→返回四个程序段用（　　）指令可以简化为一个程序段。

A. G40　　B. G54　　C. G30　　D. G80

19. 在切削（　　）螺纹时，X（U）指令可省略，其格式为：G82Z（W）__F__。

A. 圆锥　　B. 圆柱　　C. 三角　　D. 管螺纹

20. 当用绝对编程 G00 指令时，X、Z 后面的数值是（　　）位置在工件坐标系的坐标值。

A. 测量　　B. 目标　　C. 参考　　D. 起点

二、判断题：（请将判断的结果填入题前的括号中，正确的填“√”，错误的填“×”）

1. 链传动是由链条和具有特殊齿形的从动轮组成的传递运动和动力的传动。（　　）
2. 按用途不同螺旋传动可分为传动螺旋和调整螺旋两种类型。（　　）
3. 万能角度尺在 0° ~ 50° 范围内，不装角尺和直尺。（　　）
4. 扩孔时的进给量为钻孔的 1.5 ~ 2 倍，切削速度为钻孔的 1/2。（　　）
5. 画零件图时可用标准规定的统一画法来代替真实的投影图。（　　）
6. 三爪自定心卡盘装夹较短轴时，限制工件的三个自由度。（　　）
7. 偏心零件的轴心线只有一条。（　　）
8. 轴承座在角铁上安装加工前要经过划线。（　　）
9. 数控车床应保证刀柄具有足够的强度、刚性及耐磨性。（　　）
10. 直线与圆弧切点的计算中尺寸在图中可以很容易找到。（　　）

任务六　技能大赛训练件一

任务描述与分析

加工如图 4-6-1 所示零件，毛坯尺寸为 $\phi50\times100$ mm、$\phi50\times50$ mm，材料为 45 号钢。按图样要求制定正确的工艺方案，选择合理的刀具和切削用量，编制数控加工程序完成零件的加工。

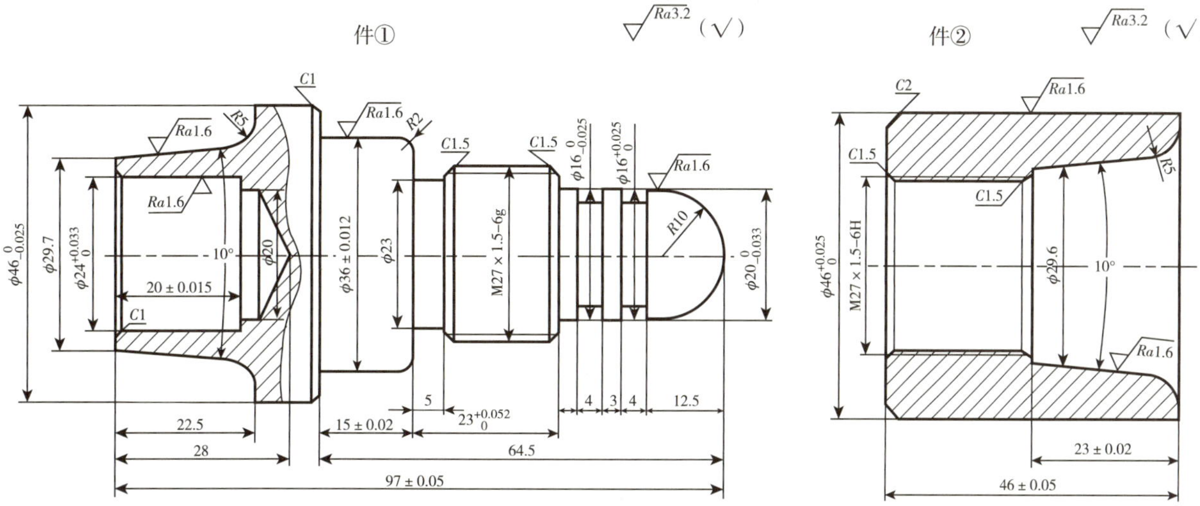

图 4-6-1　技能大赛训练件一

件②装配在件①上。左端为内外锥面配合，右端为内外螺纹配合，如图 4-6-2 所示。

在装配后，要求件①与件②内外圆锥面配合接触面积≥ 70%，工件总长为 120.5 mm。

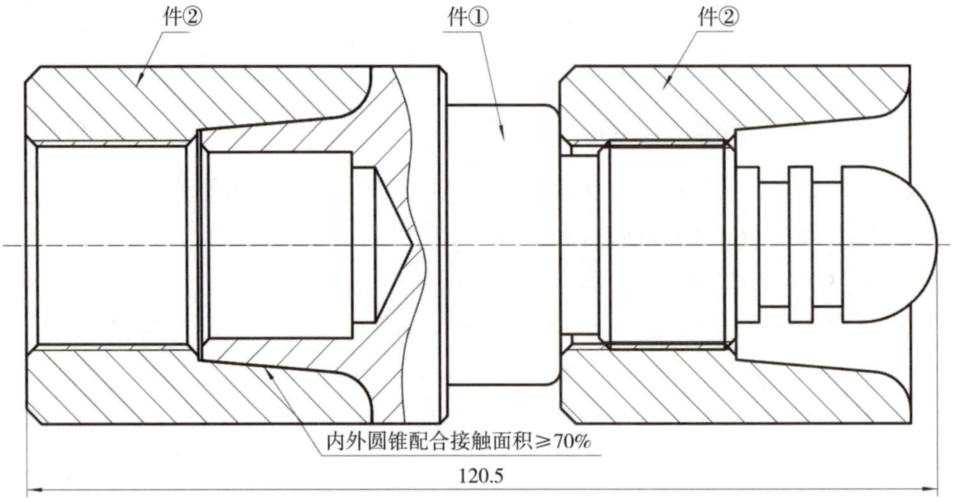

图 4-6-2　装配后零件图

任务实施

1. 确定工件加工步骤（表 4-6-1）

表 4-6-1　技能大赛训练件一加工步骤

工序	工序简图	加工内容
车削件②	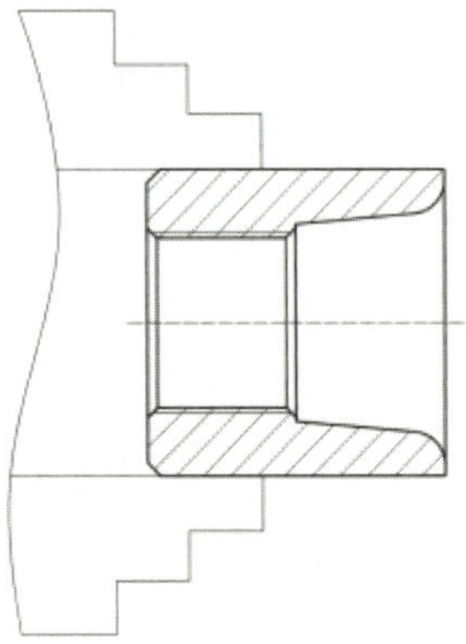	1. 三爪卡盘夹持毛坯外圆，工件伸出卡盘约 20 mm，找正夹紧，平端面，车削 ϕ48 基准外圆，钻 ϕ20 通孔； 2. 工件调头，夹持 ϕ48 基准外圆，平端面，控制总长； 3. 粗车件②内轮廓，留 0.5 mm 精车余量； 4. 精车件②内轮廓至图纸尺寸要求； 5. 车削 M27 × 1.5–6H 内螺纹
车削件①	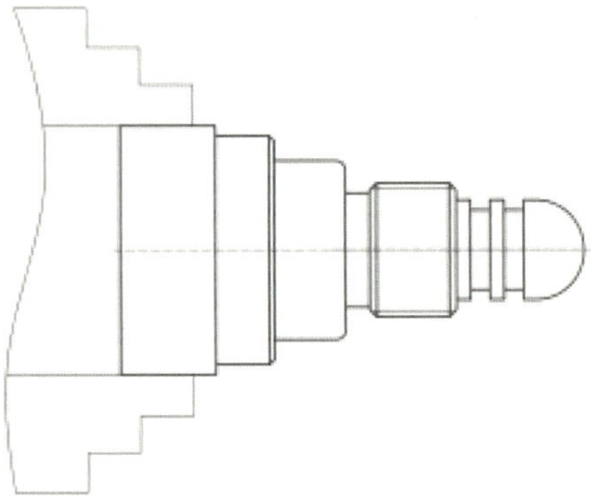	1. 三爪卡盘夹持毛坯外圆，工件伸出卡盘约 78 mm，找正夹紧，平端面； 2. 粗车件①右端外轮廓，留 0.5 mm 精车余量； 3. 精车件①右端外轮廓至图纸尺寸要求； 4. 切槽、车削 M27 × 1.5–6g 外螺纹

续表

<table>
<tr><th>工序</th><th>工序简图</th><th>加工内容</th></tr>
<tr><td>车削件 2</td><td>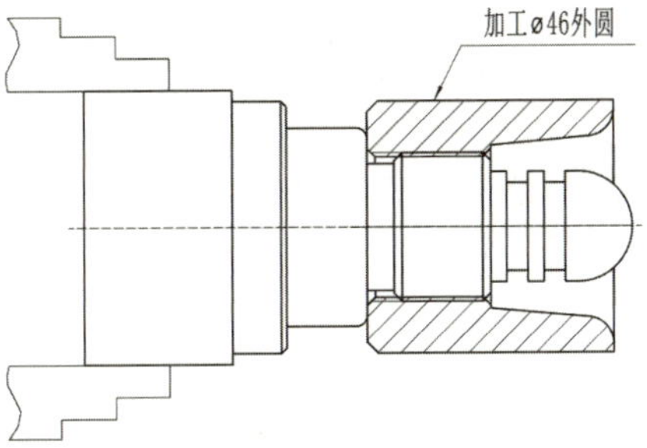</td><td>将件②旋合在件①上，利用内外螺纹配合，车削件② φ46 外圆至图纸尺寸</td></tr>
<tr><td>车削件 1</td><td>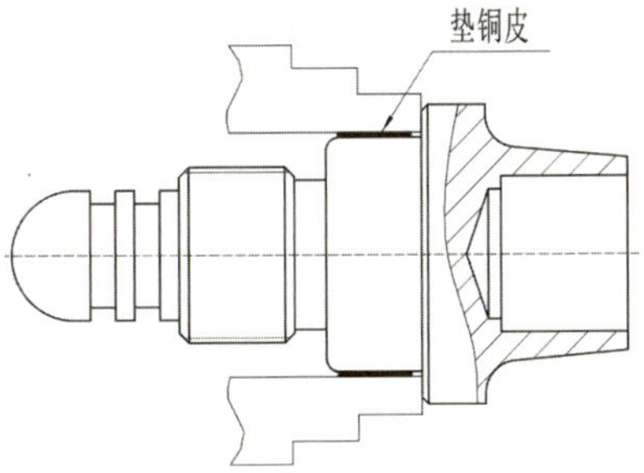</td><td>1. 三爪卡盘夹持 φ36 外圆垫铜皮，找正夹紧，平端面控制总长 97 mm；
2. 钻中心孔，钻 φ20 × 28 mm 孔；
3. 粗车件①左端内轮廓，留 0.5 mm 精车余量；
4. 精车件①左端内轮廓至图纸尺寸要求；
5. 粗车件①左端外轮廓，留 0.5 mm 精车余量；
6. 精车件①左端外轮廓至图纸尺寸要求</td></tr>
<tr><td>组装工件</td><td>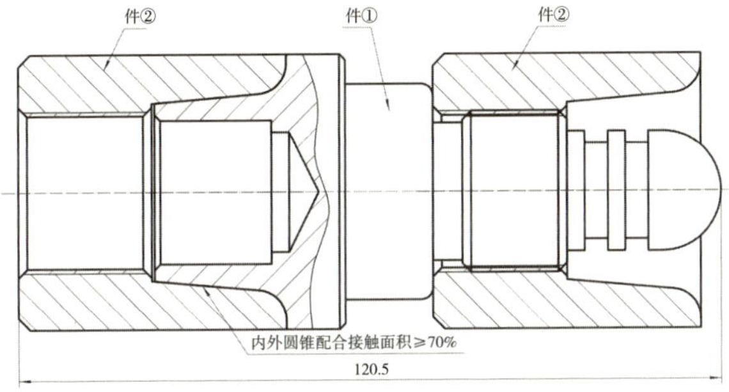</td><td>1. 清洗工件，去除毛刺
2. 装配组合工件</td></tr>
</table>

2. 选择刀具、量具（表 4-6-2）

表 4-6-2　刀具、量具表

序号		名称	规格	数量	备注
1	量具	外径千分尺	25~50 mm	1	
2		外径千分尺	50~75 mm	1	
3		游标卡尺	0~150 mm	1	
4		螺纹环、塞规	M27 × 1.5	各 1	
5		内径表	18~35 mm	1	
6	刀具	端面车刀		1	
7		外圆车刀	副偏角大于 30°	2	
8		外螺纹车刀	牙型角 60°	1	
9		内螺纹车刀	牙型角 60°	1	
10		切槽车刀	刀宽 3 mm	1	
11		内孔车刀	孔径 φ18，长 50 mm	1	
12		锥柄钻头	φ20	1	

续表

序号		名称	规格	数量	备注
13	其他辅具	1. 垫刀片若干、油石等			
14		2. 铜皮（厚 0.2 mm，宽 25 mm，长 60 mm）			
15		3. 其他车工常用辅具			

3. 编制工艺过程卡（表 4–6–3）

表 4–6–3　加工工艺过程卡

机械加工工艺过程卡							
零件图号		毛坯	种类	棒料		备注	
产品名称			规格	ϕ50 × 100 mm、ϕ50 × 50 mm			
工序号	工序内容			设备		工艺装备	
10	锯床下料			锯床		液压平口钳、游标卡尺	
20	车削件②内轮廓、M27 × 1.5–6H 内螺纹至图纸尺寸			数控车床		三爪卡盘、内径百分表、螺纹塞规	
30	调头车削件②端面取总长，锐边去毛刺			数控车床		三爪卡盘	
40	粗精车件①右端外圆、沟槽、M27 × 1.5–6g 外螺纹至图纸尺寸			数控车床		三爪卡盘、游标卡尺、外径千分尺、螺纹环规	
50	将件②旋合在件 1 上，利用内外螺纹配合，车削件② 外圆至图纸尺寸			数控车床		三爪卡盘、游标卡尺、外径千分尺	
编制		审核		批准		共　页	第　页

4. 编制工序卡（表 4–6–4）

表 4–6–4　加工工序卡

数控加工工序卡片			产品名称或代号		零件名称	材料	零件图号
工序号		程序编号	夹具名称		使用设备	车间	
40							
工步号	程序名	工步内容	刀具号	刀具	主轴转速	进给速度	背吃刀量
1		平端面	T0101	外圆粗车刀	1000	0.1	1
2		粗加工右端外圆、圆弧，留 0.5 mm 精车余量	T0101	外圆粗车刀	800	0.2	2
3		精加工右端外圆、圆弧至图纸尺寸要求	T0101	外圆精车刀	1200	0.1	0.3
4		粗加工右端外沟槽，留 0.5 mm 精车余量	T0202	切槽刀	500	0.2	
5		精加工右端外沟槽至图纸尺寸	T0202	切槽刀	500	0.1	
6		车螺纹 M27 × 1.5–6g	T0303	外螺纹刀	600		
7		锐边去毛刺、倒角					

5. 程序编制与录入（表 4-6-4）

表 4-6-5 技能竞赛训练件一程序编制

程序	说明
车削件② T0101--90° 硬质合金内孔车刀，用于粗精加工内孔 T0202--60° 硬质合金内螺纹车刀，用于加工内螺纹	
车削件①（右端） T0101-- 硬质合金外圆尖刀，用于粗精加工外圆 T0202-- 硬质合金机夹切槽刀，刀头宽 3 mm，用于加工外沟槽 T0303--60° 硬质合金外螺纹车刀，用于加工外螺纹	

续表

程序	说明
车削件①（左端） T0101-- 硬质合金外圆尖刀，用于粗精加工外圆 T0202--90° 硬质合金内孔车刀，用于粗精加工内孔	

任务评价

按表 4-6-6 内容进行检测。

表 4-6-6　技能大赛测试件一检测评分表

零件名称				姓名		
检测项目		检测位置	配分	评分标准	检测结果	扣分
件①	外圆	$\phi46^{0}_{-0.025}$	4	每超差 0.01 mm 扣 2 分		
		$\phi24^{+0.033}_{0}$	4	每超差 0.01 mm 扣 2 分		
		$\phi36\pm0.012$	4	每超差 0.01 mm 扣 2 分		
		$\phi20^{0}_{-0.033}$	4	每超差 0.01 mm 扣 2 分		
		$\phi16^{+0.025}_{0}$	4	每超差 0.01 mm 扣 2 分		
		$\phi16^{0}_{-0.025}$	4	每超差 0.01 mm 扣 2 分		
	长度	20 ± 0.015	2	超差不得分		
		22.5	2	超差不得分		
		15 ± 0.02	2	超差不得分		
		$23^{+0.052}_{0}$	2	超差不得分		
		4（两处）	4	超差不得分		
		97 ± 0.05	2	超差不得分		
	螺纹	M27 × 1.5–6g	5	超差不得分		

续表

检测项目		检测位置	配分		检测结果	扣分
件①	圆弧	*R*5	2	超差不得分		
		*R*2	2	超差不得分		
		*R*10	2	超差不得分		
	倒角	*C*1.5（两处）	2	超差不得分		
		*C*1（两处）	2	超差不得分		
	粗糙度	*Ra*1.6	2	超差不得分		
		*Ra*3.2	2	超差不得分		
件②	外圆	$\phi46_{0}^{+0.025}$	4	每超差 0.01 mm 扣 2 分		
	长度	46 ± 0.05	2	超差不得分		
		23 ± 0.02	2	超差不得分		
	螺纹	M27 × 1.5–6H	5	超差不得分		
	倒角	*C*1.5（两处）	2	超差不得分		
		*C*2	2	超差不得分		
	圆弧	*R*5	2	超差不得分		
	锥度	锥度 10°	2	超差不得分		
	粗糙度	*Ra*1.6	2	超差不得分		
		*Ra*3.2	2	超差不得分		
装配		锥度配合	5	超差不得分（120.5 mm）		
		螺纹配合	5	装配不上不得分		
职业素养	1. 安全文明生产 （1）无违规操作情况 （2）无撞刀及其他事故 2. 机床维护与环保 3. 纪律与态度		10	违规操作、撞刀、出现事故、不按要求维护和保养机床的扣 5 ～ 10 分 / 次；违反纪律、学习不积极、没有团队协作精神的扣 2 分 / 次		
最终得分						

任务拓展

1. 零件图

试完成图 4–6–3 所示竞赛件的编程与加工，材料为 45 钢。

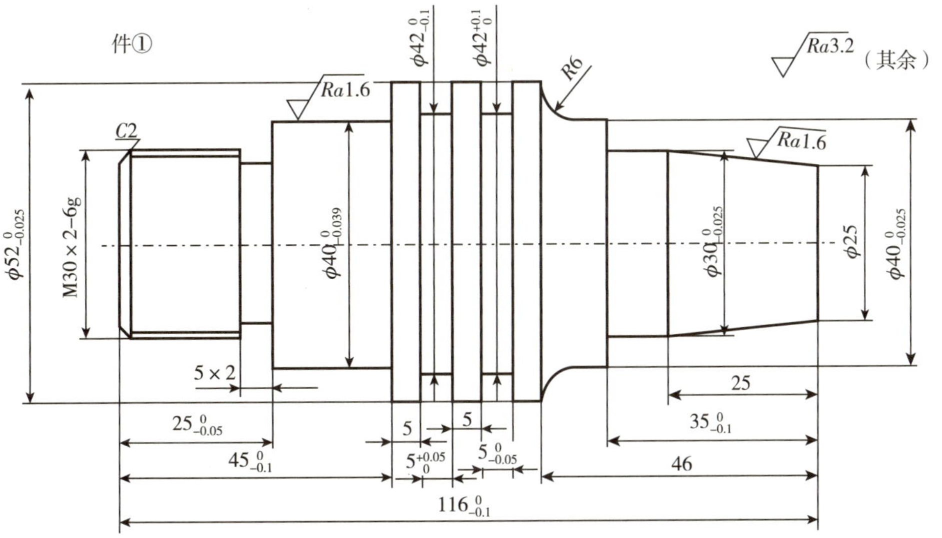

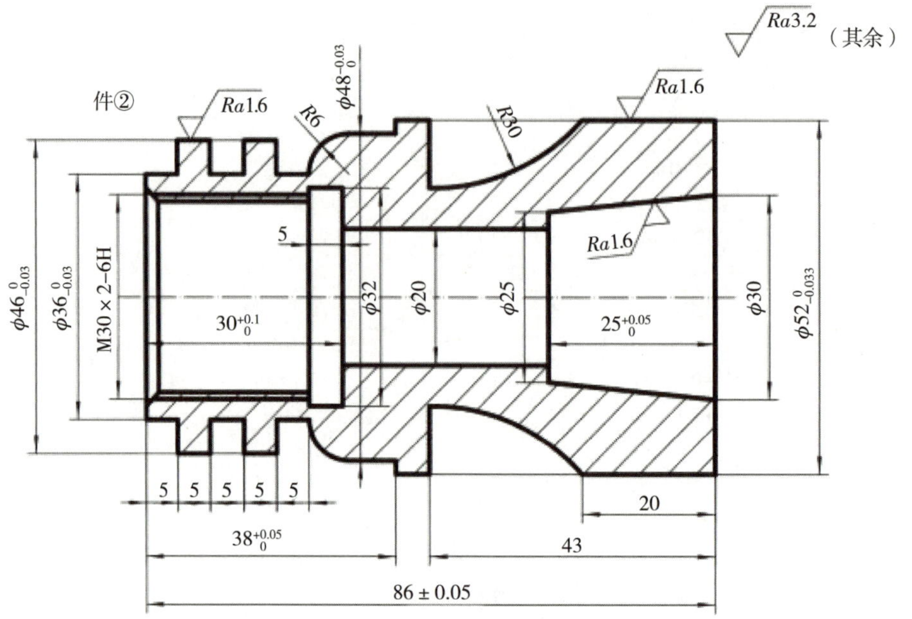

图 4-6-3 任务拓展零件图

2. 编制工艺过程卡（表 4-6-7）

表 4-6-7 加工工艺过程卡

机械加工工艺过程卡							
零件图号		毛坯	种类	棒料	备注		
产品名称			规格				
工序号	工序内容		设备		工艺装备		
10							
20							
30							
40							
50							
60							
70							
80							
90							
100							
编制		审核		批准		共 页	第 页

3. 编制工序卡（表 4-6-8）

表 4-6-8 加工工序卡

数控加工工序卡片			产品名称或代号		零件名称	材料	零件图号
工序号	程序编号		夹具名称		使用设备		车间
工步号	程序名	工步内容	刀具号	刀具	主轴转速	进给速度	背吃刀量
1							
2							
3							
4							
5							
6							
7							
8							
9							
10							

4. 检测与评价（表 4-6-9）

表 4-6-9 检测评分表

零件名称				姓名		
检测项目		检测位置	配分	评分标准	检测结果	扣分
件②	外圆	$\phi52^{0}_{-0.025}$	3	每超差 0.01 mm 扣 2 分		
		$\phi40^{0}_{-0.039}$	3	每超差 0.01 mm 扣 2 分		
		$\phi42^{0}_{-0.1}$	3	每超差 0.01 mm 扣 2 分		
		$\phi42^{+0.1}_{0}$	3	每超差 0.01 mm 扣 2 分		
		$\phi40^{0}_{-0.025}$	3	每超差 0.01 mm 扣 2 分		
		$\phi30^{0}_{-0.025}$	3	每超差 0.01 mm 扣 2 分		
	长度	$25^{0}_{-0.05}$	2	每超差 0.01 mm 扣 2 分		
		$45^{0}_{-0.1}$	2	每超差 0.01 mm 扣 2 分		
		$5^{0}_{-0.05}$	2	每超差 0.01 mm 扣 2 分		
		$5^{+0.05}_{0}$	2	每超差 0.01 mm 扣 2 分		
		$35^{0}_{-0.1}$	2	每超差 0.01 mm 扣 2 分		
		$116^{0}_{-0.1}$	2	每超差 0.01 mm 扣 2 分		

续表

检测项目		检测位置	配分		检测结果	扣分
件①	螺纹	M30 × 2–6g	5	超差不得分		
	槽	5 × 2	2	超差不得分		
	圆弧	*R*6	2	超差不得分		
	锥度	锥度	2	超差不得分		
	粗糙度	*Ra*1.6	2	超差不得分		
		其余 *Ra*3.2	2	超差不得分		
件②	19	$\phi52^{0}_{-0.039}$	3	每超差 0.01 mm 扣 2 分		
	外圆	$\phi46^{0}_{-0.03}$	3	每超差 0.01 mm 扣 2 分		
		$\phi36^{0}_{-0.03}$	3	每超差 0.01 mm 扣 2 分		
		$\phi48^{0}_{-0.03}$	3	每超差 0.01 mm 扣 2 分		
	长度	$30^{+0.1}_{0}$	2	每超差 0.01 mm 扣 2 分		
		$25^{+0.05}_{0}$	2	每超差 0.01 mm 扣 2 分		
		$38^{+0.05}_{0}$	2	每超差 0.01 mm 扣 2 分		
		86 ± 0.05	2	每超差 0.01 mm 扣 2 分		
	圆弧	*R*30	2	超差不得分		
		*R*6	2	超差不得分		
	锥度	锥度	2	超差不得分		
	螺纹	M30 × 2–6H	5	超差不得分		
	粗糙度	*Ra*1.6	2	超差不得分		
		其余 *Ra*3.2	2	超差不得分		
装配	锥度配合		5	超差不得分		
	螺纹配合		5	装配不上不得分		
职业素养	1. 安全文明生产 （1）无违规操作情况 （2）无撞刀及其他事故 2. 机床维护与环保 3. 纪律与态度		10	违规操作、撞刀、出现事故、不按要求维护和保养机床的扣 5 ~ 10 分 / 次；违反纪律、学习不积极、没有团队协作精神的扣 2 分 / 次		
最终得分						

任务七　技能大赛训练件二

任务描述与分析

加工如图 4–7–1 所示零件，毛坯尺寸为 $\phi60 \times 85$ mm、$\phi60 \times 75$ mm，材料为 45 号钢。按图样要求制定正确的工艺方案，选择合理的刀具和切削用量，编制数控加工程序完成零件的加工。

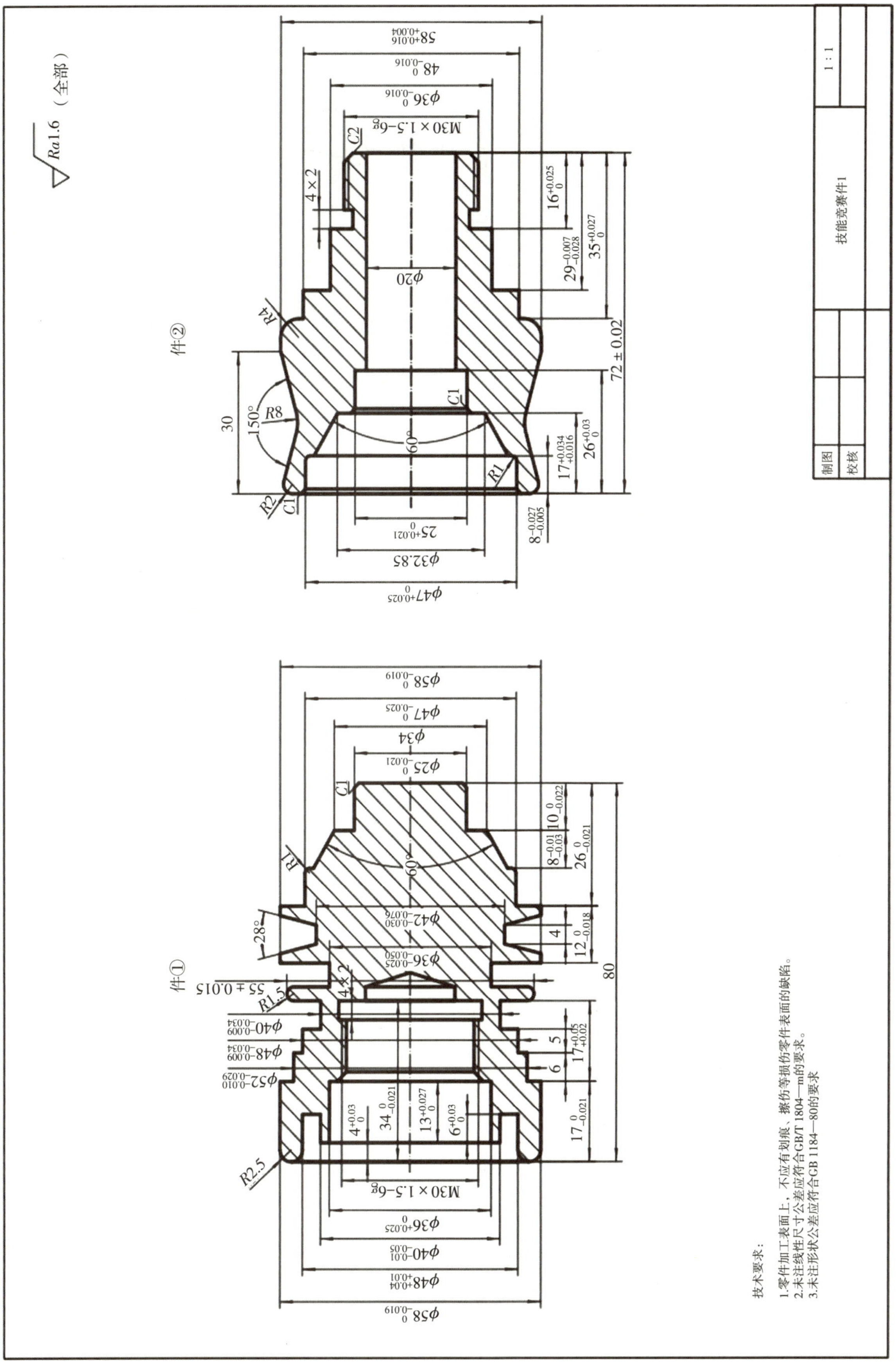

图 4-7-1 技能大赛训练件二

件②装配在件①上。左端为内外螺纹配合，右端为内外锥面配合，如图 4-7-2 所示。

在装配后，要求件①与件②内外圆锥面配合接触面积≥ 70%，工件总长为 126 ± 0.05 mm。

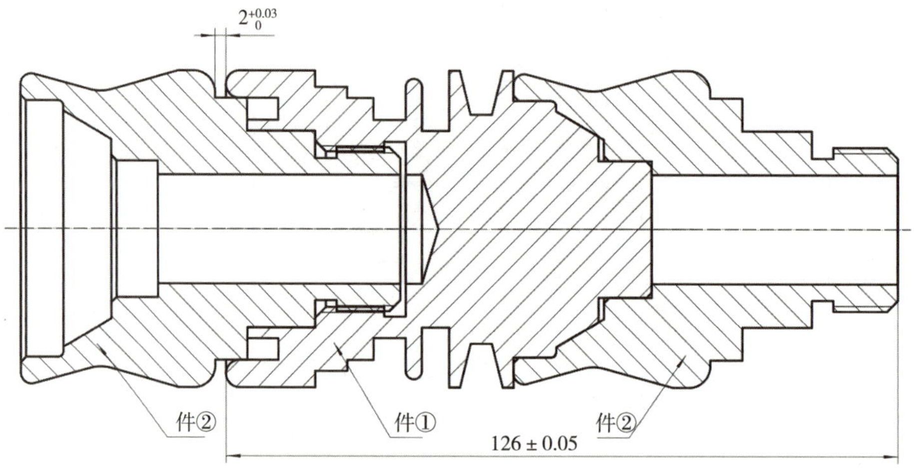

图 4-7-2　装配后零件图

任务实施

1. 确定工件加工步骤（表 4-7-1）

表 4-7-1　技能竞赛训练件二加工步骤

工序	加工内容	工序简图
车削件②	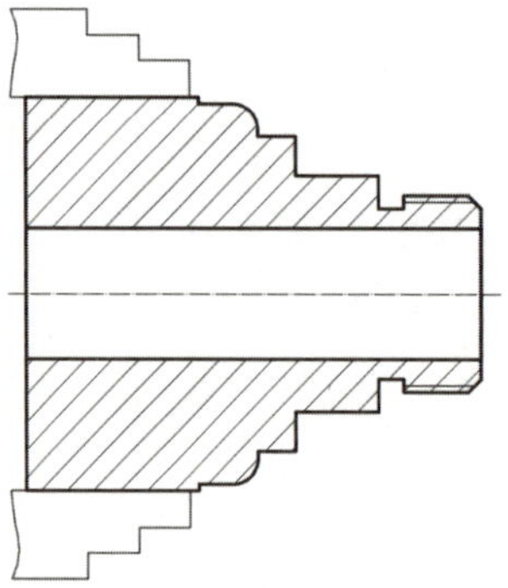	1. 三爪卡盘夹持毛坯外圆，工件伸出卡盘约 55 mm，找正夹紧，平端面，钻 ϕ20 通孔； 2. 粗车件②右端外轮廓，留 0.5 mm 精车余量； 3. 精车件②右端外轮廓至图纸尺寸要求； 4. 粗精车 4 × 2 外沟槽； 5. 车削 M30 × 1.5–6g 外螺纹
车削件①	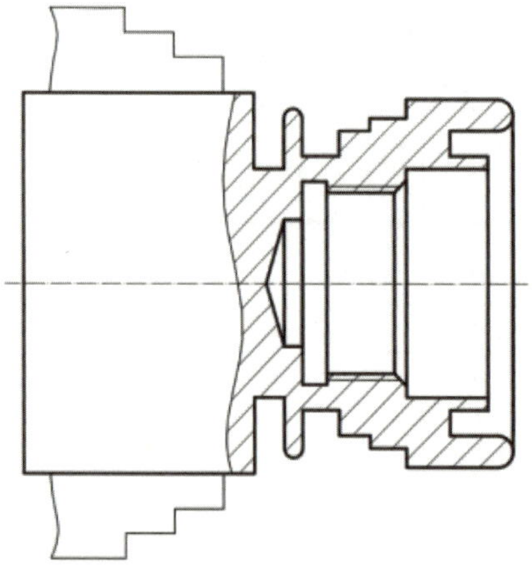	1. 三爪卡盘夹持毛坯外圆，工件伸出卡盘约 78 mm，找正夹紧，平端面； 2. 粗车件①左端外轮廓，留 0.5 mm 精车余量； 3. 精车件①左端外轮廓至图纸尺寸要求； 4. 粗车件①左端外沟槽，留 0.5 mm 精车余量； 5. 精车件①左端外沟槽至图纸尺寸要求； 6. 粗车件①左端内轮廓，留 0.5 mm 精车余量； 7. 精车件①左端内轮廓至图纸尺寸要求； 8. 车削 M30 × 1.5–6H 内螺纹

工序	加工内容	工序简图
车削件②	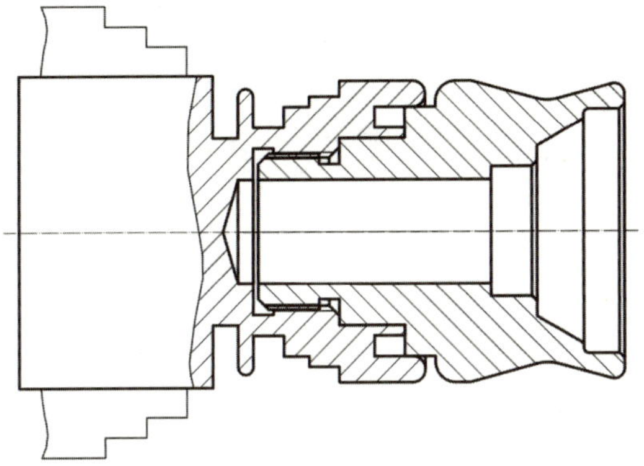	1. 利用内外螺纹配合，将件②旋合在件①上； 2. 粗车件②左端外轮廓，留 0.5 mm 精车余量； 3. 精车件②左端外轮廓至图纸尺寸要求； 4. 粗车件①左端内轮廓，留 0.5 mm 精车余量； 5. 精车件①左端内轮廓至图纸尺寸要求
车削件①	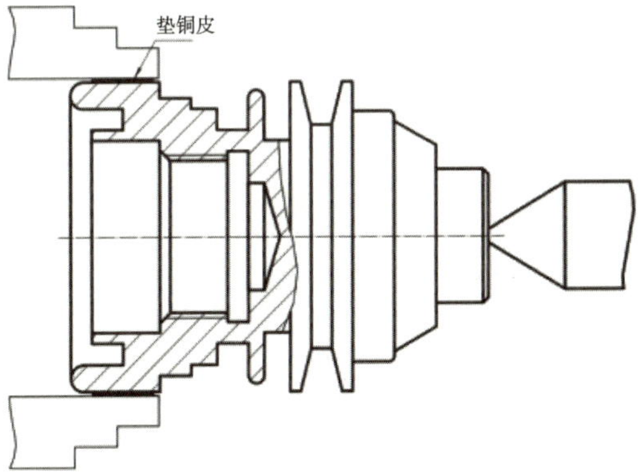	1. 三爪卡盘夹持 ϕ58 外圆垫铜皮，一夹一顶，找正夹紧，平端面控制总长 80 mm； 2. 粗车件①右端外轮廓，留 0.5 mm 精车余量； 3. 精车件①右端外轮廓至图纸尺寸要求； 4. 粗车件①右端外沟槽，留 0.5 mm 精车余量； 5. 精车件①右端外沟槽至图纸尺寸要求
组装工件	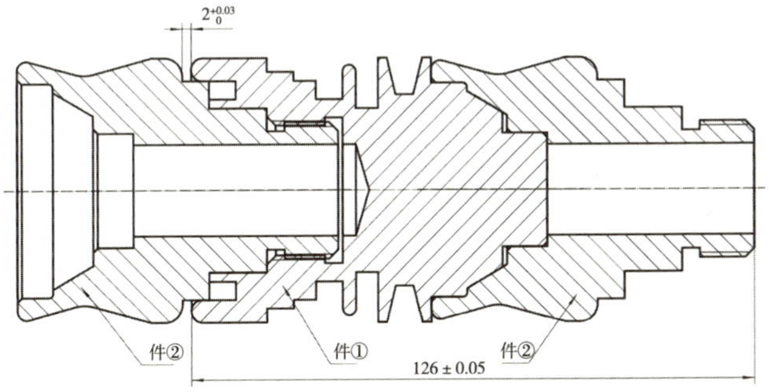	1. 清洗工件，去除毛刺； 2. 装配组合工件

2. 选择刀具、量具（表 4–7–2）

表 4–7–2　刀具、量具表

序号		名称	规格	数量	备注
1	量具	外径千分尺	25~50 mm	1	
2		外径千分尺	50~75 mm	1	
3		游标卡尺	0~150 mm	1	
4		螺纹环、塞规	M30 × 1.5	各 1	
5		内径表	18~35 mm	1	
6	刀具	端面车刀		1	
7		外圆车刀	副偏角大于 30°	2	

续表

序号		名称	规格	数量	备注
8	刀具	外螺纹车刀	牙型角 60°	1	
9		切槽车刀	刀宽 3 mm	1	
10		端面槽刀	刀宽 3 mm	1	
11		内孔车刀	孔径 ϕ18，长 50 mm	1	
12		锥柄钻头	ϕ20	1	
13	其他辅具	1. 垫刀片若干、油石等			
14		2. 铜皮（厚 0.2 mm，宽 25 mm，长 60 mm）			
15		3. 其他车工常用辅具			

3. 编制工艺过程卡（表 4–7–3）

表 4–7–3　加工工艺过程卡

机械加工工艺过程卡							
零件图号		毛坯	种类	棒料		备注	
产品名称			规格	ϕ50 × 100 mm、ϕ50 × 50 mm			
工序号	工序内容			设备		工艺装备	
10	锯床下料			锯床		液压平口钳、游标卡尺	
20	车削件②内轮廓、M27 × 1.5–6H 内螺纹至图纸尺寸			数控车床		三爪卡盘、内径百分表、螺纹塞规	
30	调头车削件②端面取总长，锐边去毛刺			数控车床		三爪卡盘	
40	粗精车件①右端外圆、沟槽、M27 × 1.5–6g 外螺纹至图纸尺寸			数控车床		三爪卡盘、游标卡尺、外径千分尺、螺纹环规	
50	将件②旋合在件①上，利用内外螺纹配合，车削件②外圆至图纸尺寸			数控车床		三爪卡盘、游标卡尺、外径千分尺	
60	工件①调头装夹，垫铜皮夹持 ϕ36 外圆并找正夹紧，车平端面取总长 97 mm					三爪卡盘、游标卡尺	
70	粗精加工件①右端内外轮廓至图纸尺寸					三爪卡盘	
80	清洁工件，去毛刺，装配						
编制		审核		批准		共　页	第　页

4. 编制工序卡（表 4–7–4）

表 4–7–4　加工工序卡

数控加工工序卡片			产品名称或代号		零件名称	材料	零件图号
工序号		程序编号	夹具名称		使用设备	车间	
40							
工步号	程序名	工步内容	刀具号	刀具	主轴转速	进给速度	背吃刀量
1		平端面	T0101	外圆粗车刀	1000	0.1	1
2		粗加工右端外圆、圆弧，留 0.5 mm 精车余量	T0101	外圆粗车刀	800	0.2	2

续表

数控加工工序卡片			产品名称或代号		零件名称	材料	零件图号
工序号	程序编号		夹具名称		使用设备	车间	
40							
工步号	程序名	工步内容	刀具号	刀具	主轴转速	进给速度	背吃刀量
3		精加工右端外圆、圆弧至图纸尺寸要求	T0101	外圆精车刀	1200	0.1	0.3
4		粗加工右端外沟槽，留 0.5 mm 精车余量	T0202	切槽刀	500	0.2	
5		精加工右端外沟槽至图纸尺寸	T0202	切槽刀	500	0.1	
6		车螺纹 M27 × 1.5–6g	T0303	外螺纹刀	600		
7		锐边去毛刺、倒角					

5. 程序编制与录入（表 4–7–5）

表 4–7–5 技能竞赛训练件二程序编制

程序	说明
车削件②（右端） T0101-- 硬质合金外圆车刀，用于粗精加工外圆 T0202-- 硬质合金机夹切槽刀，刀头宽 3 mm，用于加工外沟槽 T0303-- 硬质合金外螺纹车刀，用于加工外螺纹	

续表

程序	说明
车削件①（左端） T0101-- 硬质合金外圆尖刀，用于粗精加工外圆 T0202-- 硬质合金机夹切槽刀，刀头宽 3 mm，用于加工外沟槽 T0303-- 硬质合金内孔车刀，用于粗精加工内孔 T0404-- 硬质合金内螺纹车刀，用于加工内螺纹	
车削件②（左端） T0101-- 硬质合金外圆尖刀，用于粗精加工外圆 T0202-- 硬质合金内孔车刀，用于粗精加工内孔	

续表

程序	说明
车削件①（右端） T0101-- 硬质合金外圆尖刀，用于粗精加工外圆 T0202-- 硬质合金机夹切槽刀，刀头宽 3 mm，用于加工外沟槽	

任务评价

按表 4-7-6 内容进行检测。

表 4-7-6　技能竞赛训练件二检测评分表

零件名称				姓名		
检测项目		检测位置	配分	评分标准	检测结果	扣分
件 1	外圆	$\phi58^{0}_{-0.019}$	2	每超差 0.01 mm 扣 1 分		
		$\phi48^{+0.03}_{+0.01}$	2	每超差 0.01 mm 扣 1 分		
		$\phi40^{-0.01}_{-0.05}$	2	每超差 0.01 mm 扣 1 分		
		$\phi36^{+0.021}_{0}$	2	每超差 0.01 mm 扣 1 分		
		$\phi52^{-0.1}_{-0.029}$	2	每超差 0.01 mm 扣 1 分		
		$\phi48^{-0.009}_{-0.034}$	2	每超差 0.01 mm 扣 1 分		
		$\phi40^{-0.009}_{-0.034}$	2	每超差 0.01 mm 扣 1 分		
		$\phi55 \pm 0.015$	2	每超差 0.01 mm 扣 1 分		
		$\phi36^{-0.025}_{-0.05}$	2	每超差 0.01 mm 扣 1 分		
		$\phi42^{-0.030}_{-0.076}$	2	每超差 0.01 mm 扣 1 分		
		$\phi58^{0}_{-0.019}$	2	每超差 0.01 mm 扣 1 分		
		$\phi25^{0}_{-0.021}$	2	每超差 0.01 mm 扣 1 分		
		$\phi47^{0}_{-0.025}$	2	每超差 0.01 mm 扣 1 分		
	长度	$17^{0}_{-0.021}$	1.5	超差不得分		
		$17^{+0.05}_{+0.02}$	1.5	超差不得分		
		15 ± 0.02	1.5	超差不得分		
		$4^{+0.03}_{0}$	1.5	超差不得分		
		$6^{+0.03}_{0}$	1.5	超差不得分		
		$34^{0}_{-0.021}$	1.5	超差不得分		
		$12^{0}_{-0.018}$	1.5	超差不得分		
		$8^{-0.01}_{-0.03}$	1.5	超差不得分		
		$10^{0}_{-0.022}$	1.5	超差不得分		
		$26^{0}_{-0.021}$	1.5	超差不得分		
		80	2	超差不得分		
	螺纹	M30 × 1.5–6H	2	超差不得分		
	圆弧	$R1.5$	1	超差不得分		
		$R2.5$	1	超差不得分		
		$R1$	1	超差不得分		
	倒角	$C1.5$（两处）	1	超差不得分		
		$C1$（两处）	1	超差不得分		
	粗糙度	$Ra1.6$	2	超差不得分		

续表

零件名称				姓名		
检测项目		检测位置	配分	评分标准	检测结果	扣分
件 2	外圆	$\phi 47_{0}^{+0.025}$	2	每超差 0.01 mm 扣 1 分		
		$\phi 25_{0}^{+0.021}$	2	每超差 0.01 mm 扣 1 分		
		$\phi 58_{+0.004}^{+0.016}$	2	每超差 0.01 mm 扣 1 分		
		$\phi 48_{-0.016}^{0}$	2	每超差 0.01 mm 扣 1 分		
		$\phi 36_{-0.016}^{0}$	2	每超差 0.01 mm 扣 1 分		
	长度	$16_{0}^{+0.025}$	1.5	超差不得分		
		$29_{-0.028}^{-0.007}$	1.5	超差不得分		
		$35_{0}^{+0.027}$	1.5	超差不得分		
		$17_{+0.016}^{+0.034}$	1.5	超差不得分		
		$26_{0}^{+0.03}$	1.5	超差不得分		
		72 ± 0.02	2	超差不得分		
	螺纹	M30 × 1.5–6g	2	超差不得分		
	圆弧	*R*2	1	超差不得分		
		*R*4	1	超差不得分		
	倒角	*C*2	1	超差不得分		
	锥度	锥度 60°	1	超差不得分		
	粗糙度	*Ra*1.6	2	超差不得分		
装配		锥度配合、长度 126 ± 0.05	5	超差不得分		
		螺纹配合、$2_{0}^{+0.03}$	5	装配不上不得分		
职业素养	1. 安全文明生产 （1）无违规操作情况 （2）无撞刀及其他事故 2. 机床维护与环保 3. 纪律与态度		10	违规操作、撞刀、出现事故、不按要求维护和保养机床的扣 5 ~ 10 分 / 次；违反纪律、学习不积极、没有团队协作精神的扣 2 分 / 次		
最终得分						

任务拓展

1. 零件图

完成图 4-7-3 所示竞赛件的编程与加工，材料为 45 钢。

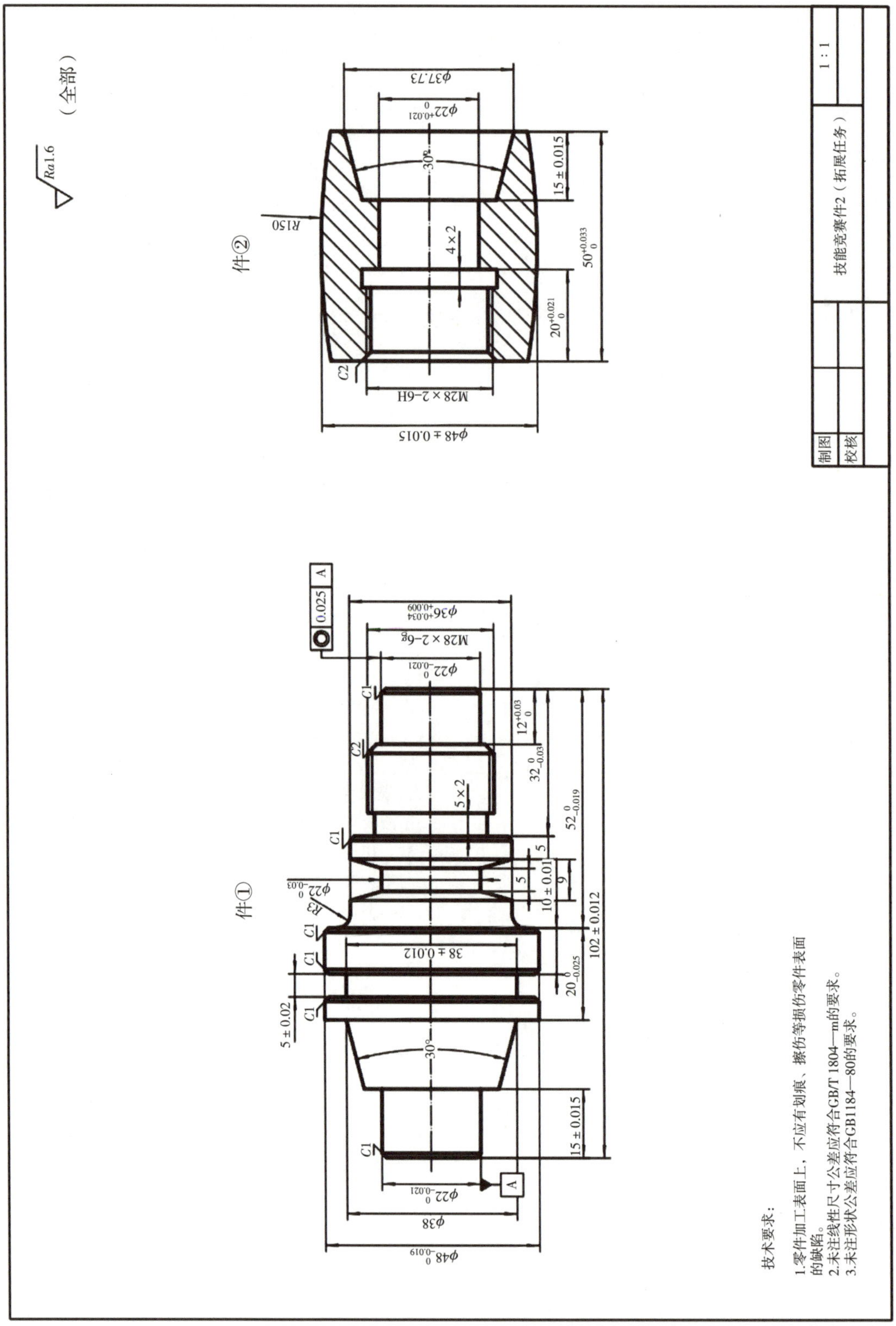

图 4-7-3　任务拓展零件图

2. 编制工艺过程长（表 4–7–7）

表 4–7–7 加工工艺过程卡

<table>
<tr><td colspan="8">机械加工工艺过程卡</td></tr>
<tr><td>零件图号</td><td></td><td rowspan="2">毛坯</td><td>种类</td><td colspan="2">棒料</td><td rowspan="2">备注</td><td rowspan="2"></td></tr>
<tr><td>产品名称</td><td></td><td>规格</td><td colspan="2"></td></tr>
<tr><td>工序号</td><td colspan="3">工序内容</td><td colspan="2">设备</td><td colspan="2">工艺装备</td></tr>
<tr><td>10</td><td colspan="3"></td><td colspan="2"></td><td colspan="2"></td></tr>
<tr><td>20</td><td colspan="3"></td><td colspan="2"></td><td colspan="2"></td></tr>
<tr><td>30</td><td colspan="3"></td><td colspan="2"></td><td colspan="2"></td></tr>
<tr><td>40</td><td colspan="3"></td><td colspan="2"></td><td colspan="2"></td></tr>
<tr><td>50</td><td colspan="3"></td><td colspan="2"></td><td colspan="2"></td></tr>
<tr><td>60</td><td colspan="3"></td><td colspan="2"></td><td colspan="2"></td></tr>
<tr><td>70</td><td colspan="3"></td><td colspan="2"></td><td colspan="2"></td></tr>
<tr><td>80</td><td colspan="3"></td><td colspan="2"></td><td colspan="2"></td></tr>
<tr><td>90</td><td colspan="3"></td><td colspan="2"></td><td colspan="2"></td></tr>
<tr><td>100</td><td colspan="3"></td><td colspan="2"></td><td colspan="2"></td></tr>
<tr><td>编制</td><td></td><td>审核</td><td></td><td>批准</td><td></td><td>共 页</td><td>第 页</td></tr>
</table>

3. 编制工序卡（表 4–7–8）

表 4–7–8 加工工序卡

<table>
<tr><td colspan="4" rowspan="2">数控加工工序卡片</td><td colspan="3">产品名称或代号</td><td>零件名称</td><td>材料</td><td>零件图号</td></tr>
<tr><td></td><td></td><td></td><td></td><td></td><td></td></tr>
<tr><td>工序号</td><td colspan="2">程序编号</td><td colspan="3">夹具名称</td><td colspan="2">使用设备</td><td colspan="2">车间</td></tr>
<tr><td></td><td colspan="2"></td><td colspan="3"></td><td colspan="2"></td><td colspan="2"></td></tr>
<tr><td>工步号</td><td>程序名</td><td colspan="2">工步内容</td><td>刀具号</td><td colspan="2">刀具</td><td>主轴转速</td><td>进给速度</td><td>背吃刀量</td></tr>
<tr><td>1</td><td></td><td colspan="2"></td><td></td><td colspan="2"></td><td></td><td></td><td></td></tr>
<tr><td>2</td><td></td><td colspan="2"></td><td></td><td colspan="2"></td><td></td><td></td><td></td></tr>
<tr><td>3</td><td></td><td colspan="2"></td><td></td><td colspan="2"></td><td></td><td></td><td></td></tr>
<tr><td>4</td><td></td><td colspan="2"></td><td></td><td colspan="2"></td><td></td><td></td><td></td></tr>
<tr><td>5</td><td></td><td colspan="2"></td><td></td><td colspan="2"></td><td></td><td></td><td></td></tr>
<tr><td>6</td><td></td><td colspan="2"></td><td></td><td colspan="2"></td><td></td><td></td><td></td></tr>
<tr><td>7</td><td></td><td colspan="2"></td><td></td><td colspan="2"></td><td></td><td></td><td></td></tr>
<tr><td>8</td><td></td><td colspan="2"></td><td></td><td colspan="2"></td><td></td><td></td><td></td></tr>
<tr><td>9</td><td></td><td colspan="2"></td><td></td><td colspan="2"></td><td></td><td></td><td></td></tr>
<tr><td>10</td><td></td><td colspan="2"></td><td></td><td colspan="2"></td><td></td><td></td><td></td></tr>
</table>

4. 检测与评价（表 4–7–9）

表 4-7-9　检测评分表

零件名称				姓名		
检测项目		检测位置	配分	评分标准	检测结果	扣分
件①	外圆	$\phi22^{0}_{-0.021}$	3	每超差 0.01 mm 扣 2 分		
		$\phi48^{0}_{-0.019}$	3	每超差 0.01 mm 扣 2 分		
		$\phi36^{+0.034}_{+0.009}$	3	每超差 0.01 mm 扣 2 分		
		$\phi22^{0}_{-0.021}$	3	每超差 0.01 mm 扣 2 分		
		$\phi22^{0}_{-0.03}$	3	每超差 0.01 mm 扣 2 分		
		$\phi38\pm0.012$	3	每超差 0.01 mm 扣 2 分		
	长度	15 ± 0.015	2	每超差 0.01 mm 扣 2 分		
		$20^{0}_{-0.025}$	2	每超差 0.01 mm 扣 2 分		
		10 ± 0.01	2	每超差 0.01 mm 扣 2 分		
		$12^{+0.03}_{0}$	2	每超差 0.01 mm 扣 2 分		
		$32^{0}_{-0.03}$	2	每超差 0.01 mm 扣 2 分		
		$52^{0}_{-0.019}$	2	每超差 0.01 mm 扣 2 分		
		102 ± 0.012	2	每超差 0.01 mm 扣 2 分		
	螺纹	M28 × 2–6g	5	超差不得分		
	槽	5 × 2	2	超差不得分		
	圆弧	$R3$	2	超差不得分		
	锥度	锥度	2	超差不得分		
	倒角	$C1$	2	超差不得分		
	粗糙度	$Ra1.6$	3	超差不得分		
件②	外圆	$\phi48\pm0.015$	3	每超差 0.01 mm 扣 2 分		
		$\phi22^{+0.021}_{0}$	3	每超差 0.01 mm 扣 2 分		
		$\phi36^{0}_{-0.03}$	3	每超差 0.01 mm 扣 2 分		
	长度	$20^{+0.021}_{0}$	2	每超差 0.01 mm 扣 2 分		
		15 ± 0.015	2	每超差 0.01 mm 扣 2 分		
		$50^{+0.033}_{0}$	2	每超差 0.01 mm 扣 2 分		
		86 ± 0.05	2	每超差 0.01 mm 扣 2 分		
	圆弧	$R150$	2	超差不得分		
	槽	4 × 2	2	超差不得分		
	锥度	锥度 30°	2	超差不得分		
	螺纹	M28 × 2–6H	5	超差不得分		
	倒角	$C2$	2	超差不得分		
	粗糙度	$Ra1.6$	2	超差不得分		
装配		锥度配合	5	超差不得分		
		螺纹配合	5	装配不上不得分		
职业素养	1. 安全文明生产 （1）无违规操作情况 （2）无撞刀及其他事故 2. 机床维护与环保 3. 纪律与态度		20	违规操作、撞刀、出现事故、不按要求维护和保养机床的扣 5 ~ 10 分 / 次；违反纪律、学习不积极、没有团队协作精神的扣 2 分 / 次		
最终得分						

参考文献

[1] 崔兆华 . 数控车床加工工艺与编程操作 [M] . 南京：江苏教育出版社，2010.
[2] 于万成 . 数控车削编程及加工 [M] . 北京：高等教育出版社，2023.
[3] 朱明松 . 朱德浩 . 数控车床编程与操作项目教程 [M] .3 版 . 北京：机械工业出版社，2019.
[4] 韩鸿鸾 . 何全民 . 数控车床编程与操作实例 [M] . 北京：中国电力出版社，2006.
[5] 高枫，肖卫宁 . 数控车削编程与操作训练 [M] . 北京：高等教育出版社，2005.
[6] 孙伟伟 . 数控车工实习与考级 [M] . 北京：高等教育出版社，2004.

学习重点：

学习难点：

必考点：

记录：

学习重点

学习难点

必考点

记录